美军武器装备试验鉴定主计划研究

杨俊岭 著

中国宇航出版社
·北京·

图书在版编目（ＣＩＰ）数据

美军武器装备试验鉴定主计划研究 / 杨俊岭著.
北京：中国宇航出版社，2024.7
ISBN 978 - 7 - 5159 - 2287 - 4

Ⅰ.①美… Ⅱ.①杨… Ⅲ.①武器装备－武器试验－
研究－美国 Ⅳ.①TJ01

中国国家版本馆 CIP 数据核字（2023）第 183075 号

责任编辑　刘　凯　　封面设计　王晓武

出　版 发　行	中国宇航出版社		
社　址	北京市阜成路 8 号　邮　编　100830	版　次	2024 年 7 月第 1 版
	（010）68768548		2024 年 7 月第 1 次印刷
网　址	www.caphbook.com	规　格	787×1092
经　销	新华书店	开　本	1/16
发行部	（010）68767386　（010）68371900	印　张	18
	（010）68767382　（010）88100613（传真）	字　数	394 千字
零售店	读者服务部　（010）68371105	书　号	ISBN 978 - 7 - 5159 - 2287 - 4
承　印	北京厚诚则铭印刷科技有限公司	定　价	88.00 元

本书如有印装质量问题，可与发行部联系调换

前 言 FOREWORD

武器装备试验鉴定是指按照规定的条件、程序、要求和方法，对武器系统或部件进行实际操作和测试，获取相关信息和数据并进行分析处理，考核、验证或评价武器装备质量或性能的活动。在武器装备采办过程中，试验鉴定作为质量把关的手段，有效保证了科技创新成果落实到装备运用，确保了武器装备系统的实战化能力。但在实际的试验鉴定过程中，装备试验包含的试验因素众多，并且受到试验资源和时间制约。美军历来重视武器装备试验鉴定工作，积累了较为丰富的经验和做法。为规范试验鉴定工作，美国防部自 20 世纪 80 年代起就开始在装备采办项目中采用《试验鉴定主计划》这一模式，指导试验鉴定工作的规划设计和具体实施。进入 21 世纪，经过多年的不断迭代和优化，《试验鉴定主计划》在结构上更加完善，在内容上更加贴近试验实际，在装备试验鉴定活动中发挥了重要的指导作用。

《试验鉴定主计划》是美军重要的试验计划和管理工具，包括了所有的试验鉴定策略和目标，以及完成每个试验阶段的方法步骤和所需要的必要资源。本书系统全面地介绍了美军《试验鉴定主计划》及其实际运用，包括美军武器装备试验鉴定总体情况、美军武器装备《试验鉴定主计划》概念与内容、美军《试验鉴定主计划》指南与示例三大部分，涵盖了美军试验鉴定及《试验鉴定主计划》的基本概念与最新发展现状，并通过《试验鉴定主计划》的实际示例，针对其各部分内容进行了深入阐释和解读。

笔者长期从事外军试验鉴定领域的研究工作。本书对于当前试验鉴定领域的从业人员是一本难得的专业书，可作为试验鉴定顶层规划管理部门、武器装备论证及研制单位、具体试验鉴定从业技术人员的参考书，也可作为高等院校试验鉴定相关专业高年级本科生、研究生的教学用书或参考书。

目 录 CONTENTS

第一部分 美军武器装备试验鉴定总体情况

第二部分 美军武器装备《试验鉴定主计划》概念与内容

第三部分　美军《试验鉴定主计划》指南与示例

美军武器装备试验鉴定总体情况

　　试验鉴定在装备建设决策中发挥着重要支撑作用，肩负着把住"关口"、摸清"底数"、搭建"桥梁"、做好"牵引"的重要使命任务。纵观世界武器装备试验鉴定的历史与发展，美军拥有庞大的试验基础设施、深厚的试验技术基础、先进的试验鉴定理论、配套的组织管理体系、实用的试验规划与实施程序，为其装备建设奠定了坚实基础。在美军装备采办过程中，试验鉴定是有效的风险管理工具，为里程碑决策提供重要支撑。

　　美军试验鉴定经过长期的发展与演变，形成了从理论到实践的一个完整连续统一体。本部分首先介绍美军试验鉴定的相关概念、分类、地位作用，对其基本定义和内涵进行阐述；然后基于美军试验鉴定的历次重大调整和经验总结，对其发展历程进行梳理和归纳；再结合美国防部 2018 年对采办体制的重大改革，对其试验鉴定管理体制及特点进行解读和剖析；最后，从具体实施角度，对美军试验鉴定的规划计划和组织实施程序进行系统阐述。

第1章　概　述

美国是当今世界唯一的超级大国，军事实力处于绝对领先地位。在试验鉴定能力建设方面，美军建有较为完善合理的管理监督体制、组织运行机制、资源保障体系、组织实施程序等。试验鉴定贯穿美军军事技术发展、武器装备研制、联合作战能力生成全过程，为其作战能力的科学评估和有效生成提供了重要支撑，也是美国军事大国地位的重要体现。

一、美军试验鉴定相关概念

美军对试验鉴定这一概念的定义和解释主要基于其目的和作用进行阐述。从国防部的相关指示到各军种的指导性文件中，都对试验鉴定的概念给出了明确定义。

从试验鉴定的本质特征出发，美国防采办大学《试验鉴定管理指南》将试验鉴定细分为"试验""鉴定"和"试验鉴定"三个概念。试验：试验是任何旨在获得、验证或提供用于鉴定以下内容数据的计划或程序：1）实现研制目标的进展情况；2）系统、子系统、部件及装备项的性能、作战能力和作战适用性；3）系统、子系统、部件及装备项的易损性和杀伤力。鉴定：鉴定是对数据进行逻辑组合、分析并与预期的性能进行比较以帮助做出系统性决策的过程。这一过程可包括对从设计审查、硬件检查、建模与仿真、软硬件测试、指标审查和装备作战使用中得到的定性或定量数据进行审查和分析。试验鉴定：试验鉴定是通过对系统或部件进行试验、对结果进行分析以提供与性能相关的信息的过程。该信息有很多用途，包括风险识别、风险降低以及为验证模型和仿真提供经验数据。试验鉴定可对技术性能、技术规范的实现情况和系统成熟度进行评估，以确定系统是否具备预期的作战效能、适用性和生存性。

基于上述基本概念，2020年最新颁布的美国防部指示（DODI）5000.89《试验鉴定》中明确："试验鉴定旨在使国防部具备相应系统，为作战人员完成任务提供支持。为此，试验鉴定可向工程人员和决策者提供相关知识，以协助管理风险，衡量技术发展，并表征作战效能、作战适应性、互操作性、生存性（包括网络安全性）和杀伤力。为了实现这一点，需规划并执行一个严格的试验鉴定计划。"美国防部《国防采办大学术语》对试验鉴定的定义是："通过对系统或部件开展试验鉴定，分析结果并提供与性能相关的信息，用于对风险进行识别和降低，并作为经验数据对建模与仿真进行验证。试验鉴定可以对技术性能、指标以及系统的成熟度所达到的水平进行评估，以确定系统预期的作战效能、适用性、生存性和杀伤力。"

在军种层面，美陆军手册73-1《试验鉴定》对试验鉴定主要目的定义为："在系统工程迭代过程中，利用反馈机制来支持系统研制和采办。"美《海军作战试验鉴定部队作战试验主任手册》对试验给出定义："设计用来获取、验证或提供数据的任何计划或程序，以评估目标开发完成的进展情况；系统、子系统、部件或设备的性能、作战效能和适用性；系统、子系统、部件或设备的易损性或杀伤力。"美空军指示99-103《基于能力的试验鉴定》对试验鉴定的定义是："试验鉴定的主要作用是完善系统设计、降低研发风险、及早识别并解决缺陷，确保系统具备作战能力（如作战效能和适用性）。"

综上，美军对试验鉴定的共性认识是，通过规范化的组织形式和试验活动，对装备战术技术性能、作战效能和作战适用性进行全面考核，并独立做出评估结论的不断迭代的系统工程过程。

二、研制试验鉴定与作战试验鉴定

美军装备试验鉴定从采办全寿命周期的维度上，分为针对装备技术性能考核的研制试验鉴定，针对作战效能和作战适用性考核的作战试验鉴定。两类试验是美军装备试验的基本形式，贯穿采办全程；采办前期以研制试验鉴定为主，后期以作战试验鉴定为主，为项目采办各阶段决策提供重要支撑。

研制试验鉴定的定义是：验证装备技术性能是否达到设计要求，主要是在装备小批量生产之前开展。军方研制主管部门负责试验规划和监督。试验工作一般由专门的研制试验鉴定机构在特定的条件下或可控的环境中进行。研制试验一般分为承包商研制试验和军方研制试验，分别由军工企业和军方组织实施，但是均由军方的研制试验监管部门监管。

作战试验鉴定的定义是：评价武器装备的作战效能和作战适用性（包括可靠性、可用性、协同性、可维修性与可保障性等），由军方独立的专门机构在装备采办前期进行早期作战评估与作战评估，小批量生产后实施初始作战试验鉴定，部署后实施后续作战试验鉴定。其中，初始作战试验须在逼真的战场环境中进行，由典型建制单位的作战人员操作被试装备。作战试验一般单独进行，也可与研制试验结合进行，但要独立鉴定。

在全寿命周期过程中，研制试验鉴定和作战试验鉴定与采办各阶段的对应关系如图1–1所示。

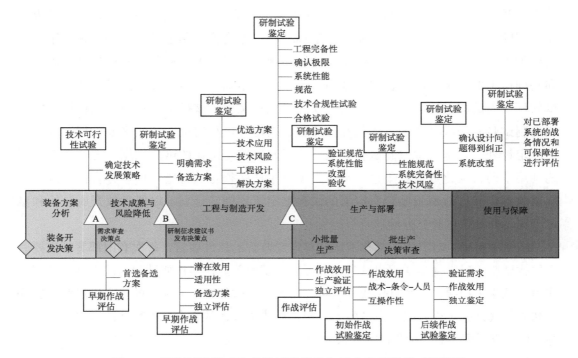

图 1–1　研制试验鉴定和作战试验鉴定与采办各阶段的对应关系

三、特殊类型的试验鉴定

在研制试验鉴定和作战试验鉴定两类基本试验鉴定类型的基础上，为满足特定装备类型、特殊考核内容以及不同组织模式的试验需要，美军还特别定制了一些特殊的试验策略和试验方法，以规范各类试验活动的开展，提高试验的适用性和效率。

（一）特殊装备的试验鉴定

与常规武器装备相比，军用软件、空间系统等在用途、原理、使用、维护等方面存在显著区别。这些武器装备的试验鉴定与常规武器试验鉴定相比，具有很强的特殊性。

1. 军用软件试验

美国防部在近期的采办管理改革中，将软件采办作为适应性采办框架下的六种程序之一。在 2020 年发布的新版国防部指示 5000.89《试验鉴定》中，专设"软件采办程序试验鉴定"一节，对软件的试验鉴定程序进行规范。

软件路径侧重于现代迭代软件开发技术。软件采办程序旨在最大限度地实现持续集成和交付。指示要求，在制定软件试验策略时，应尽早确定一体化试验鉴定和互操作性需求，将有助于提高集成、研制试验鉴定、作战试验鉴定和互操作性认证过程的效率，更快实现交付。项目采办策略必须明确已与试验机构充分协调的试验鉴定需求。项目试验鉴定负责人应与其他试验鉴定利益相关方合作，制定试验策略，并基于需求制定可量度的方法。此外，软件路径政策还规定以下要求：采办策略应包含试验平台和基础设施的确定；试验鉴定成本估算应纳入成本估算；定期交付技术基线，包括测试软件所需的脚本、工具、库和其他软件可执行文件。该指示鼓励项目主任尽可能完成研制试验和作战试验的自动化和一体化，以便在可行情况下加快采办进度。其中包括制定计划，并基于承包商试验收集可用于开展鉴定工作的试验数据。为了最大限度地利用早期自动化数据收集这一契机，项目主任必须与试验鉴定接口方合作，按照研制试验鉴定和作战试验鉴定所定义的试验鉴定流程制定计划，以便高效开展分析和鉴定工作，并确定试验充分性。

指示中明确，对于国防部作战试验鉴定局监管的软件项目，每次有限部署都需要一次作战试验（通常是早期用户试验或有限用户试验）。这些作战试验的范围将以被部署能力的风险为指导。除紧急作战需求特定情况外，软件密集型项目的每个增量都需要开展初始作战试验（或有限用户试验）。初始作战试验通常会在全面部署决策之前完成，并且以更新后能力和之前作战试验没有通过鉴定的系统交互风险评估为指导。

2. 空间系统试验

与传统武器装备相比，空间系统具有一些鲜明特色，如有限数量/高成本、增量升级式采办、运行环境与试验环境特殊等，以及其试验由此而具有一些特殊性。目前，外军部署的大多数空间系统的基本功能属于战术预警、攻击评估、通信、定位导航、气象和情报等军事相关领域，其和平时期的运行环境与战时运行环境差异不大。但是美军认为，这种局面正在变化，随着对手国家空间技术的发展、反卫星与激光武器的成熟，美军空间系统面临的风险和威胁日益增加。和平时期的运行环境与战时环境有巨大差异，因此空间系统在太空试验的重点也要进行相应调整。

鉴于导航战的巨大威力和在电磁频谱作战的作用，在新版国防部指示 5000.89《试验鉴定》中，特别规定了导航战的试验鉴定程序，明确要求产生或使用定位、导航和授时（PNT）信息的各项目或系统，其项目主任必须执行系统试验鉴定（例如，真实试验、建模与仿真、经验分析）。系统试验鉴定应足以确认所有产生或使用 PNT 信息的系统或平台是否满足系统生存性关键性能参数。根据公法 115–232 第 1610 条，项目主任将系统性地收集 PNT 试验鉴定的数据、经验教训和设计解决方案。美军认为，具有弹性的 PNT 信息保障能力，是指挥、控制以及信息网络有效运行的关键。国防部将利用导航战能力来确保 PNT 信息在支持军事行动方面的优势。指示中要求，系统的试验鉴定必须要全面且充分，以保证其在强对抗条件下的生存性。

（二）特殊内容要求的试验鉴定

美军特别重视武器装备的特殊性要求，并针对各种特殊性开展相应的试验鉴定。为了规范特殊内容要求的试验鉴定活动，美国国会和国防部陆续制定了相应的政策法规和试验鉴定指导文件。美军开展的特殊内容要求的试验鉴定主要有实弹射击试验鉴定、网络安全试验鉴定、国外比较试验、商用现货和非研制项目试验等。

1. 实弹射击试验鉴定

实弹射击试验鉴定是工程与制造开发阶段最重要的研制试验。《美国法典》第10编2366条明确规定，对于有掩护的系统、重大弹药项目、导弹项目或这些项目的产品改进（即采办类别中Ⅰ类和Ⅱ类项目），在全速率生产之前，必须要进行生存性和杀伤力试验，即实弹射击试验鉴定。

美国立法中所谓的"有掩护的系统"是指作战试验鉴定局局长代表国防部长所确定的重大系统，包括：1）使用者拥有的、旨在战斗中为其提供一定保护的系统；2）常规弹药项目或导弹项目；3）计划采购达100万发以上的常规弹药项目；4）对有掩护的系统进行的能极大提高其生存性和杀伤力的改进项目；5）指定要由作战试验鉴定局局长监管的实弹射击试验鉴定的任何其他系统或项目。

进行实弹射击试验或指定要监督的项目列在国防部长办公厅年度试验鉴定监督清单中。作战试验鉴定局局长负责管理实弹射击计划。这项工作必须在研制过程的初期尽早开始，以便能对设计产生影响，并为全速率生产决策审查和国会委员会所要求的国防部长办公厅实弹射击试验报告及时提供试验数据。各军种详细的实弹射击试验计划必须经过作战试验鉴定局局长的审查和批准，而且这种试验必须在项目的《试验鉴定主计划》第3部分"试验鉴定策略"中加以说明。实弹射击试验鉴定种类很多，其中全尺寸、全载荷试验通常被认为是最真实和具有代表性的。实弹射击试验提供了一种检查毁伤的手段，不仅可以检查装备的毁伤情况，而且还可以检查人员的损伤。人员伤亡问题是实弹射击试验计划所要考虑的一个重要问题。该计划为评估人员在作战中可能遇到的复杂环境的影响提供了可能（例如，火、毒气、钝器伤害撞击以及噪声伤害）。

2. 互操作性试验鉴定

美军对互操作性的定义是：系统、单位或部队为其他系统、单位或部队提供服务（或接受服务）的能力，以及通过互交换的服务使系统、单位或部队有效协同作战的能力。互操作性是在联合作战环境中实现体系化装备整体作战能力的基石，也是夺取战场主动权的关键属性。互操作试验是一种特殊类型试验，采用专用的试验工具监控武器装备与其他系统之间的信息交换状态和系统性能，判断信息交换对装备的影响。互操作性试验鉴定考核联合作战环境下，系统之间的组网、通信、连接性、数据交换、文件交换等相关性能，从技术上确保装备系统、作战部队为其他系统或部队提供服务，以及接受其他系统或部队提供的服务，从而实现系统、部队的有效协同作战能力。随着装备网络化、信息化程度不断提高，互操作性试验鉴定已成为信息化武器装备综合评估不可或缺的重要环节，受到西方发达国家，特别是美国的高度重视。

新版国防部指示 5000.89 中明确要求，互操作性试验应符合国防部指示 8330.01《信息系统及国家安全系统的互操作性》的规定。与军种范围外的组织或站点交换数据的所有项目或采办路径均需获得联合互操作性试验司令部的互操作性认证，还需将互操作性纳入研制试验和作战试验。应在早期开始信息技术互操作性的评估，并按足够频率在整个系统生命周期内鉴定信息技术互操作性，以确定并评估在平台、联合、跨国和跨机构环境中影响互操作性的变化。可根据适用的采办路径政策，针对所获取的能力特征来调整互操作性试验鉴定。在装备新信息技术能力或升级到现有信息技术之前，必须获得互操作性认证。试验鉴定工作层一体化产品小组应与国防部业务、作战、情报和企业信息环境任务领域负责人（国防部首席管理官、参谋长联席会议主席、国防部情报与安全副部长以及国防部首席信息官），以及其他国防部部局负责人合作，要求制定以能力为中心，基于体系结构的性能衡量指标，以支持整个系统生命周期内的信息技术互操作性鉴定，并确保试验鉴定管理计划中规划了后勤资产。

为保证系统互操作能力的实现，联合互操作性试验司令部负责实施美军信息技术与国家安全系统的互操作性试验鉴定，实施形式包括正式的作战试验鉴定、联合演习、作战试验鉴定与联合演习相结合等方式，目的是评估系统作战互操作性，以及任何缺陷对作战的负面影响。

3. 网络安全试验鉴定

网络安全规划和实施贯穿美军采办的整个寿命周期。美国防部新版指示 5000.89 对网络安全试验鉴定做出明确规定：对于国防部所有的采办项目和系统（如国防业务系统、国家安全系统、武器系统、非研制项目），无论采用哪种采办路径，均需在整个项目周期内实施《国防部网络安全试验鉴定指南》中规定的网络安全研制试验和作战试验迭代鉴定流程，包括新的能力增量。《国防部网络安全试验鉴定指南》针对网络安全试验鉴定，提供了最新的数据驱动分析和评估方法（基于任务影响），为任务环境下的网络安全性、生存性和弹性评估提供支持，并鼓励与传统的系统试验鉴定更紧密地整合。

指示中明确了项目主任有关制定网络安全策略的职责。要求网络安全策略应纳入风险管理框架流程（符合国防部指示 8500.01《武器系统中的自主性》和指示 8510.01《国防部信息技术风险管理框架》），该流程用于支持获得使用授权以及国防部网络安全政策中涉及的其他项。将网络安全策略用作编制《试验鉴定主计划》或其他试验策略文件的原始文件。《试验鉴定主计划》的研制鉴定框架和作战鉴定框架将确定满足各种网络安全利益相关方（项目主任、工程师、风险管理框架、研制试验人员、作战试验机构）需求所需的具体网络安全数据，交叉利用这些数据，用于制定有效获取所述数据的一体化网络安全试验鉴定策略，并说明网络安全试验如何为关键项目决策（包括使用授权决策）提供信息。确定系统和配套基础设施可能受到网络攻击的途径和方法，并使用此信息设计试验鉴定活动和场景。执行基于任务的网络风险评估（如网络桌面），以根据危险程度和漏洞分析，确定试验鉴定事件中需要特别注意的系统元素和接口。计划开展承包商和政府一体化定制的协同漏洞识别活动（试验鉴定活动，用于识别漏洞，并计划相关方法减轻或解决漏洞，包括系统扫描、分析和架构审查）。这些活动均从原型机开始。在典型作战环境和场景中，基于现实的威胁利用技术，开展特定的一体化网络安全试验鉴定活动，在网络竞争环境中执行关键任务，识别所有漏洞并评估系统网络弹性，尽可能地将基于威胁的试验计划纳入承包商和政府的一体化试验鉴定。

根据作战试验鉴定局局长 2018 年 4 月 3 日备忘录的指示，作战试验机构应完成所有采办项目的网络安全协同漏洞与渗透性评估（CVPA），以及对抗评估（AA）。作战试验鉴定局局长要求在作战试验鉴定期间完成网络安全试验，以涵盖代表性用户和典型作战环境。指示要求，在开始作战试验或初期生产之前，应针对所有项目规划定期的一体化政府网络安全试验活动，旨在提高网络安全试验鉴定的效率和效能。

4. 国外比较试验

国防部负责快速部署的助理国防部长帮办［DASD（RF）］下的比较技术办公室（CTO），负责国防采办挑战（DAC）计划和国外比较试验计划。国外比较试验计划旨在试验盟国及其他友好国家的技术成熟度（TRL）高的项目和技术，目的是更加快速、经济地满足正当的国防需求。自 20 世纪 80 年代以来，国外比较试验在美国和其盟国之间建起双向的国防开支渠道。国防采办挑战计划旨在为日益增多的创新和低成本技术或产品进入美国防部现有采办项目提供机会。

美国各军种和美国特种作战司令部（USSOCOM）设有一个或多个办公室，管理各自的国防采办挑战计划和国外比较试验计划，国防部长办公厅的比较技术办公室为其提供经费与指南。各军种和美国特种作战司令部有为士兵采办装备的权力。由于国防采办挑战计划和国外比较试验计划的目标是为美军士兵寻找和试验最好的装备，因此，各军种和美国特种作战司令部是不可分割的伙伴。

5. 商用现货和非研制项目试验

美军规定，必须在商用现货和非研制项目采办全过程中考虑试验鉴定问题。商用现货和非研制项目的试验规划应承认之前的商业试验结果和经验，然而，为了确保产品和项目在预期的作战使用环境中的有效性，必须确定适用的研制试验鉴定、作战试验鉴定和实弹射击试验鉴定计划。项目办公室应为商用现货制定适用的试验鉴定策略，包括可行时在系统试验台上对商用现货进行鉴定；关注高风险项目的试验台；对商用现货的改进进行试验，以了解意料之外的对保密性、安全性、可靠性和性能等方面的影响。

所需试验的数量和水平取决于商用现货和非研制项目的性质及其预定用途；应对试验进行规划以支持设计和决策过程。至少，应进行试验鉴定以验证与其他系统要素的一体化和互操作性。为使商用现货和非研制项目适用于武器系统环境，对其进行的改进都要进行试验鉴定。来源于商业和政府的所有可用的试验结果将有助于确定所需的实际试验范围。对于医学计划，利用初步的试验结果可以减少未来的试验鉴定活动。

（三）特殊组织形式的试验鉴定

特殊组织形式的试验鉴定主要是从提高装备试验效率、缩短试验周期、降低试验成本角度考虑，优化和改进装备试验鉴定模式采用的试验组织形式。近年来，美军开展的特殊组织形式的试验鉴定主要有多军种试验鉴定、一体化试验鉴定和联合试验鉴定。

1. 多军种试验鉴定

多军种试验鉴定是指由两个或两个以上美国防部组成机构对多个美国防部组成机构将要采办的系统进行的试验鉴定，或对一个美国防部组成机构所配备的，与另一美国防部组成机构设备有连接的系统进行的试验鉴定。所有相关军种及其作战试验鉴定机构均应参与多军种试验项目的计划、开展、报告和鉴定工作。将一个军种指定为牵头军种，负责本项目的管理，牵头军种负责为各军种编制并协调反映系统作战效能和适用性的单独报告。

对进行多军种试验鉴定的联合采办项目而言，各军种未必会将正在进行试验的项目用于相同目的，这是该项目面临的管理挑战。各军种之间的差异通常存在于装备或电子件的性能标准、战术、作战条例和配置，以及作战环境方面。所以，一个缺陷或差异被认为不符合某一军种的要求，并不一定意味着不符合所有军种的要求。牵头军种应负责建立一个差异报告系统，确保各参与军种均可记录注意到的所有差异。在对多军种试验鉴定进行总结时，作战试验鉴定的各参与机构可按各自的格式编制一份独立的鉴定报告（IER），并通过正常军种渠道递交。牵头军种的作战试验鉴定机构可编制相关文件，然后将其递交里程碑决策机构。该文件应与作战试验鉴定的所有参与机构进行协调。

2. 一体化试验鉴定

一体化试验鉴定即所有利益相关方，尤指研制试验鉴定组织（包括承包商和政府）和作战试验鉴定组织，协作规划和实施各试验阶段的试验事件，为支持各方的独立分析、评估和报告提供共享数据。

一体化试验鉴定是美军为适应装备采办发展需求，提高试验鉴定效率，更好地发挥试验资源潜力所提出的。一体化试验的目标是实施一个无缝试验计划，以产生对所有鉴定人员有用和可信的定性和定量数据。在采办过程中，需要及早地向决策者提出开发、维持和作战方面的问题。即使是做了最好的一体化努力，如果在某些研制步骤和能力达到前开始作战试验，仍是不适宜或不安全的，有些研制试验必须按部就班地进行。

一体化试验要考虑在不损害参试机构试验目标和责任的情况下共享试验事件，在这些事件中，单一的试验点或任务能够提供满足多个目标的数据。这里的试验点是指将预先规划的试验技术应用于被试系统并观察和记录响应情况的试验条件，用时间、三维位置和能量状态以及系统操作构型来表示。一体化试验并不仅仅是研制试验和作战试验的并行开展或者结合进行，而是在相同的任务或者进度表上同时插入研制试验和作战试验的试验点。一体化试验将整个试验计划（承包商试验、政府研制试验、实弹射击试验、信息保证及作战试验）的焦点放在了设计、制定并生成一个能协调所有试验活动为决策者进行决策审查提供鉴定结果支持的综合性计划上。

3. 联合试验鉴定

联合试验鉴定（JT&E）不同于多军种试验鉴定。联合试验鉴定是由作战试验鉴定局发起并提供大部分资金的一个特殊计划活动。联合试验鉴定计划并不以采办为中心，但可用于审查联合军种战术和作战条令。过去开展的联合试验计划用于提供国会、国防部长办公厅、联合司令部各指挥官和各军种所需的信息。

联合试验鉴定不以支持装备采办为目的，而以联合作战为直接需求，以现役装备、人员、编制、战术条例为基础，开发、试验和检验新的联合作战任务的战术、技术和规程（TTP），对新的作战构想进行评估，提出一系列针对联合作战的改进措施。研制试验鉴定、作战试验鉴定与联合试验鉴定的主要区别见表1-1。

表 1-1　研制试验鉴定、作战试验鉴定与联合试验鉴定的区别

研制试验鉴定	作战试验鉴定	联合试验鉴定
由项目主任监管； 装备低速率初始生产前实施； 在可控条件下进行； 承包商参与； 经过培训、有经验的操作者； 测定技术性能是否达到设计目标； 按规定的技术要求进行试验； 试验件为研制品或样机； 支持装备采办程序	由军种独立机构监管； 装备低速率初始生产后实施； 在逼真作战环境中进行； 承包商原则上不参与； 近期在装备上进行过训练的使用部队； 评定系统的作战效能与适用性； 按用户需求进行试验； 试验件一般采用真实产品或试验产品； 支持装备采办程序	由作战试验鉴定局监管； 装备已部署部队后开展； 在逼真作战环境中进行； 承包商原则上不参与； 作战部队； 评估联合作战任务的战术、技术和规程； 使用已部署部队使用的装备，属于参试装备，不属于被试对象； 不属于装备采办工作

每年由美国各作战司令部、国防部机构和军种递交相关提名，供作战试验鉴定负责人的联合试验鉴定计划办公室进行评审和处理。由联合试验鉴定计划办公室确定需资助

用于可行性研究的提名，由作战试验鉴定负责人赋予牵头军种开展快速反应试验的权力（有效期：6 至 12 个月）或开展全面联合试验鉴定的权力（有效期：最多 3 年），并成立联合试验部队办公室负责根据参与军种规定的目标开展联合试验鉴定活动。由牵头军种和参与军种为联合试验鉴定活动提供人员、基础设施保障和试验资源。

联合试验鉴定计划的主要目标包括：评估军种系统在联合作战过程中的可互用性；鉴定联合技术和作战构想并提供改善建议；验证具备联合应用用途的试验方法；采用野外演习数据提高建模与仿真的真实性；通过分析定量数据，提高联合任务执行能力；为采办和联合作战团体提供反馈；提高联合战术、技术和规程。

各联合试验鉴定计划一般会生成一个或多个可为美国防部带来持续利益的试验成果，比如：提高联合作战能力，改进联合战术、技术和规程，增加联合和单军种训练项目，增加可用于为采办、战术、技术与规程和作战构想发展提供保障的联合建模与仿真应用，以及增加通用任务列表更新和输入。

四、试验鉴定的地位作用

试验鉴定在装备建设发展进程中发挥着不可替代的重要作用。在现代战争条件下，试验鉴定的地位和潜在作用进一步得到提升。美军充分发挥试验鉴定在全寿命周期的把关作用，在降低装备风险的同时，确保装备具备高性能和高效能。与此同时，美军还高度重视试验鉴定与需求生成、技术开发、装备生产、部署与使用的紧密结合，发挥其在战斗力生成过程中的支持作用。

（一）推动作战能力有效生成是试验鉴定工作的核心使命

美军的研制试验鉴定和作战试验鉴定，通过检验装备的战技性能和作战综合能力，为装备研制、生产和部署决策提供支持，联合试验鉴定则直接以战场上实际的联合作战需求为目标，开发新的作战构想和作战方案，支撑美军及其盟军开展跨作战域、跨多国军队的联合作战任务。无论是支持 "装备解决方案" 还是 "非装备解决方案"，无论是支持研制新型装备还是开发作战条例，美军试验鉴定工作的根本目标都是有效生成战斗力。检验试验鉴定工作的效果好坏、水平高低、成效大小，也都应该以这一最终的任务使命为准则和要求。

（二）独立权威是试验鉴定工作真正发挥作用的必要条件

美军认为，军事实力是维护国家利益的基石，军事利益不可由集团或部门利益所代替。从二战之后，美军就开始了作战试验鉴定管理模式的探索进程。20 世纪，美军作战试验鉴定的管理模式几经变迁，先后经历了由装备部门主导的陆军模式，由作战部门主导的空军模式，以及由军种独立部门自管的海军模式，这几种模式均不同程度地存在受部门利益影响、缺乏顶层指导、没有联合作战需求牵引等不足，导致作战试验难以真正发挥作用。最终，1983 年美国会通过立法，要求国防部设立独立于装备采办、军种建设以及联合作战链条之外的作战试验鉴定局，作为国会监督国防部装备建设、作战能力生成的代理机构，局长由总统任命，负责统一监管全军作战试验鉴定工作，就武器装备作战试验鉴定和军队联合作战能力问题向国会和国防部提交权威的评估报告。

（三）试验鉴定技术超前发展是确保作战能力快速生成的催化剂

美军武器装备世界领先，试验鉴定技术代表了世界武器装备试验鉴定技术的发展水平和方向。美国防部依据其未来作战需求和装备发展远期规划，每两年制定一次未来十年的试验鉴定能力发展战略，试验鉴定技术是重点内容。美国防部的试验技术发展战略重点聚焦各军兵种通用、各军兵种无力或无意愿发展的先进性和超前性试验技术，一方面实现试验技术全军统一、协调发展，另一方面保证试验技术不滞后于装备的发展，甚至要超前装备的发展，从顶层设计上避免未来因试验能力的断层而导致推迟装备研发甚至作战能力生成的情况发生。美国各军种则主要根据现有在研装备型号研制的需求，发展急需的试验鉴定技术能力，以确保装备研制的进程。

（四）考核内容面向作战是一切试验鉴定工作的根本要求

2012 年，美国防部提出"左移"计划，开始强调无论是研制试验还是作战试验，本质上都是要面向未来作战使用来检验装备的各项能力。开展"左移"计划，重点加强装备进入生产阶段之前的试验鉴定活动，采取一系列措施，即便是在研制试验阶段也要考虑未来装备的作战使用问题，引入一定的作战环境和因素，以确保在研制的早期，装备的性能就获得真实严格的考核，能够及早纠正缺陷，避免装备带着问题进入作战试验，为装备最终形成战斗力提供支撑。美军认为，虽然两类试验考核内容各有侧重，但对装备发展的支撑作用没有轻重之分，其最终目的都是面向装备的作战使用。两类试验哪个环节出现问题，均会直接影响装备作战能力的有效生成。如果研制试验开展不充分、不全面，装备缺陷不能及早被发现和纠正，必会给后续的作战试验带来风险。

（五）健全的管理体制是试验鉴定工作有效开展的组织保障

在作战能力生成的每个阶段，试验鉴定都发挥着不可或缺的作用，是作战能力生成全寿命过程的管理工具。美国建有较为完善的试验鉴定管理体制，机构分级设置，职能划分明确，以保证试验鉴定作用能有效发挥。尤其是 2018 年，国防部设置负责研究与工程的副部长后，原来由负责采办的副部长监管的研制试验鉴定职责，现在转由研究与工程副部长负责。也就是说，负责武器装备采办的副部长目前既不监管作战试验，也不再监管研制试验。研究与工程副部长主管技术试验鉴定评估，提供相对独立的研制试验评估结果；作战试验鉴定局主管武器装备作战能力试验鉴定和军事战斗力的评估，提供相对独立的作战试验和联合试验评估结果；负责采办的副部长使用评估结果支撑采办决策。各部门各负其责，相互协作，共同支撑美军作战能力的有效生成。

第2章　发展历程

　　装备试验鉴定伴随着武器装备兴起而诞生，并随着武器技术的发展而发展。现代装备试验鉴定起源于第三次科技革命浪潮之初，机械化武器装备在大规模战争中广泛应用，并伴随着高新技术武器装备作战效能提升而快速发展。纵观美军近一个世纪武器装备发展历程，现代装备试验鉴定经历了早期发展阶段、作战试验鉴定独立阶段、研制试验鉴定削弱阶段、研制试验鉴定加强监管阶段及作战试验和研制试验鉴定均相对独立监管阶段。

一、早期发展阶段

　　美军试验鉴定工作起源较早，一直延续到20世纪70年代前，研制试验和作战试验没有严格区分由不同部门管理。1971年，国防部在国防研究与工程署（由负责采办的副部长领导）增设一名副署长，由其领导的研制试验鉴定办公室（后更名为试验、系统工程与鉴定局）负责监管全军的试验鉴定工作，以及国防部重点靶场的管理，实现了国防部层面的统一管理。

二、作战试验鉴定独立阶段

　　冷战期间，美苏对峙，美国优先发展战略武器，常规武器的发展及其试验鉴定工作受到严重削弱。由于很多装备未经充分作战试验鉴定，致使越战中投入使用的22种武器系统中，有21种存在重大缺陷。越战中暴露出来的武器装备使用问题备受国会批评，促使美军重新审视其采办管理体制。1969年7月，美国总统和国防部长组建了一个蓝带委员会（是一种非正式的称谓，指针对某一重大问题，组织专家开展研究并提出对策建议的临时咨询组织），对国防部的组织机构及运行情况进行系统研究。蓝带委员会经过研究认为，由研制部门自行实施作战试验证明装备的作战效能，难以保证公正、客观；由使用部门进行作战试验，存在着难以保证作战试验有效性的问题，主要表现在：一是作战部队在装备发展前期不关注作战使用问题，相应的缺陷很难被及早发现；二是作战部队没有专业化的试验鉴定人员和设施，影响试验鉴定结果的科学性；三是作战部队往往指挥层级复杂，试验鉴定的结果需要层层上报才能到达军种参谋长，效率低下。因此，蓝带委员会建议在国防部层面加强对作战试验的监管，在军种设立独立于研制部门和使用部门、直接向军种参谋长汇报工作的作战试验鉴定机构。国防部采纳了蓝带委员会的建议，要求各军种成立独立的作战试验鉴定机构。1971 年，海军作战试验鉴定部队正式成立；1972 年，陆军成立作战试验鉴定司令部；1973 年，空军成立作战试验鉴定中心；1978 年，海军陆战队也成立了作战试验鉴定处。

虽然国防部成立了作战试验鉴定监管机构，各军种也成立了独立的作战试验鉴定部门，但国防部研制试验鉴定和作战试验鉴定均由国防研究与工程署一名副署长监管，而且处于国防部采办副部长的领导下，经过十余年的实际运行，发现其独立性、权威性明显不够，有时军种采办决策者迫于政治或利益集团的压力，会不考虑作战试验暴露的缺陷而继续推进项目采办。为了更好地监管军种作战试验鉴定工作，为国会的采办决策提供客观、全面的作战试验信息，国会于 1983 年 9 月通过立法，要求国防部成立独立于研制部门、直接向国防部长报告工作的作战试验鉴定局，统一指导和监督各军种的作战试验鉴定工作。1985 年，作战试验鉴定局正式成立，局长由总统任命。至此形成了研制试验、作战试验分属国防部不同部门监管，相互协同、相互制衡的局面。

三、研制试验鉴定削弱阶段

20 世纪 90 年代，随着冷战结束，美军开始享受所谓的"和平红利"，对国防部人员和机构进行了裁减。1999 年，在美国防部压缩机构、精简人员的大背景下，国防部将研制试验鉴定部门分拆。许多职能转交作战试验鉴定局局长，包括试验靶场和资源以及联合试验鉴定监督等。一些人员岗位按照国会要求被取消。保留下来的研制试验鉴定政策与监督职能被分解，移交给更低层次的采办、技术与后勤机构。从 90 年代初到 90 年代末，美军重点靶场与试验设施基地由 26 个缩并到 19 个，设施、人员和经费等均减少约 30%。这些调整导致美军试验鉴定整体能力大幅下滑。首先，在国防部长办公厅内没有单一机构拥有全面监督研制试验鉴定的职责和权限，无法对采办项目提供有力且一致的指导和监管。其次，在设施监督方面交叉重复，军种试验能力发展不均衡。最后，研制试验鉴定不再视为采办、技术与后勤部门进行系统采办监督的一个重要因素。能力的下降直接表现在美军逐渐丧失了对国防部监管的重大项目试验鉴定数据分析获取能力和系统成熟度评估能力。

四、研制试验鉴定加强监管阶段

进入 21 世纪以来，由于研制试验鉴定监管能力下降，美军大部分研制试验活动主要依托承包商开展，导致许多在研武器系统带着重大问题进入作战试验。2008 年，美国防科学委员会发布的《研制试验鉴定》报告称："过去 10 年，近半数武器装备可靠性指标不达标，研制试验的削弱是其中的一个重要原因，建议加强研制试验鉴定工作。"

2009 年以来，美国防部在采办、技术与后勤副部长下重新设立研制试验鉴定管理部门，加强了对包括承包商在内的整个研制试验鉴定工作的监管。此外，在重大采办项目管理办公室设立首席试验官，强化统筹研制试验鉴定工作。2012 年以来，美国防部开始实施"左移"策略，即在采办早期的研制阶段引入作战任务背景，将原先在装备采办后期才进行的互操作性、网络安全和可靠性试验，提前至装备采办前期进行，旨在尽早发现并解决装备研制中存在的问题。

五、作战试验鉴定和研制试验鉴定均相对独立监管阶段

随着美国国家安全重点从反恐转为大国竞争，美军对国防科技创新的重视上升到了新的高度，样机战略等举措的实施，更加强调了前沿技术向作战能力的快速转化。2018 年 2 月，美国防部决定将采办、技术与后勤副部长职位，拆分为研究与工程副部长以及采办与保障副部长两个职位，并将研制试验鉴定的监管职责从采办副部长转由研究与工程副部长负责。新设立的研究与工程副部长在"里程碑 B、C"决策点前就研制试验计划的充分性、时间表、资源、风险和生产准备状态，包括自动化数据分析、建模与仿真工具使用情况，以及对重大国防采办项目做出独立、充分的评估，并向国防采办委员会提供意见。同时，还负责监管国防部所有演示验证、原型与试验活动，向联合作战人员通告新的任务能力，审查监督各军种的研究、系统工程与研制试验流程，监管国防部联邦资助研发中心的项目和相关活动。

目前，在国防部层面，研制试验鉴定、作战试验鉴定和试验资源管理机构各司其职、相互协调、密切配合，充分保证了试验鉴定工作的有效进行。图 2-1 给出了自 1970 年以来，美军试验鉴定管理机构的调整变化情况。

图 2-1　美军主要试验鉴定管理机构调整变化

第3章　管理体制

美军试验鉴定采取国防部统一领导监管与各军种分散实施相结合的管理体制。国防部下设研制试验鉴定办公室、作战试验鉴定局和试验资源管理中心，负责指导和监管各军种研制试验鉴定和作战试验鉴定工作，管理国防部试验鉴定资源，监管国防部重点靶场。各军种设研制试验鉴定和作战试验鉴定组织实施机构，负责制定试验计划、组织开展试验，以及靶场运行维护等。美军试验鉴定组织管理体系如图3-1所示。

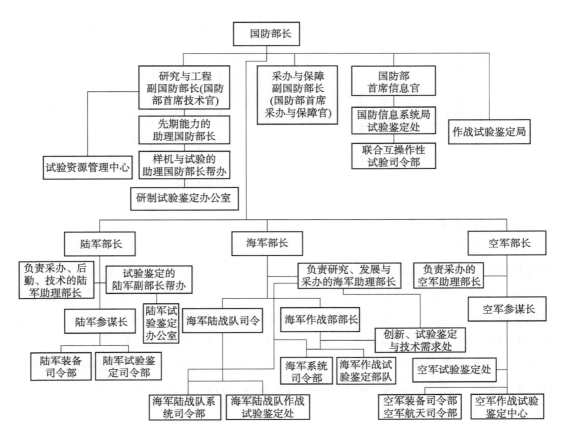

图3-1　美军试验鉴定组织管理体系

一、国防部试验鉴定监管机构

（一）监管机构及其职责

1. 研制试验鉴定办公室

研制试验鉴定办公室直属负责样机与试验的助理国防部长帮办领导，其主要职责为：监管军种研制试验鉴定工作；制定研制试验鉴定政策与指南；审批重大国防采办项目研制试验鉴定计划；开展重大国防采办项目作战试验准备评估。研制试验鉴定办公室组织机构如图 3-2 所示。

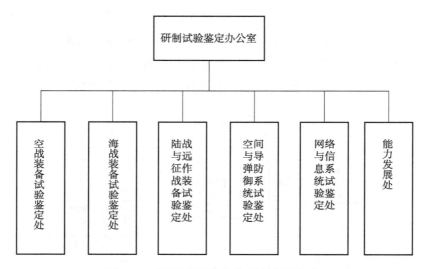

图 3-2　研制试验鉴定办公室组织机构

2. 作战试验鉴定局

作战试验鉴定局直属国防部长领导，其主要职责为：制定、发布作战试验鉴定的政策和程序；指导、监督和评估各军种作战试验鉴定工作；审批重大武器系统作战试验计划；向国防部长和国会提交作战试验鉴定报告。2021 年 7 月，为确保与国防部更好地衔接，以满足当前和未来的需求，作战试验鉴定局进行了重组：一是将实弹射击试验鉴定部门（原 5 个主要业务部门之一）并入另外 4 个作战试验鉴定业务部门；二是组建一个负责战略倡议、政策与新兴技术的新部门。调整后，作战试验鉴定局仍保持 5 个业务部门的总体架构。重组前的作战试验鉴定局组织机构如图 3-3 所示。

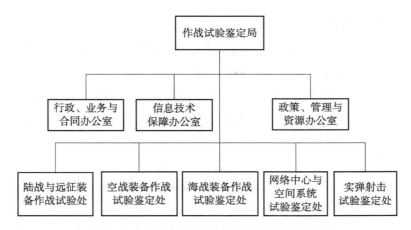

图 3-3　重组前的作战试验鉴定局组织机构

总体而言，作战试验鉴定局的本次重组目的明确，一是将独立的实弹射击试验鉴定职能纳入各作战域统筹管理，二是将与技术和能力发展相关的职能从各作战域中整合到新成立的部门。调整并未对作战试验鉴定局的主要职能产生影响。

重组后的作战试验鉴定局组织机构如图 3-4 所示。

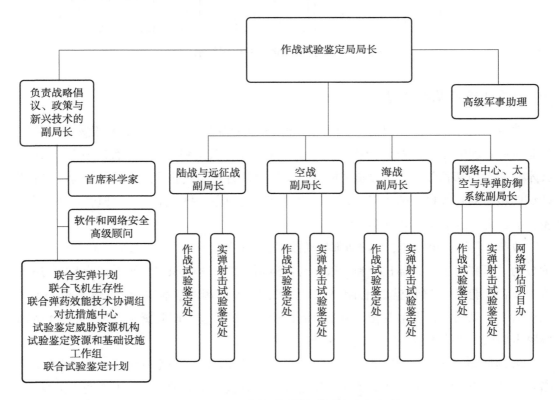

图 3-4　重组后的作战试验鉴定局组织机构

3. 试验资源管理中心

试验资源管理中心主要职责为：制定两年一度的国防部所属试验鉴定资源战略规划；审查和监督国防部试验鉴定设施和资源的预算与开支情况；审查军种和有关国防机构关于试验鉴定预算的执行情况；管理国防部中央试验鉴定投资计划（CTEIP）、试验鉴定/科学技术计划（T&E/S&T）和联合任务环境试验能力计划（JMETC）。试验资源管理中心组织机构如图3-5所示。

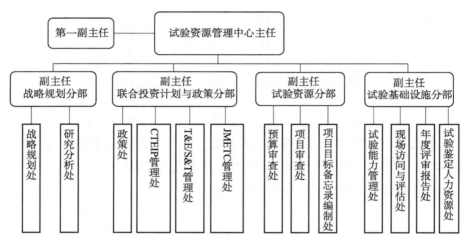

图3-5 试验资源管理中心组织机构

（二）改革基本情况

改革前情况。2018年以前，美国防部设有三大试验鉴定机构：研制试验鉴定办公室、试验资源管理中心、作战试验鉴定局。研制试验鉴定办公室和试验资源管理中心归采办、技术与后勤副部长领导，主要负责监管全军武器装备研制试验鉴定和试验资源工作；作战试验鉴定局直接接受国防部长领导，也可直接向国会汇报，主要负责监管全军武器装备作战试验鉴定工作［见图3-6（a）］。

改革后情况。2018年，美国防部启动改革，将原先"采办、技术与后勤副部长"职位，拆分为"研究与工程副部长"和"采办与保障副部长"两个职位，研制试验鉴定与试验资源监管职能转由"研究与工程副部长"负责，2019年调整基本到位［见图3-6（b）］。改革后，虽隶属关系发生变化，但是研制试验鉴定办公室、试验资源管理中心、作战试验鉴定局三大机构职能不变，军兵种管理体制不变。

后续政策调整。2020年11月19日，美国防部发布首版5000.89《试验鉴定》指示（以下简称"指示"），为美国防部新的采办程序中的试验鉴定工作明确了指导性的政策、责任和程序。"指示"主要包括六部分内容：职责、试验鉴定程序、适应性采办框架、研制试验鉴定、作战试验鉴定和实弹射击试验鉴定。"指示"对新体制下的试

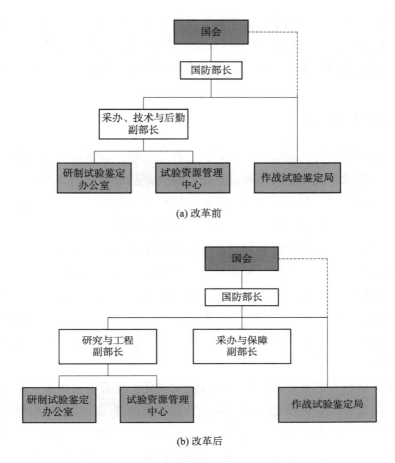

(a) 改革前

(b) 改革后

图 3-6 改革前后美国防部试验鉴定管理体制

验鉴定运行机制和管理程序进行了规范：针对新版自适应采办框架中的所有 6 种采办路径"量体裁衣"，提出相适应的试验鉴定程序，例如针对应急能力采办，强调试验鉴定的快速响应，针对软件密集型系统采办，强调试验鉴定活动的迭代验证等；明确研制试验鉴定与作战试验鉴定部门在所有采办路径中的责任；在保持两个机构相对独立的基础上，明确研制试验鉴定和作战试验鉴定部门相互协作开展工作的方法，确保双方试验鉴定工作是对军种工作的补充，而不是重复或干扰。

（三）国防部改革后试验鉴定管理体制

2018 年，美国防部启动改革，调整了研制试验鉴定与试验资源管理机构的隶属关系；2019 年，转隶后的美国防部研制试验鉴定办公室和试验资源管理中心网站正式上线，美军基本完成了由新设的"研究与工程副部长"负责全军研制试验鉴定和试验资源监管的试验鉴定管理体制改革。至此，国防部改革后，美军不仅是作战试验鉴定工作独立，其研制试验鉴定和试验资源的监管工作，在一定程度上也实现了相对的独立。2020 年 1 月，美国防部办公厅发布《采办政策转型手册》，对改革后的试验鉴定运行机制的建立给出了指导意见。此次试验鉴定改革，是美军为适应国家安全战略转型采取的系列举措之一，着眼提升试验鉴定效率，更加强调试验鉴定在新技术向作战能力快速转化中发挥着重要作用。

（四）改革主要影响

一是突出了武器装备试验鉴定的相对独立性。美军试验鉴定贯穿武器装备采办全寿命过程，从军事需求生成，到装备研制生产，再到部队部署使用，发挥着不可或缺的重要作用。美军现代武器装备试验鉴定体系的建立可以追溯到二战之后，为保证试验鉴定工作能够客观有效发挥应有作用，由最初的研制试验和作战试验均由国防部采办部门监管，到 20 世纪 80 年代，从国防部到军种的作战试验鉴定相继实现独立监管，再到研制试验鉴定的相对独立，几经变迁，最终确立了目前在国防部层面，研制试验和作战试验都相对独立的体制。军种层面仍不完全一致，陆军实现了研制试验和作战试验的独立性，海、空军的作战试验相对独立，但研制试验仍由采办方负责监管。美军试验鉴定管理体制发展历程，其背后都有国家军事战略转型的牵引，也是美军始终能够保持军事实力世界领先的重要体现。

二是强化了试验鉴定推动新技术向作战能力转化。随着美国国家安全重点从反恐转为大国竞争，美军对国防科技创新的重视上升到了新的高度，样机战略等举措的实施，更加强调了前沿技术向作战能力的快速转化。在 2018 年国防部开始改革之前，美军就已经开始大力推行试验鉴定"左移"倡议，即强调在装备还处于研制试验鉴定阶段，就考虑装备未来的作战使用问题，尽量在武器装备研发的早期，发现技术缺陷，解决前者作战问题，防止装备缺陷带入小批量生产阶段和作战试验阶段。以此保证武器装备能尽快形成战斗力，避免武器装备技术问题带到作战试验鉴定阶段才被发现，而导致采办进程的拖延。美国防部此轮管理体制改革，单独设立"研究与工程副部长"，加大了技术创新力度，是为顺应信息化时代战略管理新规律、新特点和新趋势而进行的一次全新尝试。研制试验鉴定主要考核武器装备战技指标，是军事技术发展、检验和成熟过程中不可或缺的把关手段，而作为国防部首席技术官的"研究与工程副部长"主管研制试验鉴定工作后，更能有效推动军事技术向作战能力的转变。

三是进一步改善了试验鉴定工作效率。2020 年 1 月，美国防部发布 5000.02 指示《适应性采办框架的运行》和《采办政策转型手册》，明确要求研制试验鉴定、作战试验鉴定和试验资源管理各方要充分协作，开展综合性的一体化试验鉴定，推动试验鉴定规划、实施和评估等各项工作的高效运转。《采办政策转型手册》指出，此次试验鉴定改革要达到以下主要目标：提高研制试验鉴定、作战试验鉴定和试验资源三方部门的工作效率；缩短获得新型武器装备的时间；促进全面的一体化试验鉴定（见图 3-7），尽可能使一次试验鉴定活动为所有研制和作战试验鉴定部门的独立分析、评估和报告提供共享数据，通过强化研制试验鉴定的严格性，提升作战试验鉴定的成功率。通过推行一体化试验鉴定机制，达到以下效果：可更好地明确试验鉴定工作所需的资源与边界条件，及早明确试验鉴定最终要求，通过一体化试验产生的数据可以为研制试验方和作战试验方各自开展独立的鉴定工作提供支撑。

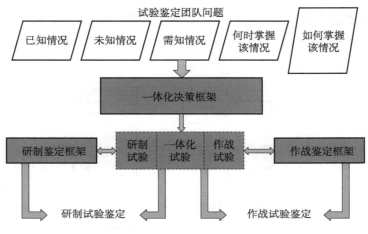

图 3-7　一体化试验鉴定模式

四是有利于推动试验资源技术水平的提升。美军武器装备实力世界领先，其试验鉴定技术也处于世界领先水平。美军军事转型促使新型武器装备向信息化、智能化和体系化方向发展，原有的试验鉴定资源越来越难以适应武器装备的发展，美军采取一系列措施，设立国防部试验资源管理中心，开展试验鉴定资源战略规划，加大试验资源投资力度，以保证美试验鉴定能力的平稳发展。美军高度重视试验鉴定技术和资源不落后于甚者超前于武器装备的发展，试验资源管理中心重点聚焦各军兵种通用、各军兵种无力或无意愿发展的前沿性和战略性试验技术和资源，实现试验技术全军的统一、协调发展，从顶层设计上避免未来因试验能力的断层推迟装备的研发甚至作战能力的生成。此次改革，试验资源管理中心转隶"研究与工程副部长"管辖，有利于其履行超前发展先进试验鉴定技术和资源的职能使命。

二、军种试验鉴定管理机构

美国陆军、海军、空军、海军陆战队分别下设研制试验鉴定机构和作战试验鉴定机构，负责各自军种的试验鉴定政策，组织实施试验鉴定任务，管理和运行所属试验靶场等工作。

（一）陆军

陆军的试验鉴定工作由陆军试验鉴定司令部主要负责。陆军试验鉴定司令部下辖作战试验司令部、陆军鉴定中心和各试验靶场。研制试验由陆军组织实施，作战试验由作战试验司令部组织实施；研制试验和作战试验结果的鉴定均由陆军鉴定中心负责。陆军负责试验鉴定的副部长帮办是陆军试验鉴定办公室主任，作为陆军试验鉴定执行官，负责审批所有试验鉴定相关文件。美陆军试验鉴定组织机构如图 3-8 所示。

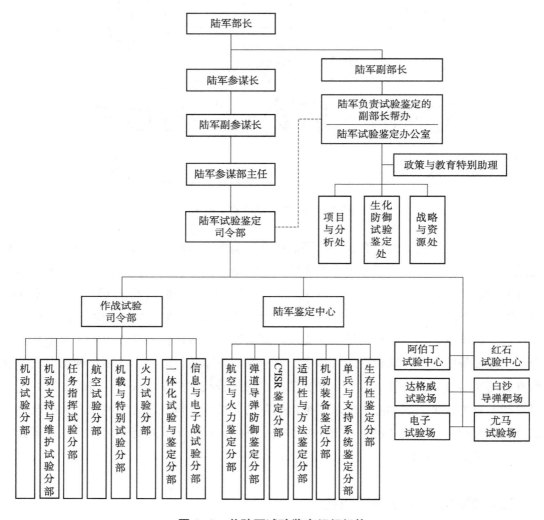

图 3-8　美陆军试验鉴定组织机构

（二）海军

海军作战部长负责海军试验鉴定工作。海军创新、试验鉴定与技术需求局（N84）负责试验鉴定的政策指导、计划制定、试验监督和结果报告等工作。研制试验鉴定由海上系统司令部、航空系统司令部、海军信息战系统司令部分别负责；作战试验鉴定由作战试验鉴定部队负责，直接向海军作战部长报告工作。美海军试验鉴定组织机构如图 3-9 所示。

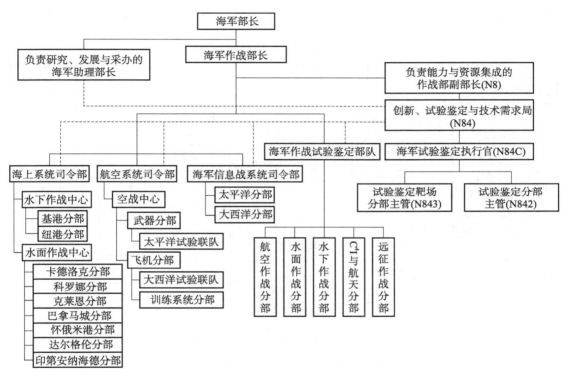

图 3-9　美海军试验鉴定组织机构

（三）空军

空军试验鉴定工作由空军试验鉴定处管理。试验鉴定局下设政策与计划部、资源与基础设施部、特殊项目部，负责制定政策和工作指南，管理资源和设施，直接向空军副参谋长报告工作。研制试验鉴定主要由空军装备司令部负责，作战试验鉴定主要由空军作战试验鉴定中心负责，空军各一级司令部下属的作战试验机构也承担后续作战试验鉴定任务。美空军试验鉴定组织机构如图 3-10 所示。

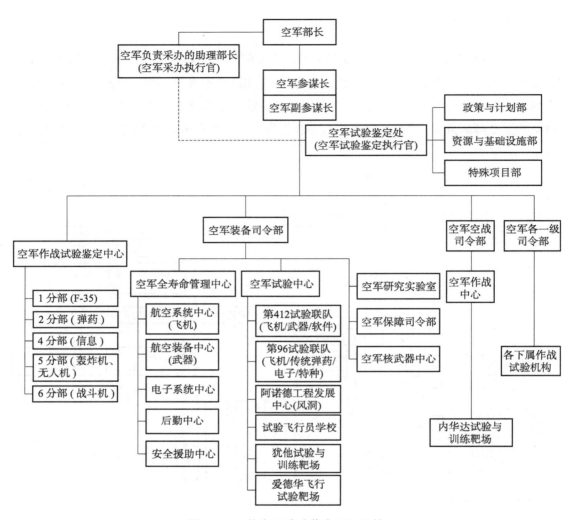

图 3-10　美空军试验鉴定组织机构

第 4 章　试验规划与组织实施

美军试验鉴定的组织实施工作依据类型、研制试验鉴定和作战试验鉴定均在项目办公室的统一组织和协调下，通过《试验鉴定主计划》来统筹规划研制试验鉴定和作战试验鉴定任务，评估武器装备的技术性能、作战效能和作战适用性。并由各军种相应试验鉴定机构负责，主要包括计划制定、试验实施和试验报告三个步骤，具体组织实施各有不同。

一、试验规划

美军要求，从采办前期《试验鉴定策略》和《试验鉴定主计划》的制定和审批，到各重要采办阶段根据最新情况对《试验鉴定主计划》的修订和审批，以及各类具体试验计划（研制试验计划、作战试验计划、实弹射击试验计划等）的制定和审批，项目管理办公室和更高层次的采办监督管理机构应通过科学的试验规划工作来保证试验鉴定全面、系统地实施，支持不同阶段的采办目标和采办决策。

项目管理办公室是采办项目管理的核心。项目管理办公室应设首席研制试验官，受项目主任委托，统一领导和协调项目试验鉴定方面的工作。通常，项目管理办公室要成立一个试验鉴定工作层一体化产品小组，完成具体的试验鉴定规划工作。在项目首席研制试验官的统一领导和协调下，该一体化小组完成《试验鉴定主计划》的制定和修订工作，以及研制试验计划的制定工作。作战试验计划虽然由作战试验部门独立制定，但首席研制试验官要保持与作战试验部门的联系，随时掌握其计划情况。同时，应在项目早期启动规划工作。美军特别强调试验鉴定规划工作的早期启动，即在采办项目之初，项目管理办公室的试验管理人员或军种提供的试验专家就参与到项目的规划工作中。这一阶段，试验人员的规划工作主要有三方面内容，一是参与整个项目的规划计划工作，包括在制定项目需求文件、技术开发策略和建议征求书等项目早期规划文件的过程中提供试验鉴定方面的意见和建议，保证项目需求和预期系统特性的可试验性；二是开始试验鉴定规划计划工作，如制定《试验鉴定策略》来支持备选方案分析和技术开发阶段的工作，制定初始的《试验鉴定主计划》为项目进入正式研制阶段做准备。三是多方参与规划工作。通过工作层一体化小组的组织机制，与项目试验鉴定有关的各个方面都要参与到试验鉴定的规划过程中，这里既包括未来将对系统进行试验鉴定的机构或部门，也包括需求产生部门、试验资源部门和能够提供建模与仿真资源的科研机构。尤其在当前美军强调一体化试验策略的形势下，各部门的广泛参与和密切配合已成为项目一体化试验规划与实施的基本保障。在更高监督层次上，军种试验鉴定执行官负有对该军种负责的采办项目试验鉴定规划的监督和审批职责，国防部长办公厅负有对重大国防采办项目试验鉴定规划的监督和审批职责。

（一）试验规划基本要求

1. 里程碑 A 或决策点开始即编制和更新《试验鉴定主计划》或其他规划文件

美采办项目主任和试验鉴定工作层一体化产品小组将从里程碑 A 或决策点开始，使用《试验鉴定主计划》或其他规划文件，进入适用的采办路径。项目主任和试验鉴定工作层一体化产品小组将按需编制和更新规划文件，为采办里程碑或决策点提供支持。对于全速率生产决策审查、全面部署决策审查以及之后的审查，里程碑决策者、国防部部局高层领导或作战试验鉴定局局长（针对试验鉴定监管项目）可能要求更新规划文件或附录，以应对计划试验或附加试验出现的变更。

2. 尽早且尽量频繁地向项目利益相关方提供《试验鉴定主计划》草案

对于监管项目，获得美国防部部局批准的试验鉴定主计划将在支持决策点前 45 个日历日内提交给国防部长办公厅，以供批准。项目主任将负责确保包含信息技术（IT）的项目与国防部 5000.82 指示规定的项目实施后审查不冲突。为了支持敏捷采办，在获得作战试验鉴定局局长、作战试验机构和项目办公室同意后，可按需制定《试验鉴定主计划》的交付时间表。

3. 无需《试验鉴定主计划》的采办路径的组织协调

对于某些采办路径，可以放弃《试验鉴定主计划》，或按需制定其他试验策略文件。如果无需《试验鉴定主计划》，则应尽早向军种部各利益相关方以及负责监管项目的国防部研究与工程副部长、作战试验鉴定局局长提供相关简报，推动跨组织协调以及后续的试验规划文件批准。

（二）试验规划目标及内容

1. 试验计划概要和主进度表

包含所有主要试验事件或试验阶段的一体化试验计划概要和主进度表。进度表应涵盖由规划试验支持的关键程序决策点。

1）描述旨在鉴定性能互操作性、可靠性和网络安全性的研制试验事件。

2）描述旨在鉴定作战效能、作战适应性、生存性和网络安全性的作战试验事件。

2. 试验进度表

包含由事件驱动的进度表应具有：

1）确保预设的时间足以支持试验前预测；

2）试验内容；

3）试验后分析、鉴定和报告；

4）预测模型协调；

5）发现缺陷后纠正措施的实施。

该进度表还应确保研制试验鉴定和初始作战试验鉴定之间留有足够时间，以针对关键设计的变更完成返工、报告、分析和研制试验。

3. 作为建议征求书的原始文件

（内容略）。

4. 试验鉴定需求的指导

提供关于承包商建议征求书如何满足项目试验鉴定需求的指导（例如，试验样品，试验鉴定数据权，政府对故障报告的获取，内置试验和嵌入式仪器数据，政府对承包商实施的试验鉴定的使用，政府对承包商试验鉴定计划的审查和批准，政府对承包商鉴定的审查）。

5. 研制鉴定框架、实弹射击策略和作战试验方案

研制鉴定框架、实弹射击策略和作战试验方案将用于确定关键数据。这些关键数据将有助于评估国防部研发的系统是否能够支持作战人员完成任务。

1）项目进度的研制试验衡量指标包括关键性能参数（KPP）、关键技术参数、情报数据需求、关键系统属性、互操作性要求、网络安全性要求、可靠性增长、可维修性属性和研制试验目标。此外，研制鉴定框架将显示试验事件、关键资源以及支持决策之间的相关性和映射。

2）项目主任和试验鉴定工作层—一体化产品小组应使用综合决策支持关键数据列表来确保：关键作战问题并非用于鉴定系统的技术规范，而是以部队为中心，并与部队任务的完成密切相关。

6. 使用的科学试验与分析工具

明确如何使用科学试验与分析工具来设计有效且高效的试验计划，产生所需数据，以在一组选定的适当因素和条件下表征系统性能和作战任务能力。

7. 试验基础设施和工具

要求所有支持采办决策的试验基础设施和工具（如模型、仿真、自动化工具、合成环境）均需由预期用户或合适机构进行验证、校核与确认（VV&A）。将在《试验鉴定主计划》或其他试验策略文件中记录试验基础设施、工具以及验证、校核与确认策略和进度表，包括各工具或试验基础设施资产的验证、校核与确认授权。对于任何用于支持试验鉴定的建模与仿真工具，项目主任将计划相关应用和确认流程。

8. 试验鉴定资源

要求完整的试验鉴定资源，包括：试验样品、试验场地和仪器，试验支持设备，威胁表征和模拟，情报任务数据，试验靶标和消耗品，试验中友军和敌军的支持，模型与仿真，试验台，联合任务环境，分布式试验网络、资金、人力和人员，训练，联邦/州/地方要求、靶场要求和任何特殊要求（例如，爆炸物处置要求或腐蚀防控）。将根据综合决策支持关键数据列表和进度表来映射资源，以确保充分性和可用性。

9. 资源表编制

根据公法115-91第839（b）条的规定，项目主任将针对重大国防采办项目编制资源表，列出政府试验鉴定成本的初步估算，具体分为以下三类：研制试验鉴定、作战试验鉴定和实弹射击试验鉴定。这一要求也适用于《试验鉴定主计划》或其他更新的试验策略文件。

（三）试验数据记录

根据《美国法典》第10编第139条的规定，作战试验鉴定局局长将负责迅速获取所有同建模与仿真活动相关的数据（由军种部和国防业务局用于支持军事能力的作战或实弹射击试验鉴定），包括同验证、校核与确认活动相关的数据。试验事件后，项目主任将使国防部研究与工程副部长和作战试验鉴定局局长可立即访问所有记录和数据（包括机密和专有信息，以及试验事件的定期和初步报告）。利益相关方将负责协调记录、报告和数据的交付时间表，并在适当的试验文件中进行记录。

二、组织实施

美军各军种试验鉴定的组织实施程序总体上类似，但由于机构设置及装备发展特点不同，具体程序上略有不同。此外，本节还特别介绍了由作战试验鉴定局主导，面向战术、技术和程序的联合试验鉴定的组织实施程序。

（一）陆军

1. 研制试验鉴定

陆军研制试验鉴定由陆军鉴定中心组织实施，主要活动包括制定试验实施计划、培训参试人员、开展试验活动、获取试验数据、结果鉴定并上报。

试验实施计划制定。依据《系统鉴定计划》，陆军鉴定中心负责鉴定人员与试验鉴定一体化小组共同制定《研制试验事件设计计划》，内容包括试验目标、试验方法、试验准则、试验安排和所需数据及要求等；依据《系统鉴定计划》和《研制试验事件设计计划》，研制试验牵头机构制定具体指导试验实施的《研制试验详细试验计划》，内容包括更为详细的试验目标，约束和限制条件，试验规程，试验报告，以及数据分析等。《研制试验事件设计计划》和《研制试验详细试验计划》由陆军试验鉴定司令部批准，对重大项目，还须经陆军试验鉴定执行官提交国防部研制试验鉴定办公室审批。

试验实施。研制试验牵头机构组建试验团队，指定试验负责人，对参试人员进行培训、认证。试验准备经审查合格后，试验负责人依据《研制试验详细试验计划》，组织参试人员在相关靶场开展试验，获取试验数据。

试验报告。陆军鉴定中心负责分析试验数据，对试验结果进行鉴定，形成《研制试验鉴定报告》，提交项目办公室、陆军试验鉴定办公室、军种采办执行官。国防部监管的重大项目，还须提交国防部研制试验鉴定办公室。

2. 作战试验鉴定

陆军作战试验鉴定由陆军作战试验司令部组织实施，陆军鉴定中心负责结果鉴定。

在转入初始作战试验鉴定前，采办执行官须执行"作战试验准备评估"程序，证明系统已为转入初始作战试验鉴定做好准备。采办执行官签署评估备忘录，提交陆军试验鉴定司令部，试验鉴定司令部司令组织开展"作战试验准备审查"，审查通过后，开始初始作战试验鉴定。

试验实施计划制定。依据《系统鉴定计划》，陆军作战试验司令部制定《作战试验事件设计计划》和《作战试验执行计划》，内容包括具体作战试验事件的试验设计、试验方法和分析技术等。《作战试验事件设计计划》和《作战试验执行计划》由陆军试验鉴定司令部批准，重大项目，还须经陆军试验鉴定执行官提交国防部作战试验鉴定局审批。

试验实施。作战试验司令部与项目办公室共同组织承包商培训部队训练教官，经认证合格后，部队训练教官培训参试部队；陆军试验鉴定司令部开展作战试验准备审查，审查通过后，在作战试验司令部组织下，由部队指挥员按照《作战试验执行计划》在靶场或训练场，指挥参试部队开展试验；作战试验司令部获取试验数据。

试验报告。陆军鉴定中心负责分析试验数据，对试验结果进行鉴定，形成《作战试验鉴定报告》，由陆军试验鉴定司令部批准后，报陆军参谋长，同时提交项目办公室、陆军试验鉴定办公室和陆军采办执行官。重大项目，还须提交国防部作战试验鉴定局审查，并由国防部作战试验鉴定局提交负责研究与工程副部长和采办与保障副部长，以及国防部长、国会。

（二）海军

1. 研制试验鉴定

研制试验鉴定由各系统司令部组织实施，海上系统司令部负责舰船、潜艇及相关武器系统的研制试验鉴定，航空系统司令部负责飞机及其主要武器系统的研制试验鉴定，航天与海战系统司令部负责其他系统的研制试验鉴定。

《试验鉴定主计划》制定与审批。《试验鉴定主计划》由项目主任组织"试验鉴定一体化小组"制定。重大项目《试验鉴定主计划》，由项目主任提交系统司令部 / 计划执行官、海军作战试验鉴定部队审查，经海军创新、试验鉴定与技术需求局和负责研究、发展与采办的海军助理部长批准后，报送国防部作战试验鉴定局和研制试验鉴定办公室审批。

试验实施计划制定。依据《试验鉴定主计划》，研制试验牵头机构负责制定具体指导试验实施的《研制试验鉴定计划》，内容包括详细的试验目标、试验方法和试验安排等。《研制试验鉴定计划》由海军各系统司令部批准，重大项目，还须经海军试验鉴定执行官提交国防部研制试验鉴定办公室批准。

试验实施。研制试验牵头机构组建试验团队，对参试人员进行培训。依据《研制试验鉴定计划》，组织参试人员在相关靶场开展试验，并获取试验数据。

试验报告。研制试验牵头机构组织开展试验数据分析，对试验结果鉴定，形成《研制试验鉴定报告》，提交项目办公室，创新、试验鉴定与技术需求局，负责研究、发展与采办的海军助理部长，海军作战试验鉴定部队。重大项目的《研制试验鉴定报告》还须提交国防部研制试验鉴定办公室。

2. 作战试验鉴定

海军作战试验鉴定由海军作战试验鉴定部队具体组织实施。

试验实施计划制定。依据《试验鉴定主计划》，海军作战试验鉴定部队制定具体指导试验实施的《作战试验鉴定计划》，内容包括具体作战试验事件的试验设计和试验方法等。《作战试验鉴定计划》由海军作战部长批准，重大项目，还须经国防部作战试验鉴定局批准。

试验实施。系统司令部司令、计划执行官和项目主任进行作战试验准备评估，海军作战部长和海军作战试验鉴定部队司令对评估结果进行审查，通过后，海军作战试验鉴定部队按照《作战试验鉴定计划》，指挥参试部队开展试验并获取数据。

试验报告。海军作战试验鉴定部队分析试验数据，对试验结果进行鉴定，形成《作战试验鉴定报告》，提交作战部长和负责研究、发展与采办的海军助理部长。重大项目，还须经创新、试验鉴定与技术需求局提交国防部作战试验鉴定局。

（三）空军

1. 研制试验鉴定

《试验鉴定主计划》制定与审批。主计划由试验鉴定一体化小组制定，项目主任和空军作战试验鉴定中心的代表均是组长，成员有产品中心、保障中心、研制试验鉴定牵头机构、试验参与机构、国防情报局、承包商、一级司令部等代表。项目主任将《试验鉴定主计划》草案按程序提交空军全寿命管理中心／计划执行官、空军装备司令部、空军试验鉴定处、空军负责采办的助理部长批准，重大项目，由该助理部长提交国防部作战试验鉴定局和研制试验鉴定办公室审批。

详细计划的制定。依据《试验鉴定主计划》，研制试验鉴定牵头机构制定详细的试验鉴定计划，并提交空军试验中心、空军装备司令部、空军试验鉴定处、空军负责采办的助理部长批准，重大项目，由该助理部长提交国防部研制试验鉴定办公室审批。

试验实施与报告。研制试验鉴定牵头机构依据详细试验计划实施试验，对试验结果进行鉴定，拟制《试验鉴定报告》并提交项目主任、空军试验中心、国防技术信息中心等。项目主任将《试验鉴定报告》提交空军全寿命管理中心／计划执行官、空军装备司令部、空军试验鉴定处、空军负责采办的助理部长批准，重大项目，由空军负责采办的助理部长提交国防部研制试验鉴定办公室审批。重要试验事件 24 小时内，须由研制试验鉴定牵头机构将有关情况通报空军试验鉴定处。

2. 作战试验鉴定

试验计划制定与审批。依据《试验鉴定主计划》，空军作战试验鉴定中心制定作战试验鉴定方案和详细试验鉴定计划，并按程序提交空军试验鉴定处审批，重大项目，还须提交国防部作战试验鉴定局审批。

试验实施。空军作战试验鉴定中心在空军试验鉴定处、各一级司令部、各产品中心、各后勤中心派驻正式联络代表，负责协调作战试验鉴定经费、试验资源、参试部队、试验进度等。空军作战试验鉴定中心依据试验鉴定计划实施作战试验鉴定活动。

试验报告。空军作战试验鉴定中心将试验鉴定报告提交空军试验鉴定处、空军参谋长、项目办公室、计划执行官、空军负责采办的助理部长，重大项目，还须提交国防部作战试验鉴定局审查。

（四）作战试验鉴定局联合试验鉴定

作战试验鉴定局设置"联合试验鉴定"（JT&E）计划办公室，为 JT&E 计划的执行提供全面管理和指导。由各军种、参联会、国防部各业务局向 JT&E 计划办公室提出 JT&E 需求提案，计划办公室将提案交至由各军种、参联会、国防部各业务局代表组成的高级顾问委员会进行审议，通过审议后的提案将开展联合可行性研究，研究结论将确定该提案是开展联合试验还是快速反应试验，或者不予立项。

在 JT&E 计划的全过程中，由来自国防部长办公厅、各军种及联合司令部的高级文职科学家和工程师组成的技术顾问委员会，向计划办公室、高级顾问委员会、联合可行性研究工作组及联合试验工作组提供专业的技术建议。技术顾问委员会的主要目的是通过审查及评估提案的可行性与执行风险，支持高级顾问委员会审批通过 JT&E 计划。将级军官指导委员会是一个顾问性的团体，它为 JT&E 项目提供一个来自各军种、联合作战司令部、国防部长办公厅及其他国防部机构高层意见的论坛。主要就与 JT&E 计划相关的军种和联合政策、条令以及职责及任务向计划办公室提出建议，在试验成果向战场转化中，将级军官指导委员会将起到关键作用。

JT&E 计划办公室将指定某一军种为牵头单位，联合多个军种开展联合试验或者快速反应试验，试验的具体承担单位是各军种的作战试验机构。

第二部分

美军武器装备《试验鉴定主计划》概念与内容

　　《试验鉴定主计划》是美国防部针对武器装备试验鉴定建立的重要管理机制，贯穿于采办全流程，引领采办项目试验鉴定的计划、设计、组织、实施和报告，指导如何以科学的方法、优化的资源、高效的流程完成试验鉴定工作，更好地支持采办项目。自 20 世纪 80 年代起，美国防部已经开始在装备采办项目中采用《试验鉴定主计划》指导试验鉴定工作。进入 21 世纪，经过不断优化，《试验鉴定主计划》在结构上更加完善，应用更加广泛，作用更加显著。

　　本部分全面阐述《试验鉴定主计划》的概念内涵、编制单位及其工作机制、适用对象及其与装备采办项目如何关联等基本情况，论述《试验鉴定主计划》在美军装备试验鉴定中的地位和作用，对比主要版本之间的变化，全面系统地介绍《试验鉴定主计划》的主要内容和准备、编制、提交、审批、修订、更新全流程管理模式。

第 5 章　《试验鉴定主计划》概念与内涵

装备试验包含的试验因素众多。在实际的试验过程中，受试验资源和时间限制，如果不采用系统和科学的设计方法和实施程序，很难完成既定的试验目标。为此，美军通过《试验鉴定主计划》这一工具，将试验鉴定作为一个连续统一体进行统筹规划和管理，确保试验的有效实施。

一、基本概念

《试验鉴定主计划》是美国防部重要的试验计划和管理工具，记录了所有利益相关方商定的试验鉴定策略和目标，阐述完成每个试验阶段所需要的必要资源。《试验鉴定主计划》是一个纲领性文件，可以用 5 个 W 和 1 个 H（Who、What、Where、When、Why、How）加以阐述：谁负责试验鉴定、完成哪些试验鉴定工作、在哪里进行试验鉴定、何时进行试验鉴定、为什么要完成这些试验鉴定活动，以及如何对系统关键技术参数和关键作战问题进行试验鉴定。

由此定义可以看出，《试验鉴定主计划》包含 3 层内涵。首先，《试验鉴定主计划》是工具，为管理人员提供了一个制定试验设计计划、文档进度计划、规划试验鉴定项目所需资源的框架。其次，《试验鉴定主计划》是一个试验活动实施计划，规定项目应完成哪些试验鉴定，以及实施这些试验鉴定活动的策略。项目管理人员可以有足够的时间来支持试验前的预测，实施试验，进行试验后分析、鉴定和报告，调整预测模型，采取纠正措施处理已发现的缺陷。在编制项目的方案征求书时，可以将《试验鉴定主计划》作为输入。最后，《试验鉴定主计划》识别了资源，明确规划了开展研制试验鉴定、作战试验鉴定和实弹射击试验鉴定活动所需的资源，同时提供了一个包含鉴定问题、试验目标、要求、试验方法、决策点、试验活动和资源的清晰路线图。

二、编制单位及其工作机制

对于每个采办项目，美国防部的部门采办执行官都将指定一名项目主任，负责管理该采办项目的所有工作，包括试验活动。项目主任牵头起草《试验鉴定主计划》，初步形成的一个初稿，往往并不具备提交管理部门审批的条件，需要项目内部酝酿、会商、讨论、协调和修改等完善过程，这些工作是以试验鉴定一体化小组的形式实现的。

项目启动的概念探索与定义阶段，装备开发部门（装备开发单位或信息系统开发单位）要尽快组建试验鉴定一体化小组并制定章程，明确所有试验鉴定参与单位的角色和职责，为制定《试验鉴定主计划》建立组织条件。

试验鉴定一体化小组为项目主任提供输入，协调各方利益，并确保各方朝着一个既定目标努力，讨论项目主任牵头编制的《试验鉴定主计划》并取得一致意见。最终，经过试验鉴定一体化小组签字认可的《试验鉴定主计划》才能提交军种和国防部管理部门进入审批程序，编制工作才算最终完成。图 5-1 给出了试验鉴定一体化小组承担的《试验鉴定主计划》编制职责及其协调机制。

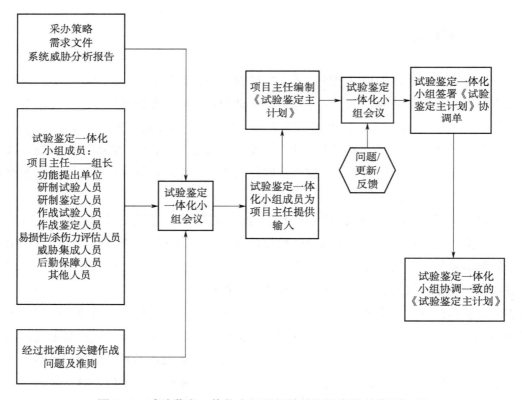

图 5-1　试验鉴定一体化小组承担的编制职责及其协调机制

（一）试验鉴定一体化小组成员分工

试验鉴定一体化小组成员包括项目主任、试验开发人员、研制试验人员、作战试验人员、研制鉴定人员、作战鉴定人员、易损性/杀伤性评估人员、威胁集成人员、后勤保障人员等。项目主任担任试验鉴定一体化小组组长，来自不同业务部门的组员各有分工。

项目主任负责撰写《试验鉴定主计划》中的第一部分"系统概述"、第二部分"试验计划管理与进度"，以及第四部分"试验鉴定资源概要"。作战开发人员撰写第一部分中的"任务描述""系统描述"，并识别后续试验鉴定的要求，为研制试验、实弹射击试验、人员训练等章节提供输入。研制鉴定人员/评估人员和研制试验人员负责撰写研制试验相关内容，并为试验资源部分提供输入。独立的作战人员和作战试验人员负责撰写作战试验相关内容，并为资源部分提供输入。

（二）试验鉴定一体化小组工作机制

项目主任全面负责《试验鉴定主计划》的编制，要制定编制时间表。为保证进度，项目主任应尽早召开试验鉴定一体化小组会议，最好与审查《作战需求文件》《信息系统需求文件》草案一起进行，使试验鉴定一体化小组成员初步熟悉系统需求。通过小组会议，能够协助项目主任制定试验鉴定策略，将其纳入采办策略，并确定试验鉴定一体化小组所有成员最终人选。项目主任向小组提供已有的需求文件、采办策略草案（纳入了试验鉴定策略）以及其他相关的项目文件。试验鉴定一体化小组成员开始起草各自所承担的《试验鉴定主计划》相应部分。一般 30 天提交初稿，以便为项目主任提供输入。

项目主任对试验鉴定一体化小组成员提交的《试验鉴定主计划》各部分输入进行汇总，合并后的文档将在 15 日内发送给所有试验鉴定一体化小组成员进行审核，并有另外30 天在其所在部门（如作战开发部门）内对《试验鉴定主计划》进行讨论，以确保得到部门同意。在部门审核期间发现的问题和修改意见首先提交给项目主任（试验鉴定一体化小组组长）和其他试验鉴定一体化小组成员，然后再正式提交到试验鉴定一体化小组。所有问题都在试验鉴定一体化小组会议上讨论解决。

试验鉴定一体化小组成员代表其所在部门，有权签署涉及《试验鉴定主计划》中所在部门涉及的内容。他们也有义务参加试验鉴定一体化小组会议，议程中未包括与他们直接相关的主题时除外。

在小组会议之前，试验鉴定一体化小组成员最好将可能妨碍对《试验鉴定主计划》达成共识的问题提前告知项目主任。如果试验鉴定一体化小组成员由于其内容问题无法达成共识，则为通过《试验鉴定主计划》而召开的会议几乎没有任何价值。试验鉴定一体化小组成员内部无法解决的问题，会通过他们的指挥链向上级部门提交。如果还不能解决，则将提请军种副部长级别的领导协调解决问题。

三、适用对象

根据美军武器系统采办程序指导文件的规定，所有 I 类和 IA 类采办项目（重大国防采办项目和重大自动化信息系统）或指定由国防部长办公厅监管的采办项目，都必须制定《试验鉴定主计划》。同时，也鼓励低于 I 类的采办项目以《试验鉴定主计划》为指导，调整其试验鉴定策略。美陆军试验鉴定政策规定，经有关机构批准后（所有 I 类采办项目、陆军总部作为里程碑决策机构的 II 类采办项目、国防部长办公厅监管的项目执行办公室作为里程碑决策机构的 II 和 III 类采办项目的试验鉴定执行机构），《试验鉴定主计划》作为项目主任或装备开发部门、能力开发部门、部队现代化相关单位、试验鉴定部门执行试验鉴定策略的总纲。《试验鉴定主计划》为试验鉴定提供关键的内部控制以支持采办流程。

四、与采办流程的结合

《试验鉴定主计划》是美国防采办过程中联结需求、产品、技术和管理的纽带，在国防采办系统中发挥着重要作用。国防采办系统是国防部内负责规划、设计、研制、采购、保养和处置各种装备、设施、服务的系统，主要包括需求生成、全寿命周期综合管理、试验鉴定、信息管理等领域和方面的工作。《试验鉴定主计划》与采办流程各阶段的关系如图 5-2 所示。

五、地位作用

《试验鉴定主计划》文件是美国防采办过程中，为支持国防采办里程碑决策和提高试验鉴定质量效益，统筹规划、管理采办项目全寿命周期所有试验鉴定计划、进度、策略和资源的纲领性文件，是试验鉴定工作的基本遵循和指导，是制定后续试验计划和试验报告的主要依据。

（一）规划试验鉴定工作

《试验鉴定主计划》是特定系统采办全寿命周期试验鉴定的基本计划文档，所有决策机构都要依据《试验鉴定主计划》来计划、审查和批准试验鉴定活动。因此不难看出，《试验鉴定主计划》是一种框架机制，约束了在进入下一个采办里程碑之前必须要完成的必要工作。此外，已批准的《试验鉴定主计划》是试验鉴定部门用来制定详细试验鉴

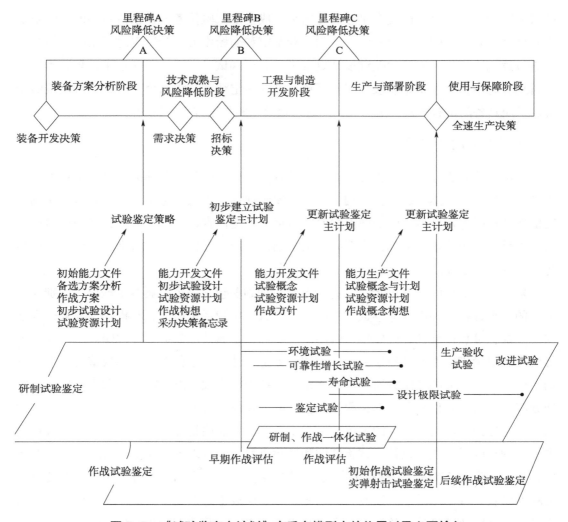

图 5-2 《试验鉴定主计划》在采办模型中的位置以及必要输入

定计划,确定试验鉴定计划相关的进度安排和资源需求的基本遵循和指导文件。《试验鉴定主计划》记录了系统采办过程中的试验鉴定活动进程,因此所有影响项目决策的试验鉴定活动都会在《试验鉴定主计划》留下记录。所以,《试验鉴定主计划》是一份灵活的文件,必须处理与采办项目有关的关键问题变化,在项目需求、进度或投资方面的重大变化通常都会导致试验计划的改变。因此,必须根据项目变更、基线突破时以及在每个里程碑决策前,对《试验鉴定主计划》进行审查和更新。

(二)把握试验进度

在装备试验鉴定实施过程中,美军高度重视将《试验鉴定主计划》作为重要规划和管理工具。其中要包含所有重大试验活动或试验阶段的主进度计划,同时包含事件驱动的试验时间进度安排，以便有足够的时间来完成全部试验任务，并预留足够的时间来发现和处理缺陷。时间进度应确保在研制试验鉴定和初始作战试验鉴定之间留出足够的时间进行返工、报告，以及对关键设计更改进行分析和试验。《试验鉴定主计划》为采办项目划分为不同试验鉴定阶段，明确了重大试验鉴定活动，为每个重大试验阶段或活动规定了应具备的试验准入准出标准，同时对相关试验数据进行了说明。

（三）构建鉴定框架

鉴定框架是贯穿整个试验计划，供决策者用于判断试验充分性的工具。鉴定框架不增加试验计划，而是凝练试验计划，使之更便于使用。《试验鉴定主计划》包含研制鉴定框架和作战鉴定框架，明确各阶段鉴定目标、鉴定内容以及关键数据，确保试验计划中每个重要阶段或重要活动都有明确定义的活动内容、具体目标、范围、相应的建模与仿真，以及鉴定方法。

采办项目从里程碑 B 开始，《试验鉴定主计划》包含一个研制鉴定框架，识别项目进展的关键数据：关键性能参数、关键技术参数、关键系统属性、互操作性要求、网络安全要求、可靠性增长、维修性、研制试验目标，以及其他数据，并说明试验活动、关键资源和决策支撑之间的对应关系。《试验鉴定主计划》还包含一个作战鉴定框架，总结了聚焦使命任务的鉴定方法和试验策略，包括影响作战效能、适用性和生存性的基本任务和系统功能。作战鉴定框架明确试验目标（在任务背景下），以任务为中心的定量指标（也称为聚焦使命任务的定量响应变量），影响这些指标的因子，在整个作战包线内系统调整因子的试验设计、试验周期和试验资源。还可以包括反映项目进展的标准指标，如：关键性能参数、关键技术参数、关键系统属性、互操作性要求、网络安全要求、可靠性增长、维修性属性，以及其他必要指标。作战鉴定框架重点关注聚焦使命任务的定量指标，以及试验计划的资源、进度和成本因素，这些方面对于评估系统作战效能、适用性和生存性至关重要。

（四）促进一体化试验鉴定

一体化试验鉴定能够显著提高试验效率，降低试验成本，缩短试验周期，是美国防部大力推进的一项倡议。《试验鉴定主计划》作为一体化试验鉴定的规划和管理工具，促进项目在条件允许的情况下以一体化的方式计划、实施试验鉴定，使项目所有相关部门能通过数据来证实各自的功能。项目主任根据《试验鉴定主计划》建立一体化试验规划小组，将包括试验数据的提供方和使用方都纳入进来，确保将各方利益协调统一并制定一个稳健高效的试验方案，在全寿命周期支持整个系统工程以及装备的鉴定和认证。

（五）指导试验设计

作为对国防部作战试验鉴定局关注的科学试验与分析技术的回应，《试验鉴定主计划》提供了很多试验科学与分析技术方面的指导，包括试验设计、面向使命任务的指标、可靠性增长、建模与仿真、信息安全等。作为《试验鉴定主计划》的补充材料，《试验鉴定主计划指南》给出了很多基于统计科学的试验设计实质性内容，提供了试验设计模板和大量典型案例。对于如何将试验设计工作嵌入主计划的编制，试验设计方法如何体现在《试验鉴定主计划》中等具体问题，《试验鉴定主计划指南》提供了详细要求。

（六）配置充足试验资源

充足、可用的试验资源是完成试验鉴定工作的物质基础，必须尽早谋划，否则可能对试验工作进度造成严重影响。《试验鉴定主计划》中包含了项目主任识别的试验鉴定所需资源，包括试验品、试验场和测量仪器，试验保障设备，典型威胁及其模拟，试验靶标及耗材，为试验部队提供保障、建模与仿真、试验台、联合任务环境、分布式试验网络、资金、人力资源、训练设备、联邦／州／地方有关要求，以及靶场等任何特殊要求（如爆炸性弹药处理要求或腐蚀预防和控制）。《试验鉴定主计划》确保所有试验资源都处于最佳评估状态，并将根据研制鉴定框架、作战鉴定框架、试验进度安排表进行规划，确保试验资源的充分性和可用性。随着网络安全试验重要性日益凸显，《试验鉴定主计划》还纳入了在具有代表性网络威胁能力的任务环境中试验和评估系统的相关活动。

（七）改善装备可靠性

武器装备全寿命周期的大部分成本都用于使用与保障阶段，使用维护成本一般是系统不可靠导致的。系统可靠性越高，战场使用和维修成本就越低。在当今高度复杂的系统中，即便很小的可靠性降低也意味着巨额维护成本，聚焦可靠性增长的全面可靠性计划对于研制和采办高可靠性系统至关重要。《试验鉴定主计划》中包含了关键系统工程和设计活动，指导项目从启动就制定并记录全面的可靠性、可用性和维修性计划，采用适当的可靠性增长策略来提高装备可靠性、可用性和维修性，直到满足用户要求为止。

第6章 主要版本

　　自20世纪80年代起，美国防部已将《试验鉴定主计划》作为纲领文件指导装备试验鉴定，并在国防部指令中提出明确要求。在美国防采办管理政策文件中，《国防采办系统的运行》《采办管理指南》等对《试验鉴定主计划》的基本要求和主要格式进行了规范。早期的《试验鉴定主计划》格式分为五部分，分别是：系统介绍、试验计划概要、研制试验鉴定策略、作战试验鉴定策略、资源概要。随着一体化试验鉴定模式的深入，《试验鉴定主计划》的主要结构也相应发生了变化，新的四部分构成的计划格式于2010年在《国防采办指南》中颁布，分别为：引言、试验计划管理与进度、试验鉴定策略、资源概要。新版将原版本中的研制试验鉴定策略与作战试验鉴定策略整合为一个部分，以更利于实现研制试验与作战试验协同规划、一体化实施的目标（见图6-1①）。

　　美国防部作战试验鉴定局为使试验鉴定管理机构与具体实施机构更好地理解《试验鉴定主计划》的框架结构和具体设计内容与要求，陆续颁布了若干版本的《试验鉴定主计划指南》。尤其是进入21世纪，随着武器装备信息化水平提升，以及对装备试验鉴定认识不断深化，作战试验鉴定局对《试验鉴定主计划指南》进行了几次修订完善，形成了3个重要版本，分别是2013年的2.0版、2015年的3.0版和2017年的3.1版。本章重点介绍2.0版、3.0版和3.1版的修订情况。

---

　　① https://www.dau.edu/pdfviewer/_layouts/15/WopiFrame.aspx?sourcedoc=/pdfviewer/Source/Guidebooks/DAG/DAG-CH-8-Test-and-Evaluation.pdf&action=default.

第一部分　引言	
1.1	目的
1.2	任务描述
1.2.1	任务概述
1.2.2	作战构想
1.2.3	作战用户
1.3	系统描述
1.3.1	项目背景
1.3.2	关键接口
1.3.3	关键能力
1.3.4	系统威胁评估
1.3.5	系统工程要求
1.3.6	专门试验或认证要求
1.3.7	之前的试验
第二部分　试验计划管理与进度	
2.1	试验鉴定管理
2.1.1	试验鉴定组织架构
2.2	试验鉴定数据库一般要求
2.3	缺陷报告
2.4	《试验鉴定主计划》更新
2.5	一体化试验计划进度
图2.1	一体化试验计划进度
第三部分　试验鉴定策略	
3.1	试验鉴定策略
3.1.1	试验项目支持的采办决策
3.2	研制试验鉴定方法
3.2.1	研制试验鉴定框架
3.2.2	试验方法
3.2.3	建模与仿真
3.2.4	试验限制与风险
3.3	研制试验方法
3.3.1	任务导向型方法
3.3.2	研制试验计划（描述，范围和想定）和目标
3.4	初始作战试验鉴定（IOT&E）的认证
3.5	作战试验鉴定方法
3.5.1	作战试验计划与目标
3.5.2	作战试验鉴定框架
3.5.3	建模与仿真
3.5.4	试验限制
3.6	实弹射击试验鉴定方法
3.6.1	实弹射击试验目标
3.6.2	建模与仿真
3.6.3	试验限制
3.7	其他认证
3.8	未来试验鉴定
第四部分　资源概要	
4.1	简介
4.2	试验资源概要
4.2.1	试验品
4.2.2	试验场地
4.2.3	试验仪器
4.2.4	试验保障设备
4.2.5	威胁表征
4.2.6	试验靶标

图6-1　《国防采办指南》网络版本中的《试验鉴定主计划》格式

4.2.7	作战部队试验保障
4.2.8	模型、模拟和试验台
4.2.9	联合任务环境
4.2.10	特殊要求
4.3	联邦、州和地方要求
4.4	人力/人员培训
4.5	试验资金概要
附录	
附录A	参考书目
附录B	缩略语
附录C	联系方式
根据需要，以下附录提供相应的附加信息	
附录D	科学试验与分析技术
附录E	网络安全
附录F	可靠性增长计划
附录G	需求基本原理
其他附件（根据需要）	

图6-1 《国防采办指南》网络版本中的《试验鉴定主计划》格式（续）

一、《试验鉴定主计划指南》2.0 版：框架结构

2013 年发布的 2.0 版《试验鉴定主计划指南》规定了《试验鉴定主计划》的主要框架，为后续版本的调整、优化奠定了基础。从 2.0 版开始，《试验鉴定主计划指南》的主体结构没有发生变化，都是由 4 个部分组成。第一部分：概述；第二部分：试验计划管理与进度；第三部分：试验鉴定策略与实施；第四部分：试验资源概要。这四部分内容环环相扣。

第一部分"引言"，主要说明和规定《试验鉴定主计划》文件的目的、任务概况和系统概况。通过提供本系统的背景信息，并从针对任务的能力差距与需求阐述本系统研发的必要性。主要回答的是"为什么需要研发这个系统？"

第二部分"试验计划管理与进度"，主要规定试验鉴定管理模式、试验鉴定数据库需求、缺陷报告程序、《试验鉴定主计划》文件更新等，主要解决的是"在既定预算下，本系统试验鉴定如何管理？"

第三部分"试验鉴定策略"，是《试验鉴定主计划》文件的核心部分，主要说明和规定试验鉴定策略、鉴定框架、研制鉴定方法、初始作战试验鉴定（准入）认证、作战鉴定方法、试验设计等，主要解决的是"确定的试验矩阵和鉴定方法是否能够保证系统在真实环境下具有完成任务的能力？"

第四部分"资源概要"，主要说明和规定试验所需的试验件、试验设施设备、试验人员培训、经费等，主要解决的是"所规划的试验资源是否能够保证完成试验鉴定任务？"

二、《试验鉴定主计划指南》3.0 版：重大调整

2015 年 11 月，作战试验鉴定局发布 3.0 版《试验鉴定主计划指南》，根据 2015 年 1 月发布的 5000.02 指示《国防采办系统的运行》内容进行了适应性修改。总体上看，3.0 版与 2.0 版《试验鉴定主计划指南》正文主体结构没有发生变化，都保持了四部分的结构，但增加、整合、删除了部分章节；附录中指南及示例的部分条款，有增删、合并与调整情况；格式也发生了相应变化。

3.0 版较 2.0 版，第二部分没有发生变化，第一部分、第三部分、第四部分、附录做了调整和优化。两个版本的对照情况见表 6-1、表 6-2 和表 6-3。

表 6-1　第一部分变化情况对照表

2.0 版		3.0 版		备注
章节	标题	章节	标题	
1	1 引言	1	引言	
1.1	目的	1.1	目的	
1.2	任务描述	1.2	任务描述	
		1.2.1	任务概述	新增
		1.2.2	作战构想	新增
		1.2.3	作战用户	新增
1.3	系统描述	1.3	系统描述	
1.3.1	系统威胁评估	1.3.1	项目背景	
1.3.2	项目背景	1.3.2	关键接口	调整
1.3.3	主要能力	1.3.3	关键能力	
		1.3.4	系统威胁评估	调整
		1.3.5	系统工程要求	调整
		1.3.6	专门试验或认证要求	调整
1.3.3.1	关键接口			
1.3.3.2	专门试验或认证要求			
1.3.3.3	系统工程要求			

表 6-2　第三部分变化情况对照表

2.0 版		3.0 版		备注
章节	标题	章节	标题	
3	试验鉴定策略	3	试验鉴定策略与执行	
3.1	试验鉴定策略	3.1	试验鉴定策略	
		3.1.1	试验项目支持的采办决策	新增
3.3	研制试验鉴定方法	3.2	研制试验鉴定方法	
3.3.1	面向任务的方法	3.2.1	研制试验鉴定框架	
3.3.2	研制试验目标	3.2.2	试验方法	
3.3.3	建模与仿真	3.2.3	建模与仿真	
3.3.4	试验限制	3.2.4	试验限制与风险	
3.2	鉴定框架	3.3	研制试验方法	
		3.3.1	面向任务的方法	
		3.3.2	研制试验计划和目标	
3.5	初始作战试验鉴定 [准入] 认证	3.4	初始作战试验鉴定的 [准入] 认证	调整
3.6	作战试验鉴定方法	3.5	作战试验鉴定方法	调整
3.6.1	作战试验目标	3.5.1	作战试验计划与目标	调整
		3.5.2	作战试验鉴定框架	新增
3.6.2	建模与仿真	3.5.3	建模与仿真	调整
3.6.3	试验限制	3.5.4	试验限制	调整
3.4	实弹射击试验鉴定方法	3.6	实弹射击试验鉴定方法	调整
3.4.1	实弹射击试验目标	3.6.1	实弹射击试验目标	调整
3.4.2	建模与仿真	3.6.2	建模与仿真	调整
3.4.3	试验限制	3.6.3	试验限制	调整
3.7	其他认证	3.7	其他认证	调整
3.8	可靠性增长			删除
3.9	未来的试验鉴定	3.8	未来的试验鉴定	

表 6-3 第四部分变化情况对照表

2.0 版		3.0 版			
章节	标题	章节	标题	变化	备注
4	资源概要	4	资源概要		
4.1	简介	4.1	简介		
		4.2	试验资源概要		
4.1.1	试验品	4.2.1	试验品		
4.1.2	试验场地与仪器	4.2.2	试验场地		
		4.2.3	试验仪器		
4.1.3	试验保障装备	4.2.4	试验保障设备		
4.1.4	威胁表征	4.2.5	威胁表征		
4.1.5	试验标靶及耗材	4.2.6	试验靶标		
4.1.6	作战部队试验保障	4.2.7	作战部队试验保障		
4.1.7	模型、模拟和试验台	4.2.8	模型、模拟和试验台		
4.1.8	联合任务环境	4.2.9	联合任务环境		
4.1.9	特殊需求	4.2.10	特殊需求		
4.2	联邦、州、地方需求	4.3	联邦、州和地方需求		
4.3	人力 / 人员培训	4.4	人力 / 人员培训		
4.4	试验资金概要	4.5	试验资金概要		

2.0 版原有 68 个附录，3.0 版有 77 个附录，其中新增附录中主要是增加了试验科学技术理论内容，整合的内容主要是将信息安全调整为网络安全。附录部分的变化情况见表 6-4。

表 6-4 附录部分变化情况对照表

3.0 版		备注
附录	标题	
2	作战构想——示例	
3	网络安全作战试验鉴定——指南	整合附录 12 信息安全——指南、13 信息安全——威胁评估示例、14 信息安全——认证示例、15 信息安全——试验鉴定策略示例、16 信息安全——鉴定框架示例、17 信息安全——研制试验目标示例、18 信息安全——作战试验目标示例
4	网络安全——《试验鉴定主计划》正文示例	新增
5	网络安全——附录 E：指挥控制系统示例	新增
6	网络信息安全——附件 E：舰上示例	新增

续表

附录	标题	备注
	3.0 版	备注
7	网络信息安全——附件 E：战术飞机示例	新增
8	国防业务系统——指南	新增
9	国防业务系统——示例	新增
20	一体化试验——指南	整合附录 21 一体化试验计划进度表——指南、22 一体化试验计划进度表——示例
24	实弹射击试验鉴定的关键问题——飞机示例	新增
25	实弹射击试验鉴定的关键问题——地面作战系统示例	新增
26	实弹射击试验鉴定的关键问题——地面战术系统示例	新增
35	作战鉴定框架——指南	新增
38	典型批生产试验品——指南	整合附录 47 生产代表性试验品——构型描述示例
41	逼真作战环境——示例	调整附录 50 作战试验条件——示例
45	可靠性试验计划——指南	新增
46	需求理论——指南	新增
56	科学试验与分析技术——指南	新增
57	常用试验设计	新增
58	贝叶斯方法——指南	新增
59	贝叶斯方法——示例	新增
60	科学试验与分析技术——观测示例	新增
76	威胁表示——系统威胁评估示例	整合附录 65：威胁表示——威胁评估示例

三、《试验鉴定主计划指南》3.1 版：细节优化

2017 年 1 月，作战试验鉴定局发布《试验鉴定主计划指南》3.1 版，这是到目前为止最新的版本。3.1 版在主体结构、内容及格式上与 3.0 版保持一致，但对 3.0 版部分细节进行了优化，修订了 3.0 版中的指南及示例部分的试验设计、科学试验与分析技术、基于任务的量度、作战鉴定框架、试验鉴定的建模与仿真、国防业务系统、网络安全、软件密集系统等部分内容，并根据作战试验鉴定局局长发布的试前调查与管理备忘录，

增加了调查设计指南方面的内容。

　　根据国防部指示 5000.02，对软件密集系统部分内容进行了少量调整。现在的科学试验与分析技术和国防业务系统部分纳入了作战试验鉴定局局长期望的调查内容及专门的调查指南。另外，在解读缺陷跟踪过程时，在国防业务系统内容部分还讨论了描述软件变更需求的重要性。

　　作战鉴定框架指南中有关评价指标的讨论整合到了科学试验与分析技术章节。为了反映 2016 年 3 月 14 日和 2017 年 1 月 17 日作战试验鉴定局局长关于作战试验和实弹射击评估中建模与仿真验证指南备忘录的要求，修订了建模与仿真章节的内容。

第7章 内容要素

2017 年 1 月，美国防部作战试验鉴定局颁布了最新 3.1 版《试验鉴定主计划指南》。新版本结合装备建设需要，着眼未来作战特点，在之前 3.0 版基础上，内部结构和所涉及的内容都做出进一步优化和完善，重点突出了信息化相关内容，更加符合美国国防战略思想和装备建设发展方向。新版《试验鉴定主计划》框架结构见表 7-1。

表 7-1 《试验鉴定主计划》框架结构

第 I 部分 引言	3.2.3 建模与仿真
1.1 目的	3.2.4 试验限制与风险
1.2 任务描述	3.3 研制试验方法
1.2.1 任务概述	3.3.1 任务导向型方法
1.2.2 作战构想	3.3.2 研制试验计划和目标
1.2.3 作战用户	3.4 初始作战试验鉴定认证
1.3 系统描述	3.5 作战试验鉴定方法
1.3.1 项目背景	3.5.1 作战试验计划与目标
1.3.2 关键接口	3.5.2 作战试验鉴定框架
1.3.3 关键能力	3.5.3 建模与仿真
1.3.4 系统威胁评估	3.5.4 试验限制
1.3.5 系统工程要求	3.6 实弹射击试验鉴定方法
1.3.6 专门试验或认证要求	3.6.1 实弹射击试验目标
第 II 部分 试验计划管理与进度	3.6.2 建模与仿真
2.1 试验鉴定管理	3.6.3 试验限制
2.1.1 试验鉴定组织结构	3.7 其他认证
2.2 通用试验鉴定需求	3.8 未来试验鉴定
2.3 缺陷报告	**第 IV 部分 资源概要**
2.4 试验鉴定主计划更新	4.1 简介
2.5 一体化试验计划进度	4.2 试验资源概要
第 III 部分 试验鉴定策略与执行	4.2.1 试验品
3.1 试验鉴定策略	4.2.2 试验场地
3.1.1 试验项目支持的采办决策	4.2.3 试验仪器
3.2 研制试验鉴定方法	4.2.4 试验保障设备
3.2.1 研制试验鉴定框架	4.2.5 威胁表征
3.2.2 试验方法	4.2.6 试验靶标

续表

新版《试验鉴定主计划》主要包括四个部分："引言""试验计划管理与进度""试验鉴定策略与执行""资源概要"。"引言"部分，主要描述《试验鉴定主计划》制定的目的，支持的里程碑决策，系统装备后的任务环境，系统研发背景、关键接口、关键能力、威胁评估，以及之前开展过的试验情况等方面内容。"试验计划管理与进度"部分，主要描述关键人员和组织的职能任务，试验鉴定的组织结构体系，采集、验证、评估和分享数据的方法，系统研发和作战试验中发现的系统缺陷，以及一体化试验进度安排等内容。"试验鉴定策略与执行"部分，主要描述试验鉴定策略、研制鉴定方法、研制试验方法、作战鉴定方法、实弹射击鉴定方法等内容。"资源概要"部分，主要描述试验件、试验场所、试验靶标、联合作战环境等资源需求，以及人员训练、经费需求等内容。

一、"引言"部分

这部分内容主要说明制定计划的项目基本情况、在研装备的使命任务、在研装备的基本情况。

首先，阐明制定《试验鉴定主计划》的目的，说明本计划支持的里程碑决策，说明本项目是否属于作战试验鉴定局监管项目，或者属于重大国防采办项目、重大自动化信息系统、负责采办技术与后勤的国防部副部长指定的特殊重点项目。

其次，概述装备的使命任务。根据预期为作战人员提供的能力，以及能力需求文件中描述的使命任务要求，说明将要装备该系统的部队要完成的使命任务，并用系统的作战视图（OV–1）显示预期的系统作战环境。在描述使命任务时，参考所有适用的作战构想和使用构想，说明试验的含义。并说明在研系统的预期用户使用方法，以及作战用户的全部重要特性（例如经验水平、训练要求、专业领域等）。

最后，全面介绍所研制的系统。说明系统配置，明确系统所规划的发展增量、关键功能和子系统，包括硬件和软件系统，如体系结构、系统及用户界面、安全水平和储备情况。参考《备选方案分析》《采办项目基线》《装备发展决策》和最后的里程碑决策（包括《采办决策备忘录》）等文件，介绍系统相关背景信息。简要描述采办总体策略，说明系统是使用增量开发策略还是采用单一步骤实现全部功能。如果采用渐进式采办策略，要说明计划中的升级、增加的功能和后续增量的扩展功能。主要关注点必须是当前增量，并简要描述之前和后续增量，建立起已知各增量之间的连续性。

这部分内容要包含系统关键接口的说明，识别完成使命任务所需的现有或计划中系统架构的全面接口，明确针对民用产品所必须进行的集成和改造，与其他国防部机构、政府机构或盟国的现有和计划中的系统的互操作性。项目要通过国防部体系结构框架（SV2、SV6等）给出《能力开发文件》或《能力生产文件》要求的各种系统接口。

关键能力方面，《试验鉴定主计划》规定项目要明确关键性能参数、关键系统属性、关键技术参数以及系统其他重要信息。对于每个列出的参数，应提供《能力开发文件》《能力生产文件》、技术文件中的阈值和目标值，并参考《能力开发文件》《能力生产文件》、技术文件相关段落。

《试验鉴定主计划》要识别系统的关键作战问题，包括作战效能、作战适用性和生存性的关键要素，这些要素对于系统的正确鉴定非常重要，因为它们可能构成重大系统性风险。关键作战问题数量应相对少，但能够充分体现作战任务的关注焦点。《能力需求文件》《业务案例分析》《备选方案分析》《采办项目基线》、作战条令、经过验证的威胁评估和作战构想等已有文件可以为开发关键作战问题提供有用的参考。

这部分还应参考经过国防情报局或相关机构认证的系统威胁文件描述在研系统作战所处的威胁环境（包括网络威胁）。需要注意，"引言"部分的叙述与第2部分中的时间进度、第3部分中的试验鉴定策略，以及第4部分中的资源配置必须保持一致，这就要求各工作小组与牵头制定单位（试验鉴定一体化小组）之间密切协调。

这部分《试验鉴定主计划》应包含系统工程要求，描述如何基于系统工程的信息和活动制定试验鉴定计划，如硬件可靠性增长和软件成熟度增长策略；应包含《系统工程计划》中选定的技术性能指标，来演示各试验阶段的预期性能增长。制定《试验鉴定主计划》时可参考《系统工程计划》，并确保与之保持一致。

最后，《试验鉴定主计划》的"引言"部分应提出特殊试验或认证要求，如识别可能产生的特殊试验，分析和鉴定要求的特殊系统特征或相关概念；识别并描述所有必要认证，如网络安全、风险管理框架、部署后软件支持、核生化放效应的应对措施；反对抗；反逆向工程 / 开发工作（反篡改）；新型威胁仿真、模拟器或靶标的开发。

二、"试验计划管理与进度"部分

在这部分，《试验鉴定主计划》要阐述5方面内容。

（一）试验鉴定管理

讨论关键人员和组织在试验鉴定方面的角色和职责，如项目办公室、首席研制试验官、研制试验鉴定牵头机构、主承包商、作战试验牵头机构、用户代表。确定试验鉴定管理结构中的组织机构（如试验鉴定一体化小组或等同机构，实弹射击试验鉴定一体化产品组等），包括子工作组，如建模与仿真、生存性、人员集成/人机集成、环境、安全和职业健康、可靠性小组。详细介绍组织机构功能及其相互关系。参考试验鉴定一体化小组章程所包含的具体职责和可交付成果（成果包括由各成员单位联合制定的《试验鉴定主计划》和《试验资源计划》），详细说明试验鉴定管理的内容。

（二）试验鉴定数据库一般要求

说明访问、收集、验证和共享从承包商试验、政府研制试验、作战试验和监管组织获得的数据，以及支持相关活动或使用试验数据的要求和方法；说明如何建立和维护数据谱系（数据谱系是指关于试验资产配置，以及获取每个数据的实际试验条件）；说明数据采集和管理方法；说明负责维护数据的组织机构（对于一般的试验鉴定数据库，首选单个组织；如果多个组织机构需要不同的数据库，应简要说明各自要求，以及如何在数据库之间同步数据，哪个数据库作为正式备案的数据库）；说明试验数据的用户将如何访问数据。描述所有特殊权限或必要授权。应说明是否需要任何特殊工具或软件来读取和分析数据；提供能够清楚描述数据库结构和格式的数据字典或类似参考文件。

（三）缺陷报告

里程碑 A 后的《试验鉴定主计划》说明记录、跟踪系统研制试验和作战试验期间所发现的缺陷的过程。建立起与《系统工程计划》中的故障报告、分析及纠正措施系统的关联。说明所有缺陷评级系统。如有可能，说明缺陷报告数据库与普通试验鉴定数据库的不同之处。说明信息如何被整个项目所有相关试验鉴定管理组织访问和共享。这个过程应解决承包商和政府试验活动中发现的问题或缺陷，还应包括尚未正式记录为缺陷的问题。

（四）《试验鉴定主计划》更新

为了更有效地管理文档，应参考符合国防部指示 5000.02 更新要求的指示，或明确这些程序的例外情况。要通过明确的程序来确保更新窗口之间的《试验鉴定主计划》的信息是最新的。对于联合或多军种《试验鉴定主计划》，应明确所要遵循的参考文件或必要的例外情况 。

（五）一体化试验计划进度

一体化试验计划进度给出重要采办阶段和里程碑的总体时间顺序（见图 7–1）。

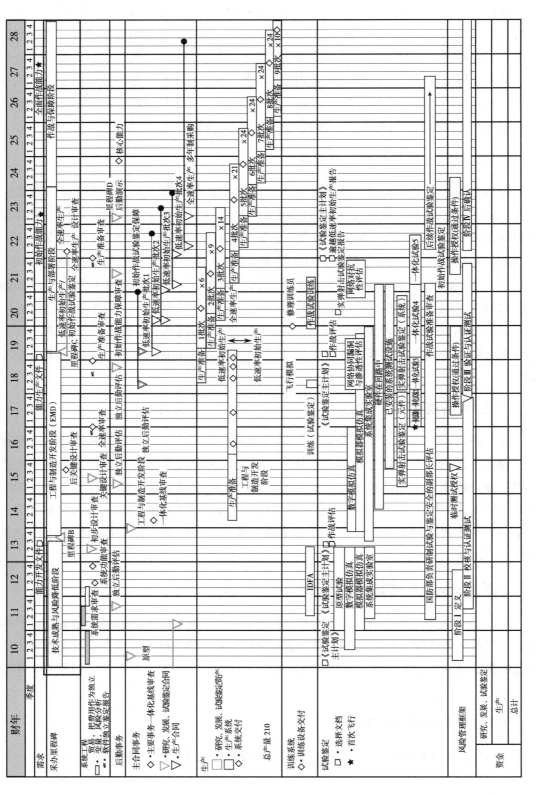

图 7-1 一体化试验计划进度

按年度拨款明确试验鉴定主要决策点、相关活动和累计资金支出预算。确保在重要试验活动之间预留足够时间来完成"试验－分析－修复－试验"过程，以及缺陷修复、评估和报告。包含主要活动日期，如国防部 5000.02 指示规定的重要决策点，如研制试验鉴定、作战试验鉴定、初步设计审查、关键设计审查、试验品可用性、软件版本发布、研制试验鉴定相关阶段、实弹射击试验鉴定、网络安全试验、联合互操作性试验司令部组织的互操作性试验和认证，以支持里程碑 C 和全速率生产决策审查。包括重大网络安全活动顺序，例如临时试验授权和操作授权。包括作战使用鉴定、低速初始生产交付、初始作战能力、全面作战能力，以及其他法定要求的报告，如实弹射击试验鉴定报告和逾越低速率初始生产报告。为多个国防部部门、联合试验鉴定主计划和顶层试验鉴定主计划提供统一进度安排，给出所有相关的国防部机构系统的任务安排日期。确保本部分的时间进度符合第 1 部分、第 3 部分的试验鉴定策略，以及第 4 部分的资源配置的叙述，需要各子工作组与试验鉴定一体化小组之间进行反复协调。

三、"试验鉴定策略与执行"部分

这部分《试验鉴定主计划》阐述项目试验鉴定策略详细内容，以及如何实施试验鉴定活动实现项目研制目标，是开展试验鉴定活动的重要依据，具有很强针对性，如研制鉴定方法、研制试验方法、初始作战试验鉴定认证方法、作战鉴定方法、实弹射击试验鉴定方法、未来试验鉴定等。具体包括以下 7 方面内容。

（一）试验鉴定策略

阐述项目的试验鉴定策略，简要描述如何支持采办策略。试验鉴定策略应聚焦能力试验，针对代表系统所需能力主要风险的子系统或组件的相关试验问题展开讨论。要描述如何通过科学试验与分析技术设计高效试验计划，来表征用户可能面临的作战条件下的系统性能。试验策略应包含一体化研制试验和作战试验的条件，鉴定策略应包括用现有数据与当前使命任务能力进行对比，来判断性能提升空间。要说明对比方法，以及数据保存和管理方法，以便对比未来增量式发展结果，或未来备选能力。如果某些鉴定策略相对于获得的收益成本过于高昂，项目管理人员应提出备选鉴定策略。

针对项目的试验鉴定策略，简要说明各种方法的优先级顺序（如建模与仿真、测量设施、系统集成实验室、半实物仿真试验、装机系统试验设施、外场靶场，以及真实、虚拟、构造仿真）。试验鉴定策略，一方面要对鉴定成果进行必要说明，确定提交成果的组织机构，以及接收成果的组织，明确成果支撑哪些决策，并为成果分析分配足够的时间；另一方面，在关键试验活动与其所支撑的采办决策之间建立起关联，详细阐述支撑此类决策所需的信息。

（二）研制鉴定方法

描述用于支持技术、项目和采办决策的研制鉴定方法，明确政府打算如何鉴定相关技术、组件、子系统、系统和体系的设计和开发来评估项目和技术风险，说明一体化试验方法及其如何支持整体鉴定策略。

在这一部分，要以表格或电子表单的形式插入一个研制鉴定框架，并说明研制鉴定框架的内容，包括所有列的描述和所包含信息的来源，指导项目管理人员如何使用表格或电子表格及其内容。根据要实现的性能目标和指标排列表格或电子表格，以显示分阶段、迭代试验进度。表格的行、列或单元格要包含以下基本信息要素，见表7-2。

表7-2　研制鉴定框架要素

功能鉴定领域	从基线文件中获得功能领域的分类
支撑决策	在重要的项目决策点，试验期间收集的数据和信息用于做出决策或为项目指明方向
决策支撑问题	与性能、可靠性、网络安全或互操作性相关的关键问题，回答这些问题可以确定鉴定结果对决策的作用
关键系统需求和试验鉴定指标（一个或多个领域的需求和性能指标）	技术需求文件、说明、技术指标（关键技术参数、技术性能指标、标准）
方法	技术、流程或验证方法
试验活动	
资源	此处可给出简要参考
交叉引用	指代相关的要求、能力和条文，帮助说明需求可追溯性、优先程度、相互依赖性和因果关系

对于每个功能和关键功能领域，《试验鉴定主计划》要给出具体试验方法验证关键技术参数的实现情况，以及实现关键性能参数的能力，评估针对关键作战问题实现的进展；测量系统达到能力文件规定的阈值的能力；为项目管理人员提供数据，以判断问题根本原因并确定纠正措施；测量系统功能；测量成本、性能和进度的权衡信息；评估系统规范的合规性；识别系统能力、边界条件和缺陷；评估系统安全性；评估与现有系统的兼容性；在预期的作战相关使命任务环境对系统施以应力；支持网络安全评估和认证；支持互操作性认证流程；记录合同要求的技术性能进展，验证渐进式改进和系统修正措施；用研制试验鉴定数据验证模型和仿真参数；评估所选集成技术的成熟度。

对于研制鉴定中使用的建模与仿真，要描述重要仿真和模型及其预期用途，包括拟用建模与仿真达成的研制试验目标，并确保包括经批准的作战试验目标。确定执行建模与仿真校核、验证和确认的人员，以及所需数据和计划的确认工作。说明如何通过建模与仿真补充研制试验想定，如何使用建模与仿真来预测后勤关键性能参数等后勤保障考虑因素。确定并描述真实、虚拟、构造仿真需求，以及开发建模与仿真的资源需求。

试验边界条件是武器装备实际能达到的性能峰值，对于摸清装备性能底数非常重要，但由此带来的试验风险是采办项目管理人员和试验设计人员必须要充分考虑的因素。《试验鉴定主计划》要研究可能对鉴定人员产生重大影响的任何研制试验的边界条件，得出关于成熟度、能力、边界条件或专门作战试验准备情况的结论，阐述这些边界条件的影响和解决方法。在制定《试验鉴定主计划》时，要讨论所有可能会妨碍或延期试验活动执行满意度的试验风险，其中包括项目层面的风险管理数据库包含的相关内容，针对已识别的试验风险制定风险降低计划。

（三）研制试验方法

研制试验要采用面向使命任务的方法，《试验鉴定主计划》描述在使命任务环境中试验系统性能的方法，也就是系统在作战中如何使用；讨论研制试验如何反映未来作战环境，确保研制试验按计划与作战试验集成；描述实际用户如何使用、支持人因工程评估和网络开发。《试验鉴定主计划》阐述研制试验活动（说明、范围、想定）及目标，对于时间表和研制鉴定框架规定的每个研制试验活动，要准备一个总结性段落，说明牵头试验组织、试验活动目标、试验活动时间表，以及其他相关的试验活动、位置等。《试验鉴定主计划》要归纳总结目标，说明系统属性以及研制试验各阶段关键性能参数的试验方法，系统属性在相关能力需求文件（《能力开发文件》《能力生产文件》《作战构想》）中进行定义，可用小节分别对各阶段进行论述。

《试验鉴定主计划》还必须阐述研制试验各个阶段的主要试验目标、承包商和政府研制试验相关问题，及其对实现下一个项目重要决策点放行标准的重要性。如果尚未选择承包商，应包括《征求建议书》或《工作说明书》中提到的研制试验问题。试验鉴定策略要为试验鉴定重要管理阶段和里程碑决策点确定可衡量的准入和放行标准，讨论研制试验如何反映预期的作战环境，确保研制试验与作战试验一体化；明确与后勤试验相关的关键试验目标，总结研制试验活动、试验想定和试验设计概念，对试验进行充分量化（如试验时间、试验件、试验活动、试验射击），有效估算成本。

《试验鉴定主计划》要解释如何用建模与仿真、特定威胁系统、模型、对抗装置、部件或子系统试验、试验平台、样机来判断是否实现研制试验目标，确定支持决策点审查和作战试验准备就绪所需的研制试验鉴定报告；阐述系统的可靠性增长策略、目的和目标，以及它们如何支持研制鉴定框架；系统试验计划和详细试验计划应阐述具体的研制试验目标；讨论互操作性和网络安全试验计划，包括使用网络靶场完成网络安全漏洞和对抗性试验。

（四）初始作战试验鉴定认证

项目必须通过一系列认证活动取得相关资格才能进入初始作战试验鉴定阶段。这部分《试验鉴定主计划》要解释系统如何、何时通过初始作战试验鉴定安全和准备认证，明确认证负责人，以及哪些决策审查能够支持牵头军种对安全性和系统材料准备过程的认证，列出支持系统特定关键作战问题和关键系统属性（效能指标和适用性指标）预测分析的研制试验鉴定信息（即报告、简报或摘要）；讨论初始作战试验鉴定的准入标准以及研制试验鉴定计划将如何满足这些标准。

（五）作战鉴定方法

《试验鉴定主计划》要总结以使命任务为中心的鉴定方法和试验策略，包括对提高作战效能、适用性和生存性有贡献的必要能力，如作战试验活动、关键威胁模拟器和仿真、靶标，以及系统使用和系统维护人员的类型；总结一体化试验策略，包括用于作战鉴定的研制试验数据，确保数据适用于作战鉴定的数据谱系和试验活动的条件等；识别每个试验活动和试验阶段的关键作战试验目标，简要叙述相关作战条件下关键作战问题和重要适用性指标/效能相关指标的表征方法。

《试验鉴定主计划》要包含一个作战鉴定框架，将在任务背景下作战试验的目标、面向使命任务的响应变量、影响这些变量的因子、所需的试验资源关联起来，里程碑 A 后的《试验鉴定主计划》能够系统调整整个作战包线下各因子的试验设计。鉴定框架应侧重于面向使命任务的指标集，这些指标对评估作战效能、适用性和生存性至关重要。

里程碑 A 后的《试验鉴定主计划》使用系统化、结构化、严谨的方法将重大试验活动阶段连接起来，在相关作战条件下定量鉴定系统能力，并说明统计学试验设计策略和相应的统计学衡量标准（例如置信度和影响力）。要识别可对作战试验和鉴定形成补充的信息来源（如研制试验、相关系统的试验、建模与仿真）。通过试验任务想定描述作战试验的范围，以及试验所需资源。

作战试验鉴定使用的建模与仿真要突出其特殊性，如果与上面研制试验鉴定或实弹射击试验部分的描述相同，可不必重复叙述，只做引用和超链接。这里要阐述作战试验鉴定的特殊之处，描述关键建模与仿真及其预期用途，用建模与仿真实现的作战试验目标。里程碑 A 后的《试验鉴定主计划》明确建模与仿真的校核、验证和确认的责任单位，以及必要数据和计划的确认工作。这里要明确如何通过建模与仿真补充作战试验方案，以及建模与仿真资源需求。

作战鉴定同样涉及试验边界问题。《试验鉴定主计划》要讨论试验边界条件，包括威胁真实性、资源可用性、有限作战环境（军事、气候、化学、生物、核、放射等）、有限的保障环境，以及试验系统或子系统的成熟度、安全性，这些边界条件会影响关键作战问题的精度，说明为消除边界条件影响而采取的措施。要明确是否需要系统承包商参与或支持、保障，如果需要承包商参与，应根据《美国法典》第 10 编 2399 条的规定，确保公正对待。《试验鉴定主计划》应指出试验边界条件对表征关键作战问题的影响，以及对作战效能和作战适用性结论的影响，在每条边界条件后用括号注明受影响的关键作战问题，这对于鉴定结果科学性非常重要。

（六）实弹射击试验鉴定方法

《美国法典》第 10 编 2366 条明确规定，对特定类型装备必须实施实弹射击试验，以考察装备易损性和杀伤力。对于需要进行实弹射击试验的项目，《试验鉴定主计划》应说明鉴定系统生存性 / 杀伤性的方法，以及系统乘员的生存性。

《试验鉴定主计划》要整体描述影响系统设计的实弹射击鉴定策略、实弹射击鉴定关键问题、鉴定的主要边界条件等方面信息，讨论实弹射击试验鉴定项目的管理，包括射击选择过程、靶标资源可用性和进度安排。如果适用豁免试验的条件，讨论豁免全系统级的生存性试验和备选方案。

《试验鉴定主计划》要明确实弹射击试验目标，说明系统的真实生存性或杀伤性试验所要求的主要实弹射击试验目标，并设计一个矩阵用于确认实弹射击试验鉴定策略涉及的所有试验、试验进度安排、试验要解决的问题，将向作战试验鉴定局提交哪些计划文件进行审批，以及哪些信息仅供参考和审查。《试验鉴定主计划》还要确定是否将进行全系统级试验，或者是否豁免此类试验。如果需要豁免全系统级试验，应说明备选实弹射击试验鉴定计划的关键特征，包括计划试验的真实性水平，能否支持生存性或杀伤力鉴定。对试验（如试验小时数、试验品、试验活动、试验射击活动）进行充分量化，以有效估算成本。

实弹射击试验鉴定同样涉及建模与仿真的使用，因此这部分仅讨论实弹射击的特殊之处，描述关键建模与仿真及其预期用途。如果要将建模与仿真用于试验计划，应描述如何将建模与仿真作为试验范围或试验条件的决策基础。如果要用建模与仿真预测试验结果，应确定哪些试验将基于建模与仿真进行预测，使用哪些模型进行此类预测。如果要用建模与仿真鉴定关键的实弹射击试验鉴定问题，应概要说明对建模与仿真的依赖程度，明确任何仅由建模与仿真解决的鉴定问题。《试验鉴定主计划》包括要使用建模与仿真达成的实弹射击试验鉴定试验目标，并包含作战试验目标。里程碑 A 后的《试验鉴定主计划》确定谁将对建模与仿真进行校核、验证和确认所需数据、计划的认证工作。《试验鉴定主计划》要明确如何使用建模与仿真补充试验方案，描述真实、虚拟、构造仿真需求，以及建模与仿真资源需求。

针对实弹射击试验鉴定的边界问题，要论述可能对鉴定系统易损性和生存性有重大影响的所有试验边界条件，描述这些边界条件的影响及解决方法。

（七）未来试验鉴定

《试验鉴定主计划》需要总结尚未讨论的系统全寿命周期其他所有重要试验鉴定，要在资源部分明确这些试验所需的试验资产或其他专业试验资源，并说明这类试验对未来项目决策可能带来的其他问题。

四、"资源概要"部分

在此部分中，明确计划、实施和鉴定试验活动所必需的资源要素（含政府和承包商）。资源要素包括试验品、仿真、模型、试验设施、实施和保障试验活动的人员，以及下面叙述的其他项目。资源估算必须根据试验经验，基于科学试验与分析方法（在鉴定框架中识别并包含在"科学试验与分析技术"部分或附录中），是可量化、可信的。在可行的情况下，充分利用国防部现有的靶场、设施和其他资源进行试验的计划和实施，需要使用非政府设施时，要进行论证。在资源要素部分，包含要素数量的估值、何时使用该要素（与进度安排一致）、提供该要素的组织机构、成本估算。资源包括为下一个增量准备周期较长的试验品。要列出所有不足之处和对试验鉴定的影响，并描述如何减轻其影响。

（一）试验资源

确定所有试验品的实际数量和时间要求，包括在研制试验鉴定、实弹射击试验鉴定和作战试验鉴定各阶段进行试验所需的主要保障设备和技术信息。如果要对单个子系统（部件、组件、子组件或软件模块）进行单独试验，则在最终系统进行试验之前，要确定《试验鉴定主计划》中的每个子系统和所需数量。要特别明确何时使用样机、工程开发模型或产品模型，最好使用表格更准确地描述一下各分段的信息。

对于试验场区，确定每种试验类型的具体试验靶场、设施和时间表。将计划试验的范围和内容所要求的试验靶场、设施与现有和规划中的试验靶场、设施能力进行比较。要计算出不使用政府试验设施的效费比分析（CBA）结果。试验设施包括数字建模与仿真设施（DMSF）、测量设施（MF）、系统集成实验室（SIL）、半实物仿真（HWIL）设施、装机系统试验设施（ISTF）、外场靶场（OAR）、网络靶场，以及分布式真实、虚拟、构造（LVC）环境等。

对于试验仪器，要确定专门用于执行计划试验必须要采办或开发的仪器，确定仪器将采集的特定数据集合，明确分析人员或鉴定人员从仪器中读取数据所需的各种专用工具或软件。

对于试验保障设备，要确定试验项目所需的试验保障设备和时间表。规划出各试验位置需要的特定形式的试验保障设备，包括试验测量和诊断设备、校准设备、频率监控设备、软件试验驱动程序、仿真器或其他未包含在仪器需求中的试验保障设备等。要事先确定数据分析和鉴定所需的特殊资源。

威胁表征方面，确定试验中代表威胁（包括威胁靶标）的所有呈现形式（真实装备或模型、干扰、敌方部队、防空系统、网络）、数量、可用性、置信度要求和时间表。《试验鉴定主计划》要包含试验各阶段所需的对手单位、系统的数量和类型。在真实和虚拟环境中，可能还需要并使用相关威胁指挥控制单元。最终威胁数量由试验鉴定活动的范围决定。

对于试验靶标和消耗品，《试验鉴定主计划》要指定每个试验阶段所需的所有试验靶标（真实和模型）和消耗品（例如靶标、武器、照明弹、烟火、箔条、声呐浮标、烟雾发生器、对抗装备）的类型、数量、可用性和时间表。计划包含实弹射击试验鉴定杀伤力试验的威胁靶标，以及易损性试验的威胁弹药。

作战部队是试验的必要条件和成功保障。《试验鉴定主计划》确定执行试验活动所必需的典型作战系统，以及经过培训的作战人员。要制定每个试验和鉴定阶段中飞机的飞行时间、舰艇航行天数、在轨卫星链接／覆盖范围的类型和时间，以及所需的其他作战部队保障。体系试验中，必须包含与被试验系统能够互操作的支援保障，包括所需部队的规模、位置和类型。

建模与仿真及试验平台已成为试验鉴定不可或缺的重要手段。对于每个试验和鉴定阶段，《试验鉴定主计划》指定模型、仿真、各种混合工具（例如对实时系统进行仿真）和要使用的仿真，包括计算机驱动的仿真模型和硬件／软件在环试验台。在任何能够用仿真进行支持的情况下，要尽可能使用建模与仿真。明确校核、验证和确认模型，以及仿真和混合工具使用所需的资源。识别验证建模与仿真所需资源，确认其使用、负责机构和时间表。

如需要联合作战试验环境，要用真实、虚拟、构造性系统或资产创建一个可接受环境，根据联合需求对系统性能进行鉴定。描述研制试验和作战试验如何使用这些资产和系统。描述分布式试验活动。将联合任务环境试验能力作为分布式试验的资源。

对于某些特殊试验鉴定需求，《试验鉴定主计划》要确定任何必要的特殊资源的需求和时间表，如特殊数据处理／数据库，专业绘图／制图／大地测量产品，极端物理环境条件，有限／特殊用途空气／海洋／场景。简要列出影响试验鉴定策略，或必须写入合同、法规、规定的政府试验计划的任何事项。这些事项通常来源于"联合能力集成与开发系统"的需求（"项目环境、安全和职业健康鉴定"或"环境、安全和职业健康"）。要明确频率管理和控制要求，描述承包商负责的顶层试验鉴定活动，以及承包商必须向政府试验人员提供的保障类型。

（二）合规性要求

所有试验鉴定工作必须遵守联邦、州和当地的环境法规。保留所有试验工作的最新许可和相关机构的通知。《试验鉴定主计划》列出《国家环境政策法案》相关文件，指导试验前必须完成的特定试验活动。说明需要解决的各种已知问题以减轻对环境的影响，以及如何满足环境合规要求。

（三）人力资源和人员训练

提供项目办公室、主要研制试验鉴定组织、作战试验机构、专业分析人员和其他鉴定人员（例如联合互操作性试验司令部、国防信息系统局、网络安全评估小组）的试验鉴定人员编号，明确承包商人员及其向政府试验人员提供的支持类型，规定影响试验鉴定实施的人力资源／人员和训练要求及限制。

需要注意的是，要确保这部分中分配的资源与第 1 部分的叙述、第 2 部分的时间表、第 3 部分的试验鉴定策略一致，各子工作组与试验鉴定一体化小组之间要反复协调统一。

第 8 章　流程管理

　　《试验鉴定主计划》由项目办公室负责编制，基本管理流程由以下环节组成：在里程碑 A 决策点前的装备方案分析阶段，首先形成"试验鉴定策略"，而后在此基础上形成初步的《试验鉴定主计划》；在里程碑 B 决策点前的技术成熟与风险降低阶段，形成较为完善的《试验鉴定主计划》；在后续的每个重要采办决策前，对《试验鉴定主计划》进行更新。基于其在项目采办流程中的重要地位，国防部和各军种对《试验鉴定主计划》的准备、编制、审查、批准、修订和更新各个环节做出了明确、细致的规定。《试验鉴定主计划》的编制时间一般为 1 年，审查时间 10 个月，涉及 8 个层级、56 个机构，充分说明美国防部对该计划的高度重视。

一、制定"试验鉴定策略"

　　对于重大国防采办项目，装备研发决策后，项目办公室成立一体化试验小组。该小组由系统工程、研制试验鉴定、作战试验鉴定、实弹射击试验鉴定、用户等相关方授权代表组成，在项目办公室的领导下负责制定"试验鉴定策略"。在遵循项目采办策略的前提下，"试验鉴定策略"概要地提出试验鉴定总体要求，明确承包商和政府研制试验鉴定需求、研制试验和作战试验之间的相互关系，并对独立的初始作战试验鉴定做出规定。

　　《试验鉴定主计划》的输入是相关试验鉴定信息，这些信息可以确保满足《作战需求文件》提出的要求。项目主任、装备开发人员、信息系统开发人员、研制试验人员、研制鉴定人员、作战试验人员、作战鉴定人员、作战开发人员、职能机构、生存性 / 杀伤性分析人员及后勤人员提供《试验鉴定主计划》的输入。其他政府和承包商机构也可以在适当时候为《试验鉴定主计划》提供输入。所有输入都由项目主任汇总到《试验鉴定主计划》中，项目主任主要负责《试验鉴定主计划》的准备以及人员配备和更新。试验鉴定一体化小组履行《试验鉴定主计划》协调工作表规定的工作，该工作表随《试验鉴定主计划》一起被转发到决策机构进行审批。《试验鉴定主计划》要有提交人员、审查人员和批准机构的签名。

二、编制计划

装备方案分析阶段，"试验鉴定策略"逐渐发展和完善，并在里程碑 A 点决策审查前形成初步的《试验鉴定主计划》，包括主要的试验资源需求、试验阶段划分、重要试验事件的准入准出标准等内容。随着技术成熟与风险降低阶段对系统定义的不断完善，牵头研制试验鉴定机构及牵头作战试验鉴定机构分别逐步明确并细化研制和作战试验鉴定事件，在里程碑 B 点决策审查前形成相对完善的《试验鉴定主计划》，在对里程碑 A 决策审查前形成的《试验鉴定主计划》进行更新的基础上，还包括详细的试验活动，所有试验资源需求和安排，研制鉴定框架、作战鉴定框架，可靠性增长曲线，以及校核、验证与确认计划等内容。

《试验鉴定主计划》由项目主任（应理解为包括项目主任和产品主任）与试验一体化小组（试验鉴定一体化小组）主要成员共同制定，并由相应的《试验鉴定主计划》审批机构批准。如果时间紧迫，项目主任可以准备一个《试验鉴定主计划》草案，由试验鉴定一体化小组最终定稿。

一般情况下，《试验鉴定主计划》的基本内容包括图形、表格、矩阵等，不应超过 30 页。此外，附录 A（"参考文献"）、附录 B（"缩略语"）和附录 C（"联系方式"）以及所有附录均不包括在 30 页内。附录和附件应尽可能简洁。

当项目由执行统一功能、使用通用能力、实现集群功能的一系列独立系统组成时，则需要制定一个顶层《试验鉴定主计划》，将整个系统试验鉴定计划集成在一起。顶层《试验鉴定主计划》不应超过 30 页，包括用于图形、表格、矩阵等的页面。顶层《试验鉴定主计划》所附的每个独立《试验鉴定主计划》都要遵循《试验鉴定主计划》的基本内容，一般不得超过 30 页。

三、提交计划

军种提交给国防部长办公厅的《试验鉴定主计划》必须遵守里程碑文件的提交时间表，并在提交之前得到军种相关审查机构的批准。根据国防部指令 5000.2 的规定，受国防采办委员会审查的项目必须在审查之前 45 天将《试验鉴定主计划》提交国防部长办公厅。国防部长办公厅试验鉴定监管清单中的 IC 类、Ⅱ 类、Ⅲ 类、Ⅳ 类采办项目，必须在里程碑审查前 45 天将《试验鉴定主计划》提交国防部长办公厅。在提交给国防部长办公厅之前，需要 20 天完成军种司令部的人员配备，以及负责作战研究的军种副部长批准。弹道导弹防御组织协调和批准的项目在获得军种司令部批准之后及提交国防部长办公厅之前，还需要 21 天或更短的时间进行人员配置工作。

（一）随附文件

对于所有需要国防部长办公厅批准的《试验鉴定主计划》，须提供 3 份批准的《任务需求说明》《作战需求文件》，经过验证的《系统威胁评估报告》与《试验鉴定主计划》随上述文件一起转发。对于信息域系统，要提交的文件是《任务需求说明》《功能描述》或《系统威胁评估报告》。

不需要国防部长办公厅批准的《试验鉴定主计划》应随附经批准的《任务需求说明》《作战需求文件》或《功能描述》《系统威胁目标》。如果这些支持文件是最终文件，并且自上次提交《试验鉴定主计划》以来没有更改，要随附一份声明加以说明。该说明应给出最新文档的日期、版本或变更编号。

（二）申请延期提交

对于Ⅰ类、Ⅱ类、国防部长办公厅批准的重大自动化信息系统项目和所有国防部长办公厅监管项目，如果需要延期提交《试验鉴定主计划》，项目主任要提出书面申请，并提交给《试验鉴定主计划》批准机构进行审批。申请书必须明确说明延期的原因，由于行政原因而造成的延误通常不被接受。延期申请将转发给试验鉴定管理部门，在必要时转发给国防部长办公厅或军种司令部批准。对于国防部长办公厅监管的弹道导弹防御组织项目，如果需要延期，试验鉴定管理部门要向弹道导弹防御组织或国防部长办公厅提交延期请求。

四、审查批准

《试验鉴定主计划》的审批环节非常严格规范，首先要通过项目内部的审批，才能提交军种、国防部管理部门审批。在项目试验鉴定一体化小组成员取得共识后，将《试验鉴定主计划》提交给主要签署人进行审核和批准。该审核和批准过程视批准权限不同，而有所不同。如果审查人提出对《试验鉴定主计划》的修改意见，试验鉴定一体化小组和其他主要签署人要进行会商，重新安排审核的时间必须尽量短，通常不超过 15 天。

项目主任将通过内部审核、相对完善的《试验鉴定主计划》分别提交军种项目执行官、军种试验鉴定管理机构、军种采办执行官进行审批。审批通过后，再提交国防部进行审批。其中，负责研制试验鉴定的助理国防部长帮办负责审批《试验鉴定主计划》中的研制试验鉴定部分，作战试验鉴定局局长负责审批《试验鉴定主计划》中的作战试验鉴定部分。根据批准的《试验鉴定主计划》，牵头研制试验鉴定机构及牵头作战试验鉴定机构分别制定详细的研制和作战试验鉴定计划，协调试验资源，培训参试人员，组织开展试验活动，采集、分析试验数据，拟制并提交试验鉴定报告。美军对不同采办类别、不同监管等级项目的《试验鉴定主计划》审批流程做出了具体规定，主要可分为以下七类。

（一）Ⅰ类采办项目和国防部长办公厅监管项目

项目主任在"提交者"签名处签署，然后将《试验鉴定主计划》提交给项目执行办公室（如果不是项目执行办公室架构，则提交给编制单位）。项目执行办公室或编制单位将《试验鉴定主计划》提交给军种作战试验司令部审查。这个过程应不超过 30 天，期间仍可在试验鉴定一体化小组层面进行协调。项目执行办公室将经充分协商的《试验鉴定主计划》的原件和 15 份副本提交给试验鉴定管理机构，供军种司令部进行人员配备，并由军种副部长批准。如果文件先前已提交且仍为最新，则应提交《任务需求说明》《系统威胁评估报告》《作战需求文件》副本各一份，或者一份最新版本说明。这个协调过程不超过 20 天。

军种审批后，项目执行办公室还要向试验鉴定管理部门提交 15 份副本，供国防部长办公厅审查和批准。项目执行办公室还要提交《任务需求说明》《系统威胁评估报告》《作战需求文件》3 份副本，如果之前向国防部长办公厅提交的文件仍是最新的，则提供版本说明即可。

国防部作战试验鉴定局局长和负责研制试验鉴定的副部长助理帮办审查并签署陆军提交的《试验鉴定主计划》，意味着计划获得批准。国防部长办公厅要在收到文件后的 45 天内提供正式的批准、评价或对《试验鉴定主计划》的修改意见。获得批准的备忘录和签署的《试验鉴定主计划》签名页由试验鉴定管理部门转发给项目执行办公室或编制单位，加入《试验鉴定主计划》并分发。图 8-1 以陆军项目为例，演示了陆军《试验鉴定主计划》审批流程。

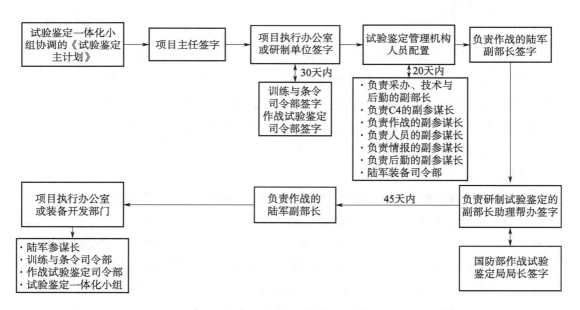

图 8-1　Ⅰ类采办项目和国防部长办公厅监管项目的《试验鉴定主计划》审批流程

（二）弹道导弹防御组织监管项目

项目主任在"提交者"签名页签名，然后将《试验鉴定主计划》提交给导弹防御项目执行办公室审查。导弹防御项目执行办公室将《试验鉴定主计划》同时转发给军种训练主管部门、作战试验主管部门、导弹防御主管部门总部进行审查。期间可继续进行试验鉴定一体化小组级的协调工作，该过程应不超过 30 天。导弹防御项目执行办公室将经充分协调的《试验鉴定主计划》的原件和 15 份副本转发给试验鉴定管理机构，由军种进行人员配备和审批。如果文件先前已提交且仍为最新，则应转发 1 份《任务需求说明》《系统威胁评估报告》《作战需求文件》副本，或者 1 份最新版本说明。这个协调过程不超过 20 天。

军种司令部批准后，导弹防御项目执行办公室将军种批准的《试验鉴定主计划》的原件和 25 份副本提交给弹道导弹防御组织的项目集成单位（PI）。项目集成单位提交《任务需求说明》《系统威胁评估报告》《作战需求文件》的 2 份副本，如果之前向国防部长办公厅提交的文件仍是最新的，则提供版本说明即可，这个流程应不超过 21 天。

弹道导弹防御组织批准后，将 15 份副本提交给国防部作战试验鉴定局和负责研制试验鉴定的副部长助理帮办进行审核和批准。弹道导弹防御组织还需提供《任务需求说明》《系统威胁评估报告》《作战需求文件》的两份副本，如果之前与《试验鉴定主计划》一起向国防部长办公厅提交的文件仍是最新的，提供版本说明即可。

由国防部作战试验鉴定局局长和负责研制试验鉴定的副部长助理帮办签署的《试验鉴定主计划》表示该计划获得批准。国防部长办公厅的目标是在收到后 45 天内提供正式的批准、评价或对《试验鉴定主计划》的修改意见。国防部长办公厅的批准备忘录和签署的《试验鉴定主计划》签名页被转发到弹道导弹防御组织，并入《试验鉴定主计划》并分发。此过程如图 8-2 所示。

（三）多军种联合 I 类采办项目和国防部长办公厅监管项目

项目主任在"提交者"签名处签名，然后将《试验鉴定主计划》提交给项目执行办公室（如果不在项目执行办公室架构下，则转发给编制单位）。项目执行办公室或编制单位将《试验鉴定主计划》转发给牵头军种训练主管部门、作战试验主管部门、参与军种作战试验机构、参与军种项目执行办公室或编制单位、用户代表进行审查，该协调过程应不超过 30 天，同时可在试验鉴定一体化小组层面进行协调。

项目执行办公室或编制单位向试验鉴定管理部门提供 1 份《试验鉴定主计划》原件、15 份副本，向每个参与军种提供 1 份副本，供牵头军种司令部和其他军种审批。项目执行办公室或编制单位提供《任务需求说明》《系统威胁评估报告》《作战需求文件》的 1 份副本，或者如果之前提交过的文档仍然是最新文档，则提供一份版本说明即可。此协调过程应在 20 天完成，然后将《试验鉴定主计划》提交给牵头军种司令部批准。

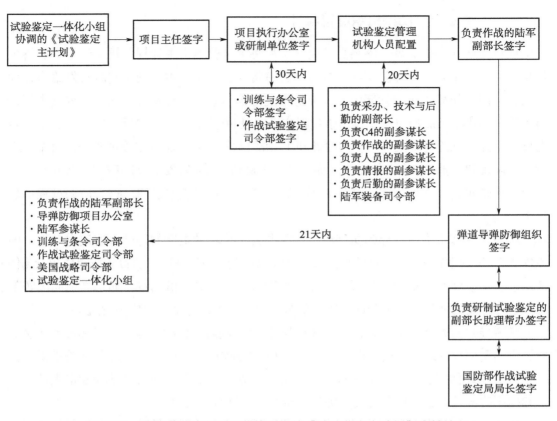

图 8-2 弹道导弹防御组织监管项目的《试验鉴定主计划》审批流程

批准后，项目执行办公室还将向试验鉴定管理部门提供 15 份副本，由牵头军种转发给试验鉴定局，供国防部长办公厅审查和批准。同时，项目执行办公室提供《任务需求说明》《系统威胁评估报告》《作战需求文件》的 2 份副本，如果之前与《试验鉴定主计划》一起向国防部长办公厅提交的文件仍是最新的，则提供版本说明即可。

国防部作战试验鉴定局局长和负责研制试验鉴定的副部长助理帮办审批并签署《试验鉴定主计划》，国防部长办公厅在收到后 45 天内反馈正式的批准、评价或对《试验鉴定主计划》的修改意见，各参与军种都将收到 1 份国防部长办公厅备忘录。国防部长办公厅批准备忘录和签署的《试验鉴定主计划》签名页由牵头军种转发给项目执行办公室或编制单位，加入《试验鉴定主计划》并分发。

如果有多个参与军种或机构，则应为每个军种准备单独的签名页面。签名页应包含军种 / 机构项目执行办公室、用户代表、作战试验机构、该军种或机构的《试验鉴定主计划》批准官员的签名页。空军的《试验鉴定主计划》批准官员是负责采办的空军助理部长。海军的《试验鉴定主计划》批准官员是负责研究、开发和采办的海军助理部长。图 8-3 给出陆军参与项目的审批流程。

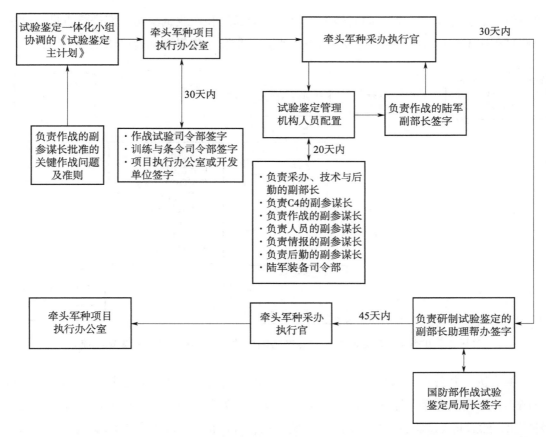

图 8-3 陆军参与、军种牵头Ⅰ类采办项目和国防部监管多军种项目的《试验鉴定主计划》审批流程

（四）Ⅱ类采办项目和军种重点项目

项目主任在"提交者"签名页上签名，并将《试验鉴定主计划》提交给项目执行办公室（如果不在项目执行办公室架构下，则转发给编制单位）。项目执行办公室或编制单位将《试验鉴定主计划》同时转发给训练主管部门和作战试验司令部进行审批。这个协调过程应不超过 30 天，同时可完成试验鉴定一体化小组级别其他协调工作。

项目执行办公室或编制单位将《试验鉴定主计划》原件和 15 份副本提交试验鉴定管理部门，供军种司令部进行人员配备和审批。获得军种批准的《试验鉴定主计划》返回给项目执行办公室或编制单位进行分发。图 8-4 以陆军为例给出了Ⅱ类采办项目《试验鉴定主计划》审批流程。

（五）多军种联合Ⅱ类采办项目

项目主任在"提交者"签名页上签名，并将《试验鉴定主计划》提交给项目执行办公室（如果不在项目执行办公室架构下，则转发给编制单位）。项目执行办公室或编制单位将《试验鉴定主计划》同时转发给训练主管部门和作战试验司令部进行审批。这个协调过程应不超过 30 天，同时可完成试验鉴定一体化小组级别其他协调工作。

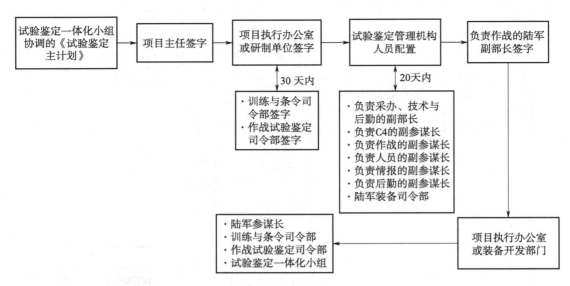

图 8-4　Ⅱ类采办项目和军种重点装备项目的《试验鉴定主计划》审批流程

项目执行办公室或编制单位向试验鉴定管理部门提交《试验鉴定主计划》原件和 21 份副本，再向每个参与军种提供 1 份副本，以供牵头军种司令部进行人员配置和其他军种审批。然后将《试验鉴定主计划》提交给牵头军种审批。获得批准的《试验鉴定主计划》返回给项目执行办公室或编制单位进行分发。图 8-5 以陆军为例给出了多军种联合Ⅱ类采办项目的《试验鉴定主计划》审批流程。

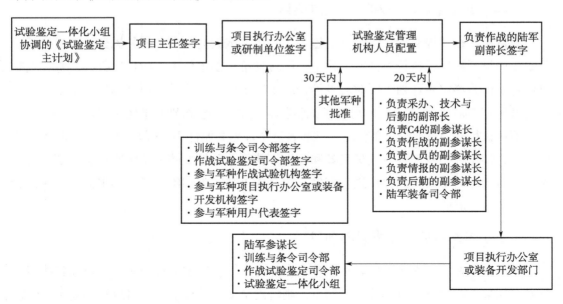

图 8-5　多军种联合Ⅱ类采办项目的《试验鉴定主计划》审批流程

（六）Ⅲ类和Ⅳ类非重大装备项目以及Ⅱ–Ⅴ类信息域项目（包括多军种项目）

试验鉴定一体化小组的成员应在其组织内为《试验鉴定主计划》配备人员，以确保在最初的 30 天《试验鉴定主计划》审核期间完成全部审核并取得一致，实质性问题应在试验鉴定一体化小组中提出来并加以解决。最终，试验鉴定一体化小组成员达成组织内的一致意见。

程序上，在试验鉴定一体化小组成员高级管理层审查期间，暂缓审批。在试验鉴定一体化小组成员同意后，Ⅲ类和Ⅱ–Ⅴ信息任务领域项目的审查期限为 20 个工作日，而Ⅳ类项目的审查期限为 10 个工作日。审核期满时，只要没有试验鉴定一体化小组组织的反对，《试验鉴定主计划》批准机构就签署《试验鉴定主计划》为已批准且可执行。《试验鉴定主计划》批准机构是里程碑决策机构。试验鉴定一体化小组成员组织可以通过提供得到高级管理层签署的书面不赞成意见，在指定的审查期内撤销其同意书。该通知将发送给项目主任，整个审批过程如图 8-6 所示。

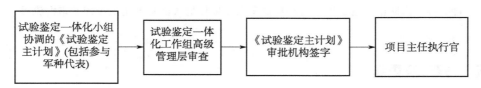

图 8-6　Ⅲ类和Ⅳ类采办项目以及Ⅱ–Ⅴ类信息域项目的《试验鉴定主计划》审批流程

（七）国防部监管的重大自动化信息系统项目

项目主任在"提交者"签名页上签名，并将《试验鉴定主计划》提交给项目执行办公室（如果不在项目执行办公室架构下，则转发给编制单位）。项目执行办公室或编制单位将《试验鉴定主计划》同时提交给训练主管部门、作战试验司令部、发起单位、职能机构进行审批。这个协调过程应不超过 30 天，同时可完成试验鉴定一体化小组级别其他协调工作。

项目执行办公室或编制单位将经协调的《试验鉴定主计划》原件和所有必要副本转发给试验鉴定管理部门，供军种司令部配备人员和审批，所需的份数将与试验鉴定管理部门协商决定。批准后的《试验鉴定主计划》由军种司令部提交给国防部作战试验鉴定局，供国防部长办公厅进行审查和批准。整个流程如图 8-7 所示。

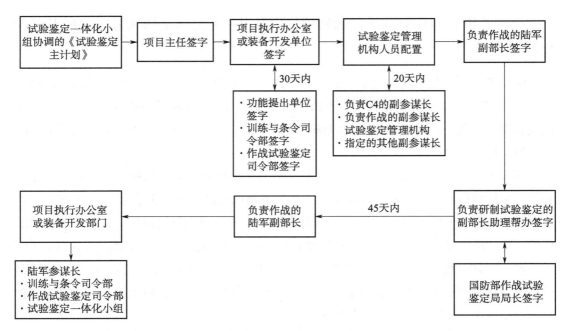

图 8-7　国防部监管的重大自动化信息系统项目的《试验鉴定主计划》审批流程

五、修订及更新

《试验鉴定主计划》反映了试验鉴定全过程中的所有试验事件和活动，以及与采办项目有关的关键问题。由于项目需求、试验进度、资金等方面的重大变化通常会导致试验计划的变更，因此需要对《试验鉴定主计划》不断进行调整。在项目变更、基线突破和每个重要决策前，项目主任都必须组织对《试验鉴定主计划》进行更新和审批，以确保其反映的是当前的试验鉴定要求。美国防部制定了一套完整修订更新流程，保证《试验鉴定主计划》始终准确体现采办项目对试验鉴定的最新要求。

（一）更新流程

当项目出现突破基线，或者发生重大变化时，需要更新《试验鉴定主计划》来支持项目里程碑审查。更新可以采用完全重写文档、更改页面或表示"无更改"的备忘录的形式。一般情况，首选页面更改，因为这样可以减少审阅《试验鉴定主计划》的工作，从而加快审阅速度和批准过程。页面更改将以"删除和替换"的形式，以免影响基本文档的完整性。根据项目的采办类别和《试验鉴定主计划》审批机构审查批准流程，完成《试验鉴定主计划》更新的协调和批准。

通过项目的试验鉴定一体化小组协调表和《试验鉴定主计划》签名页来记录协调和批准过程。《试验鉴定主计划》封面、试验鉴定一体化小组协调表、签名页上要标明初始提交日期以及当前的更新编号和日期。对已批准的《试验鉴定主计划》所做的变更，要在更改页面的外部空白中用更改条注释。随更新一起提供为何进行特定更改的原因。使用页面更改时，每个修改页面都会在脚注上注明当前日期和更改编号。重写的《试验鉴定主计划》不需要用更改条标记更改，但应附有进行更改的原因。对于Ⅰ类采办项目、Ⅱ类采办项目、国防部长办公厅监管的试验鉴定项目、国防部长重大自动化信息系统项目，由项目主任编写、全面协调"无变更"备忘录，然后转发给试验鉴定管理部门，获得军种司令部签署，并酌情转发给国防部长办公厅。试验鉴定一体化小组协调表和《试验鉴定主计划》签名页均作为"无变更"备忘录的附件。

（二）修订流程

为响应审核和批准过程中收到的反馈意见，需要对《试验鉴定主计划》进行修订。Ⅲ类采办项目、Ⅳ类采办项目、信息系统项目、Ⅴ类项目如果不属于国防部长试验鉴定监管清单上的项目，或者高级管理层不认可试验鉴定一体化小组成员的一致意见，不适用修订流程。修订工作通常以页面更改的形式进行，页面更改可以用"删除和替换"方式提交，以免影响基本文档的完整性。如果改动太大，以至于无法通过页面替换完成修订，则可能需要完全重写文档。根据项目采办类别和《试验鉴定主计划》审批机构的批准程序进行修订版本的协调和审批。

所有修订的《试验鉴定主计划》都要向试验鉴定一体化小组成员提供一个副本，征求意见或取得同意，确保修订可以接受。试验鉴定一体化小组的所有主要成员要口头同意，并由试验鉴定一体化小组主席进行记录。在口头同意之后，将生成新签署的试验鉴定一体化小组协调表。口头达成一致的目的是试验鉴定一体化小组尽快取得对《试验鉴定主计划》的一致意见。可以通过传真在单独的页面上签名，然后由试验鉴定一体化小组主席留存。

根据军种司令部和国防部长办公厅反馈意见进行的所有修订，项目主任、项目管理办公室（或开发机构）、训练管理部门、信息系统项目支持单位、作战试验司令部都要重新审批、签署。《试验鉴定主计划》签名页要注明初次提交的日期，更新号和日期（如果适用），修订号和日期。对《试验鉴定主计划》所做的更改将在更改页的外部空白中用更改条加以注释。简要叙述问题和反馈的处理方式，进行特定更改的原因，每个更改的页面注明修订版本号和当前日期。

完全重新制定的《试验鉴定主计划》不需要用更改条标记更改，而应简要说明问题和反馈处理方式，解释为什么对《试验鉴定主计划》进行特定更改。经过修订的《试验鉴定主计划》通过备忘录提交给试验鉴定管理部门，由军种司令部审核批准，并在必要时提交国防部长办公厅。备忘录将记录已获得试验鉴定一体化小组成员的同意，并将随附修订的《试验鉴定主计划》签名页。

（三）免予更新

除了上述关于更新和修订《试验鉴定主计划》的流程，美国防部还对免除更新进行了明确规定，分为两种情况对待：一种是国防部长办公厅监管的项目，另一种是未列入国防部长办公厅监管清单的项目。

对于国防部长办公厅监管的试验鉴定项目，当开发工作基本完成，并且圆满解决了关键作战问题（包括缺陷校正的验证）时，就不再需要更新《试验鉴定主计划》。项目主任、装备开发人员、信息系统开发人员应向国防部长办公厅提交《试验鉴定监管清单》删除项目的申请，并通过项目执行官（如果不是项目执行办公室管理的项目，由开发机构提交）向军种试验鉴定管理机构提交，由国防部作战试验鉴定局局长和负责研制试验鉴定的助理国防部长帮办批准。对于弹道导弹防御组织监管项目，该申请必须由试验鉴定管理机构提交给弹道导弹防御组织采办主管，并转发国防部长办公厅批准。申请必须与军种训练管理部门、作战试验鉴定管理部门、装备系统分析部门充分协调。

对于不在国防部长办公厅监管试验鉴定清单中的项目，开发工作完成后，如果圆满解决关键的操作问题，包括缺陷校正通过验证，可以不再需要更新《试验鉴定主计划》。项目主任或指定的系统管理人员应准备免予更新申请书，与试验鉴定一体化小组协调并得到《试验鉴定主计划》批准机构的批准，并记录在案。

美国防部明确规定，属于以下 6 种情况的项目可不更新《试验鉴定主计划》：一是没有对产品进行重大操作改进或修改工作的全面部署的系统。二是正在进行全面生产，开始列装，但未在生产合格试验结果中发现任何重大缺陷。三是已在生产初期阶段部分列装，成功实现了所有研制试验和作战试验目标。四是项目试验鉴定目标仅是常规老化和监测试验、使用寿命监测试验、策略制定的一部分。五是军种司令部、参谋长联席会议、国防部长办公厅未明确要求进一步的作战试验或实弹射击试验的项目。六是后续试验（如产品改进或模块升级）已纳入独立的《试验鉴定主计划》中的项目。

第9章 主要特点

美军高度重视《试验鉴定主计划》在试验鉴定实施过程的法定地位，始终如一贯穿《试验鉴定主计划》在采办项目中的执行，发挥《试验鉴定主计划》的"试验总纲"作用，保证了武器装备试验鉴定充分性、资源利用率、试验鉴定结果置信度，试出装备的边界条件，以及在战场上对使命任务的贡献度。

一、全要素统筹为提高试验鉴定效率奠定基础

美军《试验鉴定主计划》是一体化的规划和管理工具，不仅涵盖了采办项目试验鉴定全过程的所有要素（包括系统能力、试验鉴定组织结构体系、试验进度安排、试验鉴定方法以及试验资源需求等），还贯穿采办系统全寿命周期的各个阶段，并且由项目办公室统一组织制定并协调实施，有效保证了试验鉴定整体性、一致性和协调性，对于提高试验鉴定效率具有重要作用。

二、完善的规划计划程序确保试验鉴定的科学性

美军《试验鉴定主计划》是一份灵活的文件，在各个采办决策点和重要节点都根据计划需求的变化情况，对其进行审查和更新，不断进行修正调整并逐步细化完善，最终形成较为完善的计划来指导各采办阶段的试验鉴定活动，支撑其他试验鉴定文件的制定。采用逐步形成而不是一步到位的方法制定《试验鉴定主计划》，可以准确反映武器系统试验鉴定过程中的变化情况，尽量规避试验鉴定中可能出现的风险，有效提高试验鉴定规划计划的科学性。

三、试验资源统筹协调保证试验鉴定任务顺利实施

试验资源是满足试验鉴定需求、顺利完成试验任务的重要条件和基础。美军在《试验鉴定主计划》中明确了试验场所、靶标以及经费等各方面的资源需求，尽早规划所需试验资源，再通过已有的试验资源协调机制，可以有效保证试验鉴定任务开展期间试验资源的充分性，确保试验任务按期完成。

四、一体化小组协调机制使《试验鉴定主计划》兼顾各方利益

装备研发决策后，美军便在项目办公室设立由试验鉴定所有相关方组成的一体化试验小组。该小组成员包括承包商、使用部门、靶场、研制试验机构、作战试验机构和上级监管部门等单位代表，能够有效保证在制定"试验鉴定策略"和《试验鉴定主计划》时满足各方需求，而且便于协调解决可能出现的冲突和矛盾，有利于研制试验鉴定和作战试验鉴定的一体化规划与实施，促进试验事件共享，提高效率，节约成本。

五、丰富的指南和示例使《试验鉴定主计划》具有良好可操作性

《试验鉴定主计划指南》正文本身只有 20 页，而后面为实施该文件配套的附录，包括指南和示例，就有 230 页左右的篇幅对正文进行说明。电子文件中采用超链接的方式为阅读、编写文件提供方便，为该文件的有效实施奠定了坚实基础。同时，这些示例为后续改进确立了基线，不但固化了相关方面的经验、技术，也为持续改进、积累奠定了基础，能够有效促进相关方面的经验、技术的发展。

六、试验科学技术理论得到大力推广应用

美军非常强调试验的科学性和重复性。为此，《试验鉴定主计划指南》增加了需求理论指南、科学试验与分析技术指南、常用实验设计、贝叶斯方法指南、贝叶斯方法示例、科学试验和分析技术观测示例等附录，高度体现了美军一以贯之的科学思想。美军通过强调试验方法的科学性，包括流程、技术、方法、模板等，使试验设计、数据获取、数据分析、鉴定评价具有可重复性，确保了试验结论的置信度。

第三部分

美军《试验鉴定主计划》指南与示例

本部分主要针对美军武器《试验鉴定主计划》的内容要素及流程管理给出具体示例。鉴于所列举示例均为具体装备系统的《试验鉴定主计划》文件中的各部分内容，比较分散和缺乏系统性，因此本部分内容将其按照第二部分第 7 章《试验鉴定主计划》的内容要素进行编排。此外，《试验鉴定主计划》的各部分都可能会涉及具体示例的相关内容。为便于读者阅读，每章具体的示例所对应《试验鉴定主计划》的具体部分，均会在各章节前进行介绍。为方便读者更好地理解《试验鉴定主计划》的行文，本部分具体示例中的章节均依照美军各型武器装备实际《试验鉴定主计划》文件中的章节编号，但图表将按照正常章节进行重排。

第 10 章 作战构想示例

本示例对应《试验鉴定主计划》"引言"部分中"1.2 使命任务描述"章节的"1.2.2 作战构想"部分，旨在"描述使命任务时参考所有适用的作战构想和使用构想，说明试验的含义"。

一、作战构想概述

美军为了制定适当的试验鉴定策略，要求试验鉴定从业人员必须了解武器系统的服役方式和预期服役环境。因此，每个系统都应具有书面的作战构想（CONOPS），作战模式摘要（OMS）/任务剖面（MP），野战手册，组织和设备表，战术操作手册或战术、技术和规程手册等。包括里程碑 A 审查点在内所有的《试验鉴定主计划》都应参考这些文件。作战构想、作战模式摘要 / 使命剖面的各方面试验都需要认真加以考虑，例如专业试验部队、靶标集、靶场、威胁模拟器或长生产周期。确定作战想定背景（如连队中系统的数量）下美军配备的武器系统数量，以便确定试验计划的资源范围。如果新系统将用于联合部队，则应描述试验计划的联合方面。作战构想无须在《试验鉴定主计划》中重复。

二、作战构想示例——"支奴干"直升机

1.2.2 作战构想

美陆军利用"支奴干"直升机支持其战略性全谱作战需求，确保美陆军强有力地尽早进入紧急任务，提供非连续、同步或顺序作战所需的快速反应能力，这些都是未来作战的特征。

"支奴干"直升机具备强大的运输能力，使部队能够通过全谱作战的空中突击、空中运动、大规模伤员撤离、空中恢复、空中再补给，完成机动、机动支援、机动保障等

战斗功能领域的重要任务；并提供一种连续时间敏感的运输手段，运输其他运输系统无法运输的人员、设备和物资。

高层作战构想视图 OV-1（见图 10-1）描绘了"支奴干"直升机任务环境。OV-1 视图描述了"支奴干"直升机与其作战环境之间的相互作用，突出了成功应用"支奴干"直升机所需互操作性的重要性和复杂性。

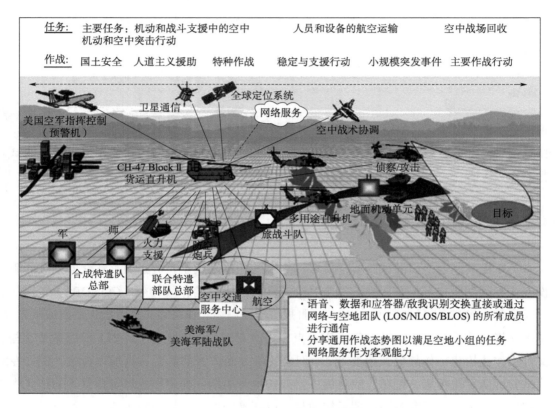

图 10-1 "支奴干"直升机作战构想视图（OV-1）

第 11 章 系统威胁评估示例

美军规定，作战试验中必须充分体现威胁系统、战术和整体功能，才能在真实作战环境中获得可靠、有效的系统性能结果。国防情报局、军种情报中心和其他情报机构提供了表征威胁系统、战术和整体性能的信息和指南。如果要威胁系统情报能够充分保证试验计划所需，则往往超出了《系统威胁评估报告》（STARS）能够提供的详细程度，因此，需要试验计划人员查阅如《综合技术鉴定》《多源综合技术评估分析（ITEAMS）报告》《联合国家作战部队评估》（JCOFA）报告等相关情报文件。同时，要获取被试系统最重要的任务和目标的信息，以及作战背景，试验计划人员应查阅系统的使用文件，例如野战手册、作战构想、备选方案分析、作战模式摘要／任务剖面等。系统威胁评估的重点在于正确表示被试系统评估最相关的威胁、威胁属性、威胁环境，包括对系统杀伤力和生存性的评估，这些内容也体现在《试验鉴定主计划》各相关章节中。

一、《试验鉴定主计划》相关章节

本示例中对应《试验鉴定主计划》的相关章节有：第 1 部分引言"1.3 系统描述"章节的"1.3.4 系统威胁评估"、"1.3.6 特殊试验或认证要求"部分，旨在"描述系统运行的威胁环境（包括网络威胁）"；第 3 部分试验鉴定策略与执行中的"3.5 作战鉴定方法"和第 4 部分资源概要旨在说明被试系统评估最相关的威胁和资源。

·1.3.4 系统威胁评估：识别被试系统最感兴趣的威胁和威胁属性。审查情报部门的评估和报告，确定系统可能在关注的运行时间范围和战区中面临的威胁。对可能会对作战效能产生最大影响的威胁和威胁属性进行初步评估。可能需要与技术专家和战术专家进行协商。

·1.3.6 特殊试验或认证要求：威胁评估可能会揭示不可用于作战试验或实弹射击试验的关键威胁、靶标或威胁属性。《试验鉴定主计划》应该阐述开发特殊威胁或靶标系统的必要性，以及为用于试验对这些系统进行验证的所有必要活动。

· 3.5 作战鉴定方法：概述作战试验活动、要使用的关键威胁模拟器、仿真、靶标，以及操作和维护系统的人员类型。

· 3.5.4 作战试验边界：确定由于威胁表征不充分而导致的关键、严重、主要试验边界，以及克服这些边界的计划。

· 4.2.5 威胁表征和 4.2.6 威胁和靶标资源：确定所有试验活动所需的威胁系统或威胁替代物的数量（部队、攻击机、地空导弹、鱼雷、坦克等）。规定验证威胁替代物的职责、时间表和资源。包括用于实弹射击试验鉴定杀伤力试验的威胁靶标以及用于易损性试验的威胁弹药。

各军种都有责任在实际威胁属性和计划用于作战试验或实弹射击试验的威胁系统属性（实际或替代）之间进行技术对比和作战比较（验证）。应对验证工作进行计划、预算申请和进度安排，确保在作战试验或实弹射击试验之前完成。

作战试验鉴定局局长负责验证工作的监管，并通过试验计划审批用于作战试验和实弹射击试验的所有威胁和威胁替代物。

二、"作战鉴定方法"部分示例

本示例对应《试验鉴定主计划》3.5 作战鉴定方法部分。

（一）"海鲨"导弹示例

"海鲨"导弹的初始作战试验鉴定将采用一种新的威胁替代物，模拟最新反舰巡航导弹（ASCM）在高度、速度、雷达横截面、机动性、雷达散射能力等方面的性能。项目主任办公室将投资开发 10 个替代威胁系统以及相关的验证和确认研究。作战试验机构将授权靶标用于初始作战试验鉴定。海军除了为初始作战试验鉴定开发高保真威胁模型外，还将开发能够同时发射多个威胁靶标的能力，支持首次后续作战试验鉴定。

（二）"达科塔"直升机示例

"达科塔"直升机的初始作战试验鉴定将通过部队之间对抗任务，利用实时毁伤评估仪器增强蓝军和红军相关战术的使用效果。"达科塔"直升机的空中武器小组（AWT）执行侦察和攻击任务的表现将与配备传统装备的空中武器小组性能进行对比。这项试验将在联合一体化作战环境中进行，包括用间接火力和联合监视目标攻击雷达系统对抗相关威胁。

（三）通用空空导弹（GAAM）示例

通用空空导弹的初始作战试验鉴定将使用现代隐形战斗机靶标（MSFT）产生典型电子攻击波形来对抗通用空空导弹。在目标距离、高空、低空、电子攻击方面，通用空空导弹性能将与传统的早期空空导弹（EGAAM）进行比较。通用空空导弹将在所有相关战斗机上发射。经过飞行试验验证的建模与仿真将补充初始作战试验鉴定有限数量的飞行试验，以确定目标毁伤概率（Ptk）。

三、"特殊试验或认证要求"部分示例

本示例对应《试验鉴定主计划》1.3.6 特殊试验或认证要求部分。

（一）"海鲨"导弹示例

反舰巡航导弹（ASCM）是海军水面舰艇的主要威胁。反舰巡航导弹的关键属性包括速度、高度剖面、操纵性、雷达横截面、尺寸和形状、红外特性、被动寻的能力、对抗、雷达辐射。在计划初始作战试验鉴定时，舰载"海鲨"导弹必须拦截几种反舰巡航导弹威胁，包括最常见的反舰巡航导弹，其巡航速度为马赫数 1.5，一旦雷达锁定目标后，加速至马赫数 2.0，并保持瞄准目标直至命中之前保持该速度。威胁可从 50 英尺（1 英尺 =30.48 厘米）巡航高度降至 25 英尺。

可用的空中威胁替代物的速度相对恒定，为马赫数 1.2，飞行高度不低于 50 英尺。因此，"海鲨"导弹的初始作战试验鉴定是否充分将取决于新型威胁替代物的开发，该替代物与预期威胁的高度、速度和雷达散射方面更加接近。高度和速度能力将验证"海鲨"具有拦截威胁的运动能力。借助雷达发射能力，"海鲨"导弹作战系统的电子支持能力能够在交战时间内探测并识别威胁。评估还将利用研制试验中的导弹飞行试验结果来验证威胁和"海鲨"导弹交战过程端到端仿真模型。海军除了为初始作战试验鉴定开发高保真度威胁替代品外，还将开发能够同时发射多个威胁替代品的能力，支持首次后续作战试验鉴定。

（二）"达科塔"直升机示例

在初始作战试验鉴定期间，需要 IV 波段红外便携式防空系统（MANPAD）的模拟器 / 激励器与其他实时毁伤评估（RTCA）仪器配合使用。该模拟器 / 激励器将具有真实便携式防空系统的视觉目标特征，要求射手在模拟发射之前，在射程内跟踪目标，模拟器发射真实导弹的辐射特性，并确认交战结果，将交战结果传输至实时毁伤评估仪器系统。作为战场实体，模拟器 / 激励器很容易受到"达科塔"直升机的攻击，如果判断

为被"达科塔"直升机武器系统摧毁，将被停用，直到完成相关恢复工作。

（三）F-35 联合攻击战斗机（JSF）示例

作战试验鉴定前必须进行早期认证，发布软件载荷和功能，使作战试验飞行员和维护人员能够尽早评估系统功能，在作战试验之前，为操作人员提供有代表性的训练机会，更好地收集试验数据，减少因最大程度地提高一体化试验效能而产生的风险。在这方面的协调必须包括软件安全飞行许可，供作战试验飞行员在作战试验鉴定飞机和支持系统上的预发布任务系统软件载荷中使用。

（四）通用空空导弹（GAAM）示例

现代隐身战斗机靶标（MSFT）是模拟现代低目标特性战斗机所必需的。如日期为某份《系统威胁评估报告》中所述，需要现代隐身战斗机靶标才能实现低目标特性战斗机的雷达特性和红外特性。此外，现代隐身战斗机靶标要具备全面的数字射频存储（DRFM）电子攻击能力，能模拟现代威胁有源电子扫描阵列（AESA）雷达。现代隐身战斗机靶标要能够在整个威胁包线内飞行，包括高过载机动。现代隐身战斗机靶标内部还必须能够携带所有必要仪表，包括杀伤力评估硬件。

四、"系统威胁评估"部分示例

本示例对应《试验鉴定主计划》1.3.4 系统威胁评估部分。

（一）"海鲨"示例

《系统威胁评估报告》（STAR）包含经国防情报局验证的对"海鲨"武器系统的威胁，并于 2013 年通过验证。此威胁评估报告还考虑了舰队海上防空规程。

"海鲨"武器系统作战试验主要的威胁是：
· 反舰巡航导弹
· 红外或激光制导火箭弹和导弹
· 战斗机和轰炸机
· GPS 干扰器
· 网络安全漏洞

（二）"达科塔"直升机示例

由美国陆军航空与导弹司令部情报处编写的《"达科塔"直升机威胁评估报告》包含了国防情报局验证的威胁。"达科塔"直升机威胁评估报告于 2010 年 4 月通过验证。

此威胁评估报告还考虑了备选方案分析、"达科塔"直升机作战任务摘要/任务包线、陆军野战手册 FM 3-04.126《攻击侦察直升机作战》。

"达科塔"直升机作战试验和实弹射击试验主要的威胁是：

· 便携式防空系统

· 激光制导弹药

· 激光指示器

· 弹道武器，包括步枪、机枪、火箭弹和坦克炮

· 前线移动雷达防空系统

· GPS 干扰器

· 网络安全漏洞

"达科塔"直升机作战试验和实弹射击试验主要目标是：

· 地面部队（步兵、炮兵、装甲、指挥控制总部）

· 装甲车（坦克和装甲运兵车）

· 轮式车辆

· 海上快艇编队

· 无人飞机

（三）F-35 联合攻击战斗机（JSF）示例

F-35 联合攻击战斗机的系统威胁评估报告包含国防情报局验证的对联合攻击战斗机武器系统的威胁，并于 2013 年进行了验证。

F-35 联合攻击战斗机作战试验和实弹射击试验主要的威胁是：

· 战斗机

· 雷达制导和红外制空对空导弹

· 移动和固定雷达地空导弹系统

· 雷达、通信和 GPS 干扰器

· 网络安全漏洞

F-35 联合攻击战斗机作战试验和实弹射击试验主要针对的目标是：

· 移动和固定地空导弹系统

· 战斗机

· 装甲车（坦克和装甲运兵车）

· 防御工事

· 建筑

（四）AC-130J 示例

AC-130J 系统威胁评估报告包含国防情报局验证的 AC-130J 武器系统威胁，并于 2013 年进行了验证。该威胁评估报告还考虑了多源综合技术评估与分析（ITEAMS），以及联合国家作战力量评估（JCOFA）。

在 AC-130J 作战试验和实弹射击试验中重点评估的威胁是：
- 空空红外或激光制导弹药
- 移动和固定雷达防空系统
- GPS 干扰器
- 网络安全漏洞

（五）通用空空导弹（GAAM）示例

通用空空导弹《系统威胁评估报告》包含国防情报局验证的威胁，并已发布。

在通用空空导弹系统作战试验和实弹射击试验中，重点评估的威胁是：
- 现代隐身战斗机
- 现代数字视频存储技术电子攻击
- GPS 干扰器
- 红外干扰弹

五、"威胁资源"部分示例

以"达科塔"直升机为例：

4.2.5 试验用威胁和靶标系统

威胁术语	试验类型				资源
	研制试验	有限用户试验	初始作战试验	后续作战试验鉴定	
便携式防空系统	1	3	6	6	测量、靶标与威胁模拟器项目主任 / 威胁系统管理办公室 / 尤马试验场
红军装甲运兵车	2	2	4	4	测量、靶标与威胁模拟器项目主任 / 靶标管理办公室 / 尤马试验场
红军坦克（T72 及以后型号）	4	5	5	5	测量、靶标与威胁模拟器项目主任 / 靶标管理办公室 / 尤马试验场
红军卡车（2.5 吨型号）	1	2	4	4	测量、靶标与威胁模拟器项目主任 / 靶标管理办公室 / 尤马试验场
机动地面雷达		1	2	2	测量、靶标与威胁模拟器项目主任 / 靶标管理办公室 / 威胁系统管理办公室

续表

威胁术语	试验类型				资源
	研制试验	有限用户试验	初始作战试验	后续作战试验鉴定	
车载 C3 系统			1	1	测量、靶标与威胁模拟器项目主任 / 靶标管理办公室
军用改装的民用车辆（混合卡车 / 越野车 / 轿车）		6	10	10	尤马试验场
轮式多用途越野车或卡车	2	2	6	6	陆军部队司令部 / 尤马试验场
步兵战车（M2/M3）	1	2	5	5	陆军部队司令部
蓝军坦克（M1）	2		5	5	测量、靶标与威胁模拟器项目主任 / 靶标管理办公室 / 尤马试验场
快艇（CG–41 小艇或同等水平）	1		5	5	测量、靶标与威胁模拟器项目主任
近海快速攻击艇（高速机动水面靶标或等效武器）	1		5	5	测量、靶标与威胁模拟器项目主任

第 12 章　网络安全试验鉴定示例

网络安全威胁已成为信息化装备新作战域，对武器装备完成使命任务提出了新的挑战。为了保持在信息化战争中处于领先地位，美军发布大量网络安全试验鉴定的政策规定与工作性指导文件，全面推进网络安全试验鉴定在国防采办系统中的应用。《试验鉴定主计划》应说明其网络安全试验鉴定策略，使用来自所有相关来源的数据，并在典型作战环境中测试典型产品系统。数据源可以包括但不限于信息安全鉴定、检查、组件和子系统级试验、体系试验。根据需要，《试验鉴定主计划》可以在附录 E 中详细阐述网络安全试验鉴定策略。

一、网络安全初始作战试验鉴定示例概述

（一）范围及内容

1. 目的及范围

在作战试验期间，对网络安全进行试验的目的是鉴定作战人员在预期的作战环境中使用系统执行关键使命任务的能力。作战试验鉴定期间，网络安全试验包括典型用户和典型作战环境，包括硬件、软件（包括嵌入式软件和固件）、作战人员、维护人员、网络防御手段、最终用户、网络及系统管理员、服务台、训练、支持文档、战术技术和规程、网络威胁，以及与被试系统交换信息的其他系统。

2. 方式及内容

在《采办项目网络安全的作战试验鉴定程序（2018 年 4 月 3 日）》备忘录中，作战试验鉴定局局长规定作战试验机构应通过 2 种方式来评估作战试验鉴定中的网络安全性：协同漏洞与渗透性评估和对抗性评估。作战试验机构应该设计协同漏洞与渗透性评估和对抗性评估来识别网络漏洞、检查攻击路径、评估作战网络防御能力，判断在网络威胁环境中执行作战任务时对作战使命的影响（关键作战能力的丧失）。

（1）协同漏洞与渗透性评估

协同漏洞与渗透性评估在作战环境中表征系统的网络安全性和弹性，获得的系统信息能够支持对抗性评估的试验。如果可能的话，作战试验机构应该尽可能早于对抗性评估完成相关试验活动以获得协同漏洞与渗透性评估数据，以便能够在进行对抗性评估之前弥补漏洞，同时又要在时间上足够接近以保持与对抗性评估规划的相关性。获得协同漏洞与渗透性评估所需信息的活动要包括作战和典型产品系统在内，除非作战试验鉴定局局长在执行活动之前确定并批准了特定差异。试验活动可以是独立活动、一系列活动（与其他试验分开或嵌入）、一体化试验的作战试验部分。

（2）对抗性评估

对抗性评估利用具有代表性的网络活动对抗训练有素、装备精良的部队，表征威胁对关键使命任务的作战影响以及防御系统的效能。对抗性评估需要活动采集的信息，这些活动包括具有典型产品、作战配置的系统、典型作战人员、用户、网络防御人员、作战网络结构以及典型使命任务。使命任务包括军事、商业、指挥控制以及网络任务。对抗性评估活动应采用第三方或外部防御力量，包括负责保护连接到被测系统网络的外部安全人员。防御能力的范围和防御者角色的范围应与系统的部署和作战构想相匹配。对抗性评估需要与其他作战试验协同进行的活动中获取的信息，但可能需要封闭的环境、网络靶场或其他典型作战工具来演示对任务影响。作战试验机构将根据军种标准对这些封闭环境、网络靶场或工具进行验证、校核和认证。

（3）网络经济漏洞评估

此外，对于管理财务／财政／商业活动或资金的信息系统，作战试验机构应当进行网络经济漏洞评估，请参阅于 2015 年 1 月 21 日发布的作战试验鉴定局局长备忘录《网络经济漏洞评估》。

（二）《试验鉴定主计划》主体部分的网络安全信息

《试验鉴定主计划》在以下章节阐述网络安全作战试验鉴定策略。

1.3 系统描述

描述用于系统部署和使用的作战配置和作战构想。明确规定系统用户、专用系统网络防御人员、保障系统连接和运行的网络及飞地网络防御人员的网络防御职责。识别系统是否具有专用组件，如跨域解决方案、工业控制系统、非互联网数据传输、通过备用介质（如射频和数据链路）进行数据传输。

1.3.4 系统威胁评估

描述系统所运行的整个威胁环境的网络部分。先进的网络威胁适用于所有系统。请参考相关可用威胁文档，包括但不限于最新的《美国国防情报局计算机网络操作顶点威胁评估》和系统的组件验证威胁文档。

2.5 一体化试验进度安排

给出一体化试验计划中所有活动（测试、检查、网络桌面、演示等），这些活动将为协同漏洞与渗透性评估、对抗性评估和网络经济漏洞评估（如有要求）提供信息《试验鉴定主计划》（见本书第 7 章图 7-1）。

3.3.2 研制试验活动

识别所有研制试验和一体化试验活动，这些活动的数据将支持作战试验鉴定，确定实施活动的作战试验机构，确认相关计划，促使作战试验鉴定局局长批准与作战系统和典型产品系统之间的特定差异，一体化试验的作战试验计划。

3.5 作战鉴定方法

描述通过网络安全试验结果支持全面评估作战效能、适用性和生存性的策略。确认作战试验鉴定策略和设计覆盖作战弹性，包括预防、缓解和恢复的关键属性。

3.5.1 作战试验活动和目标

描述提供协同漏洞与渗透性评估、对抗性评估和网络经济漏洞评估（如果需要）所需信息的策略（独立活动、多个活动等）。列出网络安全的关键问题和指标。

3.5.1.1 支持协同漏洞与渗透性评估的活动

对于为协同漏洞与渗透性评估提供信息的每个活动，明确进度安排，确定参与的组织，列出对评估有影响的完整限制条件和边界，描述被试系统的体系结构，包括与作战系统和典型产品系统的差异，描述作战环境，确定实施的活动（如系统和网络扫描、渗透试验、访问控制检查、物理检查、人员访谈以及对系统体系结构的审查），描述期望的信息（《采办项目网络安全的作战试验鉴定程序》附件 B 中的相关部分）。如果计划多个活动，确认协同活动集能够提供作战试验鉴定局局长 2018 的附件 B 列出的完整信息集。

3.5.1.2 支持对抗性评估的活动

对于为对抗性评估提供信息的每个活动，明确进度安排，确定参与的组织，列出对评估有影响的完整限制条件和边界，描述被试系统的体系结构，包括与作战系统和典型产品系统的差异，描述作战环境，确定实施的活动（如攻击产生可观察到的对任务的影响，使用封闭环境评估对任务的影响，网络靶场或其他工具，"白卡"等），描述预期信息（《采办项目网络安全的作战试验鉴定程序》附件 C 的相关部分）。如果计划多个活动，确认协同活动集能够提供《采办项目网络安全的作战试验鉴定程序》的附件 C 列出的完整信息集。

3.5.1.3 网络经济漏洞评估（如有必要）

确定支持网络经济漏洞评估的试验团队，其中应包括网络技术团队和会计师事务所。指定系统技术专家和经济学专家，他们将协助进行网络经济威胁分析，评估对使命任务的影响，讨论他们担任这些角色的资格。

3.5.1.4 网络安全试验架构

或者包含图表，或者提供可用文档的引用（如国防部体系结构框架、系统规范等），并提供以下信息：

1）主要子系统（如制导和通信）；

2）子系统之间的连接及其协议（如通过 1553 数据总线从 Link 16 和火控雷达接收输入进行目标识别）；

3）外部连接，直接［如非密互联网协议路由器网络（NIPRNet）、保密互联网协议路由器网络（SIPRNet）或联合全球情报通信系统（JWICS）］或间接（如维护笔记本电脑、任务计划系统数据传输设备）物理访问点（如操作员控制台）和可移动媒介端口（如 USB 端口、CD/DVD 驱动器）；

4）系统连接的其他系统（如卫星通信）。

3.5.2.1 网络安全关键问题

识别受网络安全影响的关键问题，并描述网络安全评估标准。

3.5.4 试验边界

识别适用于所有试验活动的一般限制，并讨论这些限制如何影响协同漏洞与渗透性评估、对抗性评估或网络经济漏洞评估的效果或真实性（如在操作过程中更改系统数据的安全限制）以及任何相关的解决措施（如白卡，经过验证的实验室环境）。

4.2.5 网络安全试验资源

确定为协同漏洞与渗透性评估、对抗性评估和网络经济漏洞评估提供信息所做试验的必要资源，包括资金、组织、参与人员（系统运营商、内部网络防御人员、外部网络防御人员、试验团队等）、测试资产（工具、软件、数据收集、封闭环境、网络靶场等），以及相关工作，如验证、校核和确认工作。明确识别网络团队尚不具备并必须开发的能力（针对非 Internet 协议总线的攻击工具，针对跨域解决方案之类的特殊组件的典型威胁攻击能力）以及所有系统特定功能（封闭环境、网络靶场或其他工具）。

（三）附录 E 的网络安全作战试验鉴定信息

附录 E 进一步讨论了《试验鉴定主计划》主体中尚未说明的细节。详细的系统架构和图表是附录信息案例的主要类型。如果《试验鉴定主计划》主体部分不提供任何参考，或未包括所有必要信息，则《试验鉴定主计划》仅需要网络安全附录。

二、《试验鉴定主计划》正文部分示例

以具体的某《试验鉴定主计划》的正文中的网络安全部分进行示例说明。

1.3. 系统描述

装备战术地面车辆系统的部队执行武装侦察任务，并为操作员提供传感器和武器，用以观察并与敌人交战。战术地面车辆系统使用单通道地面和机载无线电系统（"辛嘎斯"电台）和 21 世纪旅及旅以下作战指挥（FBCB2）系统与战场上的其他战术地面车辆系统和战术车辆进行数字通信。

战术地面车辆系统包含地面车辆，以及车载传感器、武器、计算机、显示器、控制系统、外部数据链路以及其他联网设备。与装备战术地面车辆系统车辆连接的系统包括维护保障设备和远程计算机显示单元。通信包括 IP 和控制器局域网（CAN）数据总线流量。外部数据源（包括非密互联网协议路由器网络）提供数据供战术地面车辆系统维护组件使用。配备战术地面车辆系统的部队可与美国陆军网络司令部（ARCYBER）区域网络中心（RCC）协同工作，以发挥网络防御功能。

1.3.4. 系统威胁

各种新出现、有限、中等和高级功能的网络对手将瞄准战术地面车辆系统。对手将试图破坏系统；泄露、侵入或破坏数据；破坏系统运行；并在可能的情况下物理摧毁设备。《战术地面车辆系统威胁评估报告》和《计算机网络操作顶层威胁评估》[IO 顶层，第10 卷（修订），第二版，2013 年 5 月，DIA-08-1209-908.A.]中提供了有关战术地面车辆系统网络威胁的其他信息。

3.5. 作战鉴定方法

作战试验机构将使用战术地面车辆系统网络安全试验结果部分确定其作战效能、适用性和生存性。这些评估应考虑所有基准试验的结果。

3.5.1. 网络安全作战试验活动和目标

作战试验机构将根据 2014 年 8 月 1 日发布的《作战试验鉴定局局长》指南，对战术地面车辆系统进行作战试验鉴定网络安全试验。在进行这些试验前，战术地面车辆系统准备好经过签署的操作授权。网络安全试验活动的总体进度如图 12-1 所示。

2016财年				2017财年				2018财年			
第1季度	第2季度	第3季度	第4季度	第1季度	第2季度	第3季度	第4季度	第1季度	第2季度	第3季度	第4季度
		有限用户试验					作战试验准备审查	初始作战试验鉴定			
临时操作授权		协同漏洞与渗透性评估	对抗性评估	低速率初始生产			操作授权	协同漏洞与渗透性评估	对抗性评估	全速率生产	

图 12-1　战术地面车辆系统网络安全试验进度安排

3.5.1.1. 协同漏洞与渗透性评估（CVPA）

作战试验机构将在对抗性评估之前的有限用户试验和初始作战试验鉴定期间，请陆军研究实验室生存性 / 杀伤性分析处（ARL/SLAD）进行协同漏洞与渗透性评估。陆军研究实验室生存性 / 杀伤性分析处将在具有典型作战配置的战术地面车辆系统上执行协调漏洞与渗透性评估，使用本地网络安全维护人员（如系统操作员、维护人员和系统管理员）来收集数据（如通过访谈）。试验时，战术地面车辆系统处于发动机工作状态，所有系统全部开机。陆军研究实验室生存性 / 杀伤性分析处将使用其认可的工具和流程执行漏洞和侵入测试，其中包括自动扫描和手动检查。战术地面车辆系统将激活所有外部接口，而陆军研究实验室生存性 / 杀伤性分析处将从内部、外部和第三方的角度进行评估；建议的试验边界如图 12-2 所示。陆军研究实验室生存性 / 杀伤性分析处至少收集并报告《作战试验鉴定局局长指南》的附件 A 和 B 规定的数据。陆军研究实验室生存性 / 杀伤性分析处要在评估后 45 天内向作战试验鉴定局局长提交完整的报告和所有数据。该测试所需的资源可以在表 12-2 中找到。作战试验机构将在执行前 90 天将协同漏洞与渗透性评估试验计划提交给作战试验鉴定局局长批准。

3.5.1.2. 对抗性评估（AA）

作战试验机构将在有限用户试验和初始作战试验鉴定期间通过陆军威胁系统管理办公室进行对抗性评估，表征网络威胁。威胁管理办公室是经过美国国家安全局认证，获得美国网络司令部授权的网络威胁团队。威胁管理办公室将根据《战术地面车辆系统威胁评估报告》《DIA 计算机网络操作顶层威胁评估》和《战术地面车辆系统计算机网络操作威胁试验支持包附件》，使用经过认证的工具和流程实施对抗性评估，表征典型网络威胁（内部、附近和外部）。作战试验机构将在战术地面车辆系统使命任务背景下进行评估，使用典型数据源、网络流量和外部接口连接，建议的试验边界如图 12-2 所示。评估将包括典型作战条件的网络防御，其中涉及本地操作人员、维护人员和管理员的防御功能，并评估配备战术地面车辆系统的部队的侦察和反应能力，以及与陆军网络司令部第 2 区域作战司令部（RCC）第 2 层计算机网络防御服务提供商（Tier 2 CNDSP）的互操作性。

在对抗性评估期间，作战试验机构将至少收集和报告《作战试验鉴定局局长指南》中附件 C 规定的数据，这些数据需要经过网络培训的数据采集人员在本地和 Tier 2 的两个网络防御位置收集防御、探测、反应和还原（PDRR）数据。在安全人员允许的情况下，或考虑设备损坏问题，作战试验机构将直接测量任务效果，否则，作战试验机构将通过独立的技术专家以及在对抗性评估中进行的攻击的详细信息来评估任务影响。这些技术专家将考虑攻击的影响，以及所有网络防御者对任务线程和相关系统性能参数做出的响应。

如果网络防御人员未检测到恶意网络活动，则作战试验机构将注入一个或多个检测想定（白卡），以评估活动的反应和响应链。

作战试验机构将在执行前 90 天提交对抗性评估计划供作战试验鉴定局局长批准，并在评估结束后的 45 天内提交网络试验团队的报告，以及按照《作战试验鉴定局局长指南》附件 C 要求收集的数据。

3.5.1.3. 网络安全试验架构

协同漏洞与渗透性评估和对抗性评估的试验边界架构以及战术地面车辆系统的外部接口如图 12-2 所示。

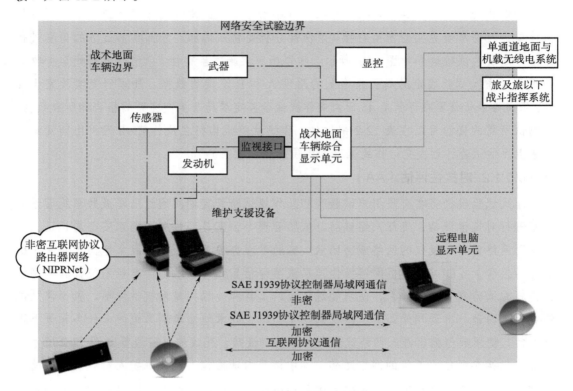

图 12-2　战术地面车辆系统试验架构

在典型的操作中，战术地面车辆系统的网络防御是由系统操作员、维护人员和系统管理员在本地（第 3 层）实施的，其中包括开发承包商提供的持续支持。战术地面车辆系统的第 2 层计算机网络防御服务提供商是美国陆军网络司令部区域作战中心。

3.5.2.1. 网络安全性关键作战问题

作战试验机构将根据关键作战问题 X 使用表 12-1 鉴定准则评估网络安全性。

表 12-1　战术地面车辆系统网络安全关键作战问题准则

指标	标准	最低数据要求
网络 X.1：信息和信息系统保护能力	在系统的网络安全试验期间发现的漏洞和利用是否使该部队执行任务的能力受到威胁？	作战试验鉴定局2014 年指南附件 A、B 和 C

续表

指标	标准	最低数据要求
网络 X.2：网络威胁活动和故障探测能力	配备战术地面车辆系统的部队及其防御人员在网络安全试验期间的检测准确性是否足以识别网络威胁活动或故障，使该部队执行任务的能力处于危险之中？	作战试验鉴定局2014 年指南附件 A 和 C
网络 X.3：网络威胁攻击和故障反应能力	配备战术地面车辆系统的部队及其防御人员在网络安全试验过程中提供的解决办法是否足以确保该部队具有在网络威胁活动或故障后执行任务的能力？	作战试验鉴定局2014 年指南附件 C
网络 X.4：网络威胁攻击或故障后恢复系统的能力	配备战术地面车辆系统的部队及其防御人员是否演示了在网络威胁活动或故障后能够恢复系统正常运行并执行任务？	作战试验鉴定局局长 2014 附件 A 和 C
网络 X.5：完成使命任务的能力	配备战术地面车辆系统的部队能否在存在恶意网络威胁活动时或遇到故障时执行其任务？	作战试验鉴定局局长 2014 附件 C
网络 X.6：可靠运行以及在网络威胁活动中的维护能力	配备战术地面车辆系统的部队能否在网络空间退化的作战背景下可靠地执行其任务并进行维护？	作战试验鉴定局局长 2014 附件 A、B 和 C
网络 X.7：在网络威胁活动中保持系统完整性以及操作人员安全性的能力	在存在恶意网络活动或发生故障之后，战术地面车辆系统能否保持自身的物理完整性和操作人员的物理安全性？	作战试验鉴定局局长 2014 附件 B 和 C

3.5.4. 试验边界

由于使用该系统的部队通常与其他未配备对抗性评估资源的部队组成团队，因此操作员为支持任务效果数据收集而执行的任务线程的范围可能会缩小。此外，威胁管理办公室不会有意发动可能会在车辆行驶过程中影响其控制的网络攻击。

如果担心设备损坏而不能对连接至 CAN 总线的任何系统进行评估，则将对这些系统进行独立的实验室测试。这些数据将包含在协同漏洞与渗透性评估报告中，基于发现的网络利用将在对抗性评估中用"白卡"实施。

4.2.5. 威胁表征

战术地面车辆系统网络安全试验所需的资源如表 12-2 所示。陆军研究实验室的数据包括用于开发针对该系统的高级网络攻击的经费，如针对 CAN 总线上的子系统。

表 12-2　战术地面车辆系统网络安全试验资源

保障单位	2016 财年	2017 财年	2018 财年
陆军研究实验室生存性 / 杀伤性分析处协同漏洞与渗透性评估团队	$x1		
威胁管理办公室对抗性评估团队			$x2
陆军研究实验室生存性 / 杀伤性分析处对抗性评估中防御、探测、反应和还原（PDRR）数据采集			$x3
作战试验机构网络安全试验保障	$x4		$x5

续表

保障单位	2016 财年	2017 财年	2018 财年
测量			$x6
陆军研究实验室试验保障	$x7		$x8

三、《试验鉴定主计划》附录 E 指挥控制系统示例

下面以具体的某《试验鉴定主计划》附录中的网络安全部分进行示例说明。

注：仅当《试验鉴定主计划》正文中尚未包含以下信息时，才在附录 E 中提供。无需在两个地方都复制网络安全信息。

作战试验机构将按照《采办项目网络安全的作战试验鉴定程序》执行网络安全试验，作为作战人员指挥控制系统作战试验鉴定的一部分。在进行这些试验前，作战人员指挥控制系统应获得正式签署的操作授权。

E.1. 系统描述

配备作战人员指挥控制系统的部队能够在联合作战司令部和已部署该系统的联合作战部队之间进行通信。借助作战人员指挥控制系统，联合作战司令部的指挥官可以接收并综合非密和秘密来源的情报，并在这些领域下达命令。作战人员指挥控制系统还提供所有秘密级别的数据库服务。配备作战人员指挥控制系统的部队与北美国防信息系统局全球支持中心（GNSC-NA）网络、国防情报局（DIA）区域支持中心（RSC）进行互操作，执行全球联合情报通信系统（JWICS）网络的防御功能。

E.2. 系统威胁

以作战人员指挥控制系统为目标的各种具有新生、有限、中等和先进功能的网络对手。对手将试图破坏系统；泄露、侵入或破坏数据；破坏系统运行；在可能的情况下摧毁物理设备。《系统威胁评估报告》和《计算机网络运行顶层威胁评估》（IO 顶层，第 10 卷修订，第二版，2013 年 5 月，DIA-08-1209-908.A.）提供了作战人员指挥控制系统的其他网络威胁信息。

E.3. 作战人员指挥控制系统体系结构和测试边界

作战人员指挥控制系统由联合作战司令部总部管理的服务器组成，这些服务器具有非密、秘密、TS/SCI 飞地（见图 12-3）。在所有 3 个飞地中都有数据库服务器、基础架构和面向客户的服务。在非密飞地中，作战人员指挥控制系统通过非密互联网协议路由器网络（NIPRNet）接收和传送数据，包括 Web 应用程序和物理媒介设备。非密飞地通过经过授权的跨域解决方案将信息传输到秘密飞地，并通过以太网（RJ-45）连接到作战

人员指挥控制系统正在替换的原有旧系统。

除了通过跨域解决方案到达的非密数据之外，作战人员指挥控制系统秘密飞地通过保密互联网协议路由器网络（SIPRNet）和物理媒介设备接收数据。作战人员指挥控制系统为 SIPRNet 用户提供了一个基于 Web 的界面，类似于 NIPRNet 版本，允许用户查询秘密数据库。绝密隔离敏感信息（TS/SCI）数据库包含通过附加的跨域解决方案从秘密和非密飞地传输的数据以及 JWICS 数据。JWICS 用户可以使用虚拟专用网络（VPN）连接并查询作战人员指挥控制系统数据库。

最后，指挥官可以通过跨域解决方案将带有相关标签的情报产品和战术消息从 TS/SCI 和秘密区域推到低级秘密区域。

图 12-3 是协同漏洞与渗透性评估和对抗性评估测试边界架构以及作战人员指挥控制系统的外部接口。

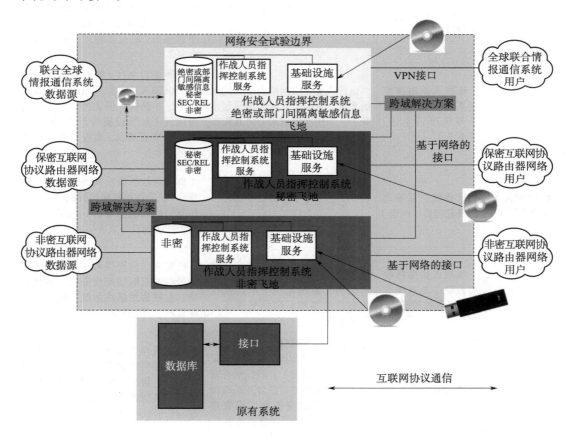

图 12-3　作战人员指挥控制系统的系统试验架构

在典型的操作中，作战人员指挥控制系统的网络防御是由系统操作员和系统管理员在本地（第 3 层）提供的，包括来自承包商的维持保障团队。非密和秘密部分的第 2 层计算机网络防御服务商（CNDSP）位于俄亥俄州哥伦布的国防信息系统局全球支持中心

（GNSC-NA）。JWICS 第 2 层 CNDSP 是国防情报局区域支持中心。各组织的网络防御和试验职责见表 12-3。

表 12-3　作战人员指挥控制系统网络防御角色和职责

网络层	角色	网络防御职责	试验职责
本地用户和防御人员（第 3 层）	指挥控制系统作战中心（网络 AO/所有者）	确保网络正常维护，能够支持作战	网络 AO/所有者负责确定试验保障人员（如网络或系统管理员），并确保人员支持试验工作的可用性。（如果网络 AO/所有者与设施所有者/操作或系统程序管理员/所有者相同，职责可以合并）
本地用户和防御人员（第 3 层）	指挥控制系统作战中心设施所有者/操作员	确保设施内网络运行的物理安全	设施负责人/运行负责确定试验保障人员（如网络或系统管理员），并确保人员支持试验工作的可用性（如果设施所有者/操作与系统程序管理员/所有者相同，职责可以合并）
	作战人员指挥控制系统项目办公室（系统项目主任/所有者）	设计和实施以网络安全为优先的系统。及时为发现的漏洞创建补丁。识别缓解技术并将其发布到已知漏洞，直到实施补丁为止	系统项目主任/所有者负责确定试验保障人员（如网络或系统管理员），并确保人员支持试验工作的可用性（如果设施所有者/操作与系统程序管理员/所有者相同，职责可以合并）
	范登堡空军基地网络管理员（网管）	确保网络已打补丁且仅由授权用户访问。采取措施弥补已知漏洞。配置基于主机的安全系统。监视系统中未经授权和恶意的活动。向信息保证主任报告异常	负责向红队提供网络协助和故障排除，获取访问权限执行试验活动。包括协助安装远程访问网络基础结构上使用的设备或虚拟机
	作战人员指挥控制系统本地系统管理员（系统管理员）	确保网络已打补丁且仅由授权用户访问。采取措施弥补已知漏洞。监视系统中未经授权和恶意的活动。向信息保证主任报告异常	负责向红队提供系统级协助和故障排除，获取访问权限执行试验活动。包括协助解决系统、密码或访问管理方面的问题
	范登堡空军基地信息保障主任	确保信息系统符合《信息保证漏洞管理计划》和所有相关《安全技术实施指南》。确保所有安全意外情况都进行报告并采取纠正措施。通过身份和访问管理（IAM）来管理第 3 层服务台	受托代理负责协助处理活动中的冲突，并协助确保以安全的态势进行试验。协助采集数据，提供报告所需的该级别的信息，并根据需要参与任何试验后分析活动
非密 SIPRNET 第 2 层	国防信息系统局全球支持中心（网络防御服务提供者）	通过美国网络司令部认证。提供组件攻击检测、恶意软件防护、态势感知以及活动响应和分析。CNDSP 协调第 1 层和第 3 层之间的报告流程，并操作第 2 层服务台	受托代理负责协助处理活动中的冲突，协助采集数据，或提供报告所需的该级别的信息

续表

网络层	角色	网络防御职责	试验职责
JWICS 第2层	国防情报局区域支持中心（网络防御服务提供者）	同上	同上
第1层	联合部队司令部－国防部信息网络联合运行中心	集中协调并指导影响较多的国防部机构的网络防御行动。协调执法和反情报行动	受托代理负责协助处理活动中的冲突，并协助确保以安全的态势进行试验。协助采集数据，提供报告所需的该级别的信息，并根据需要参与任何试验后分析活动

E.4. 协同漏洞与渗透性评估

作战试验机构将在陆军作战评估期间通过陆军研究实验室生存性／杀伤性分析处进行协同漏洞与渗透性评估。陆军研究实验室生存性／杀伤性分析处将在具有作战代表性的作战人员指挥控制系统上进行协同漏洞与渗透性评估，由本地网络安全维护人员（如系统操作员和系统管理员）来支持数据采集（例如通过访谈）。陆军研究实验室生存性／杀伤性分析处将使用经过认证的工具和流程，包括自动扫描和手动检查，并将以内部人员、旁侧人员和外部人员的角度执行其活动。作战人员指挥控制系统的所有外部接口都处于活动状态并且可以访问；建议的测试边界如图 12-3 所示。陆军研究实验室生存性／杀伤性分析处将至少收集《作战试验鉴定局局长指南》中附件 A 和 B 规定的数据。陆军研究实验室生存性／杀伤性分析处将提供完整的报告，所有数据将在评估后的 45 天内提交给作战试验鉴定局局长。试验所需资源在表 12-4 中列出。作战试验机构将在试验前 90 天将协同漏洞与渗透性评估试验计划提交给作战试验鉴定局局长进行批准。

E.5. 对抗评估

作战试验机构在初始作战试验鉴定期间通过陆军威胁管理办公室进行对抗评估，表征网络威胁。威胁管理办公室是经过美国国家安全局（NSA）认证、获得美国网络司令部确认的网络威胁团队。威胁管理办公室将使用经过认证的工具和流程执行，根据《作战人员指挥控制系统威胁评估报告》《国防情报局计算机网络运行顶层威胁评估》《W2CS 计算机网络运行（CNO）威胁试验支持包附件》表征具有作战真实性的网络威胁（内部、旁观和外部）。威胁管理办公室将从国防情报局获得在全球联合情报通信系统（JWICS）上运行的所有特殊授权。作战试验机构将在作战人员指挥控制系统使命任务背景下进行评估，并提供代表性的数据源、网络流量和外部接口连接；建议的测试边界如图 12-3 所示。该评估将包括具有作战代表性的网络防御，包括本地用户和管理员功能，并将评估配备作战人员指挥控制系统并与第 2 层 CNDSP、国防信息系统局 GNSC-NA 和 DIA RSC 互操作设备的检测和反应能力。由于系统的复杂性和网络防御能力的范围，因此评估期限有所延长（参阅下面的时间表）。

在对抗评估期间，作战试验机构要至少收集和报告《采办项目网络安全的作战试验鉴定程序》附件 C 规定的数据，这些数据要求经过培训的数据采集人员在本地和第 2 层网络防御位置采集的保护、检测、反应和还原（PDRR）数据。任务效果将直接测量；但是，如果可能干扰真实世界的活动，则作战试验机构将由独立的技术专家利用对抗性评估期间的攻击详细信息来鉴定任务效果。这些技术专家将考虑攻击的影响，演示网络防御者对任务线程和相关系统性能参数的响应。

如果网络防御者未检测到恶意网络活动，则作战试验机构将注入一个或多个检测方案（白卡），以评估活动的反应和响应链。作战试验机构将在执行前 90 天向作战试验鉴定局局长提交对抗性评估计划进行审批，在评估后 45 天内提供网络试验团队报告，以及根据《作战试验鉴定局局长指南》附件 C 要求收集的数据。

E.6 试验边界

为了避免干扰实际操作，系统操作员将使用模拟数据源执行任务，收集对抗评估期间任务效果数据。

E.7 进度安排

如果《试验鉴定主计划》主体中的一体化试验计划中未标明协同漏洞与渗透性评估和对抗性评估计划，则应将它们包括在附录中。为了支持里程碑和生产决策，可能需要完成多次协同漏洞与渗透性评估和对抗性评估事件。作战人员指挥控制系统网络安全试验如图 12-4 所示。

图 12-4　作战人员指挥控制系统网络安全试验安排

E.8 资源

表 12-4 中给出了作战人员指挥控制系统网络安全试验所需资源。陆军研究实验室的数字包括开发针对该系统的高级网络攻击的资金，如用于填补空中差距。

表 12-4　作战人员指挥控制系统网络安全试验资源

保障单位	2016 财年	2017 财年	2018 财年
陆军研究实验室生存性 / 杀伤性分析处协同漏洞与渗透性评估团队	$x1		
威胁管理办公室对抗性评估团队			$x2

续表

保障单位	2016 财年	2017 财年	2018 财年
陆军研究实验室生存性/杀伤性分析处对抗性评估 PDRR 数据采集			$x3
作战试验机构网络安全试验保障	$x4		$x5
仿真与测量			$x6
陆军研究实验室试验保障	$x7		$x8

E.9 鉴定框架

作战试验机构将使用作战人员指挥控制系统网络安全试验结果来部分判断作战效能、适用性和生存性。这些评估应考虑任何基准试验的结果。作战试验机构将使用表 12-5 的鉴定标准评估关键作战问题 X 下的网络安全。

表 12-5　作战人员指挥控制系统网络安全关键作战问题鉴定准则

指标	标准	最低数据要求
网络 X.1：信息和信息系统保护能力	在系统的网络安全试验期间发现的漏洞和利用是否使该部队执行任务的能力受到威胁？	作战试验鉴定局 2014 年指南附件 A、B 和 C
网络 X.2：网络威胁活动和故障探测能力	配备作战人员指挥控制系统的部队及其防御人员在网络安全试验期间的检测准确性是否足以识别网络威胁活动或故障，使该部队执行任务的能力处于危险之中？	作战试验鉴定局 2014 年指南附件 A 和 C
网络 X.3：网络威胁攻击和故障反应能力	配备作战人员指挥控制系统的部队及其防御人员在网络安全试验过程中提供的解决办法是否足以确保该部队具有在网络威胁活动或故障后执行任务的能力？	作战试验鉴定局 2014 年指南附件 C
网络 X.4：网络威胁攻击或故障后恢复系统的能力	配备作战人员指挥控制系统的部队及其防御人员是否演示了在网络威胁活动或故障后能够恢复系统正常运行并执行任务？	作战试验鉴定局 2014 年指南 附件 A 和 C
网络 X.5：完成使命任务的能力	配备作战人员指挥控制系统的部队能否在存在恶意网络威胁活动时或遇到故障时执行其任务？	作战试验鉴定局 2014 年指南附件 C
网络 X.6：可靠运行以及在网络威胁活动中的维护能力	配备作战人员指挥控制系统的部队能否在网络空间退化的作战背景下可靠地执行其任务并进行维护？	作战试验鉴定局 2014 年指南附件 A、B 和 C
网络 X.7：在网络威胁活动中保持系统完整性以及操作人员安全性的能力	在存在恶意网络活动或发生故障之后，作战人员指挥控制系统能否保持自身的物理完整性和操作人员的物理安全性？	作战试验鉴定局 2014 年指南附件 B 和 C

四、《试验鉴定主计划》附录 E 舰载应用示例

下面以具体的某舰载应用《试验鉴定主计划》附录中的网络安全部分进行示例说明。

注：仅当《试验鉴定主计划》正文中尚未包含以下信息时，才在附录 E 中提供。无需在两个地方都复制网络安全信息。

作战试验机构将按照《采办项目网络安全的作战试验鉴定程序》执行网络安全试验，作为舰载一体化任务系统作战试验鉴定的一部分。在进行这些试验前，舰载一体化任务系统应获得正式签署的操作授权。

E.1. 系统描述

配备舰载一体化任务系统的部队可以使用一体化控制操作员控制台来控制多个系统。舰载一体化任务系统控制台可以访问非密互联网协议路由器网络（NIPRNet）和保密互联网协议路由器网络（SIPRNet）。控制台为安全操作舰艇所需的传感器、武器和系统提供人机界面，包括通过网络访问的可编程逻辑控制器（PLC）和其他用于推进系统和配电系统的工业控制系统。配备有舰载一体化任务系统的部队可以与海军网络防御作战司令部（NCDOC）非密和秘密网络协同工作，发挥网络防御功能。

E.2. 系统威胁

以舰载一体化任务系统为目标的各种具有新生、有限、中等和先进功能的网络对手。对手将试图破坏系统；泄露、侵入或破坏数据；破坏系统运行；在可能的情况下摧毁物理设备。《系统威胁评估报告》和《计算机网络运行顶层威胁评估》（IO 顶层，第 10 卷修订，第二版，2013 年 5 月，DIA-08-1209-908.A.）提供了舰载一体化任务系统的其他网络威胁信息。

E.3. 舰载一体化任务系统体系结构和测试边界

舰载一体化任务系统由舰载服务器、计算机、控制台和其他网络设备组成，这些设备链接非密、秘密飞地（见图 12-5）。在所有 2 个飞地中都有数据库、舰载一体化任务系统服务和面向用户的舰载一体化任务系统控制台服务器。非密舰载一体化任务系统飞地有连接非密互联网协议路由器网络（NIPRNet）、各种传感器、系统、物理介质设备，并通过舰载一体化任务系统控制台发送数据。非密飞地通过经授权的跨域解决方案将信息传输到秘密飞地。

除了通过跨域解决方案传送的非密数据之外，秘密飞地还通过保密互联网协议路由器网络（SIPRNet）、连接的传感器、系统、物理媒介设备接收数据。与非密飞地类似，秘密飞地也具有启用秘密处理和通信的控制台。试验框架、建议的协同漏洞与渗透性评估和对抗性评估测试边界以及舰载一体化任务系统的外部接口如图 12-5 所示。

在典型的操作中，舰载一体化任务系统的网络防御由系统操作员和系统管理员在本地（第 3 层）提供，包括开发承包商提供的持续保障团队。弗吉尼亚州诺福克市的海军网络防御作战司令部是非密和秘密网络的第 2 层计算机网络防御服务商（CNDSP）。

E.4. 协同漏洞与渗透性评估

作战试验机构将联合海军信息战司令部（NIOC）和作战试验鉴定部队司令部（COMOPTEVFOR）网络团队在作战评估期间执行协同漏洞与渗透性评估。海军信息战司令部和作战试验鉴定部队司令部将在具有作战代表性的舰载一体化任务系统上执行协同漏洞与渗透性评估，包括本地网络安全维护人员，例如系统操作员和系统管理员，支持数据收集（例如通过访谈），而舰艇在部署前的整个期间都停泊在港口，舰上系统将开机并持续供电。海军信息战司令部和作战试验鉴定部队司令部将使用认证的工具和流程执行漏洞与渗透性试验，其中包括自动扫描和手动检查。舰载一体化任务系统将激活所有外部接口，海军信息战司令部和作战试验鉴定部队司令部将以内部人员、外部人员和旁观者的视角进行评估活动。建议的测试边界如图 12-5 所示。

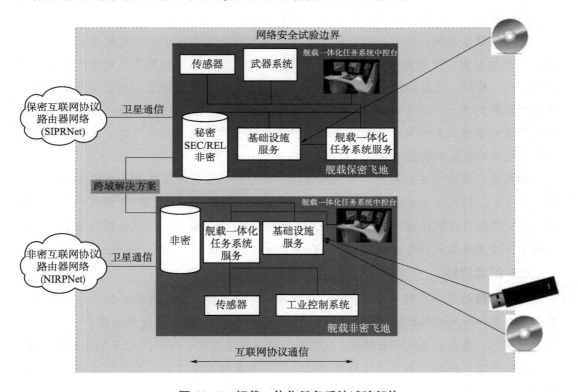

图 12-5 舰载一体化任务系统试验架构

海军信息战司令部和作战试验鉴定部队司令部将至少收集《作战试验鉴定局局长指南》附件 A 和 B 规定的数据。海军信息战司令部和作战试验鉴定部队司令部将在评估后的 45 天内向作战试验鉴定局局长提供完整的报告和所有数据。试验所需的资源列在表12-6。作战试验机构将在执行前 90 天将协同漏洞与渗透性评估试验计划提交给作战试验鉴定局局长批准。

E.5. 对抗性评估

作战试验机构将利用由海军信息战司令部领导的海军信息战司令部和作战试验鉴定部队司令部组合网络团队进行对抗性评估，表征网络威胁。海军信息战司令部是经过国家安全局认证，获得美国网络司令部确认的网络威胁团队。海军信息战司令部和作战试验鉴定部队司令部将使用经认证的工具和流程执行对抗评估，并根据系统威胁评估报告和《国防情报局（DIA）计算机网络运行顶层风险评估》来表征网络威胁（内部、旁侧和外部）。作战试验机构将在舰载一体化任务系统运行的背景下进行评估，并提供代表性数据源、网络流量和外部接口连接；建议的测试边界如图 12-5 所示。该评估将包括代表性的网络防御，包括本地用户和管理员功能，并将评估配备有舰载一体化任务系统并与第 2 层计算机网络服务商、海军网络防御作战司令部互操作的部队的检测和反应能力。由于系统的复杂性和网络防御能力的范围，因此评估期需要延长。

在对抗评估期间，作战试验机构要至少收集和报告《作战试验鉴定局局长指南》附件 C 规定的数据，这些数据要求经过培训数据采集人员在本地和第 2 层网络防御位置采集的保护、检测、反应和还原（PDRR）数据，任务效果将直接测量。但是，如果可能干扰真实世界的活动，则作战试验机构将通过独立的技术专家根据对抗性评估期间的攻击详细信息来鉴定任务效果。这些技术专家将考虑攻击的影响，演示网络防御者对任务线程和相关系统性能参数的响应。

如果网络防御者未检测到恶意网络活动，则作战试验机构将注入一个或多个检测方案（白卡），以评估活动的反应和响应链。作战试验机构将在执行前 90 天向作战试验鉴定局局长提交对抗性评估计划进行审批，在评估后 45 天内提供网络试验团队报告，以及根据《作战试验鉴定局局长指南》附件 C 要求收集的数据。

E.6 试验边界

因为试验必定会取消平台的认证，协同漏洞与渗透性评估和对抗性评估都将在港口进行。船员将使用模拟数据源执行任务，在对抗评估期间收集任务效果数据。

如果担心船员安全或设备损坏，则在船上评估任何系统（例如 PLC 等工业控制系统）时，将对这些系统进行独立的实验室测试。这些数据将包含在协同漏洞与渗透性评估报告中，基于发现的网络利用将在对抗评估中作为"白卡"。

E.7 进度安排

如果《试验鉴定主计划》主体中的一体化试验计划中未标明协同漏洞与渗透性评估和对抗性评估计划，则应将它们包含在附录中。为了支持里程碑和生产决策，可能需要完成多次协同漏洞与渗透性评估和对抗性评估活动。网络安全试验安排如图 12-6 所示。

2016财年				2017财年				2018财年			
第1季度	第2季度	第3季度	第4季度	第1季度	第2季度	第3季度	第4季度	第1季度	第2季度	第3季度	第4季度

图 12-6　网络安全试验安排

E.8 资源

表 12-6 中列出了舰载一体化任务系统网络安全试验所需资源。海军信息战司令部和作战试验鉴定部队司令部的协同漏洞与渗透性评估团队和海军研究实验室的资金包括用于开发针对该系统的高级网络攻击的部分，例如用于 PLC。

表 12-6　舰载一体化任务系统网络安全试验资源

保障单位	2016 财年	2017 财年	2018 财年
海军信息战司令部和作战试验鉴定部队司令部协同漏洞与渗透性评估团队	$x1		
海军信息战司令部和作战试验鉴定部队司令部对抗性评估团队			$x2
作战试验机构对抗性评估 PDRR 数据采集			$x3
作战试验机构网络安全试验保障	$x4		$x5
仿真和测量			$x6
海军研究实验室试验保障	$x7		$x8

E.9 鉴定框架

作战试验机构将使用舰载一体化任务系统网络安全试验结果来部分判断作战效能、适用性和生存性。这些评估应考虑任何基准试验的结果。作战试验机构将使用表 12-7 所示的鉴定标准评估关键作战问题 X 下的网络安全。

表 12-7　舰载一体化任务系统网络安全关键作战问题鉴定准则

指标	标准	最低数据要求
网络 X.1：信息和信息系统保护能力	在系统的网络安全试验期间发现的漏洞和利用是否使该部队执行任务的能力受到威胁？	作战试验鉴定局 2014 年指南附件 A、B 和 C
网络 X.2：网络威胁活动和故障探测能力	配备舰载一体化任务系统的部队及其防御人员在网络安全试验期间的检测准确性能否足以识别网络威胁活动或故障，使该部队执行任务的能力处于危险之中？	作战试验鉴定局 2014 年指南附件 A 和 C

续表

指标	标准	最低数据要求
网络 X.3：网络威胁攻击和故障的反应能力	配备舰载一体化任务系统的部队及其防御人员在网络安全试验过程中提供的解决办法能否足以确保该部队具有在网络威胁活动或故障后执行任务的能力？	作战试验鉴定局 2014 年指南附件 C
网络 X.4：网络威胁攻击和故障后恢复系统的能力	配备舰载一体化任务系统的部队及其防御人员是否演示了在网络威胁活动或故障后能够恢复系统正常运行并执行任务？	作战试验鉴定局 2014 年指南附件 A 和 C
网络 X.5：完成使命任务的能力	配备舰载一体化任务系统的部队能否在存在恶意网络威胁活动时或遇到故障时执行其任务？	作战试验鉴定局 2014 年指南附件 C
网络 X.6：可靠运行以及在网络威胁活动中的维护能力	配备舰载一体化任务系统的部队能否在网络空间退化的作战背景下可靠地执行其任务并进行维护？	作战试验鉴定局 2014 年指南附件 A、B 和 C
网络 X.7：在网络威胁活动中保持系统完整性以及操作人员安全性的能力	在存在恶意网络活动或发生故障之后，舰载一体化任务系统能否保持自身的物理完整性和操作人员的物理安全性？	作战试验鉴定局 2014 年指南附件 B 和 C

五、《试验鉴定主计划》附录 E 战术飞机示例

下面以具体的某舰载系统《试验鉴定主计划》附录中的网络安全部分进行示例说明。

注：仅当《试验鉴定主计划》正文中尚未包含以下信息时，才在附录 E 中提供。无需在两个地方都复制网络安全信息。

作战试验机构将按照 2014 年 8 月 1 日生效的《作战试验鉴定局局长指南》执行网络安全试验，作为战术空中平台系统作战试验鉴定的一部分。在进行这些试验前，战术空中平台系统应获得正式签署的操作授权。

E.1. 系统描述

装备战术空中平台系统的部队执行武装侦察任务，并向操作员提供多种传感器和武器，用于侦察和与各种敌人交战。系统使用多个外部数据链接实现飞行中的数字通信，下面将对其进行详细介绍。配备战术空中平台系统的部队与第 24 空军进行互操作，执行网络防御功能。

E.2. 系统威胁

以战术空中平台系统为目标的各种具有新生、有限、中等和先进功能的网络对手。对手将试图破坏系统；泄露、侵入或破坏数据；破坏系统运行；在可能的情况下摧毁物理设备。《战术空中平台系统的系统威胁评估报告》和《计算机网络运营顶层威胁评估》

（IO 顶层，第 10 卷修订，第二版，2013 年 5 月，DIA-08-1209-908.A.）提供了战术空中平台系统的其他网络威胁信息。

E.3. 战术空中平台系统体系结构和试验边界

战术空中平台系统集成了传感器、武器、推进系统、计算机、各种显示器、控件系统、外部数据链路（视频、卫星通信）和机载的其他联网设备（见图 12-7）。与战术空中平台系统连接的系统包括任务计划和维护系统。通信包括 IP 和 1553 数据总线流量，某些部件使用这两种方式进行通信。包括非密互联网协议路由器网络在内的外部数据源提供战术空中平台系统的维护和任务计划组件所使用的数据。协同漏洞与渗透性评估以及对抗性评估所建议的试验边界，战术空中平台系统的外部接口，以及该系统的架构，具体见图 12-7。

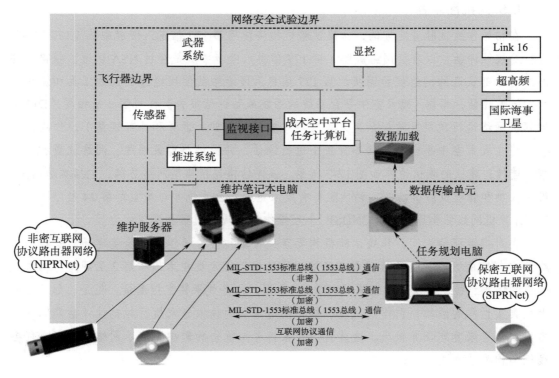

图 12-7 战术空中平台系统试验架构

在典型的操作中，战术空中平台系统的网络防御是由系统操作员、维护人员、系统管理员在本地（第 3 层）实现的，其中包括开发承包商提供的持续保障。位于得克萨斯州圣安东尼奥市的第 24 空军是第 2 层战术空中平台系统的计算机网络防御服务商（CNDSP）。

E.4. 协同漏洞与渗透性评估

作战试验机构将在作战评估期间通过第 92 信息战中队（92 IOS）网络团队来执行协

同漏洞与渗透性评估。第 92 信息战中队将在典型战术空中平台系统上执行协同漏洞与渗透性评估，包括本地网络安全维护人员，例如系统操作员、维护人员和系统管理员，支持数据采集（例如通过访谈），而飞机则在飞行中保持所有系统供电和正常使用。第 92 信息战中队将使用经过认证的工具和流程执行协同漏洞与渗透性测试，包括自动扫描和手动检查。战术空中平台系统将激活所有外部接口，第 92 信息战中队将以内部人员、外部人员和近旁人员的角度进行评估活动，建议的测试边界如图 12-7 所示。第 92 信息战中队至少收集和报告《作战试验鉴定局局长指南》附件 A 和 B 规定的数据。第 92 信息战中队将在评估后的 45 天内向作战试验鉴定局局长提供完整的报告和所有数据。试验所需的资源列在表 12-8 中。作战试验机构将在执行前 90 天将协同漏洞与渗透性评估试验计划提交给作战试验鉴定局局长进行审批。

E.5. 对抗性评估

在初始作战试验鉴定期间，作战试验机构将使用第 177 信息入侵者中队（177 IAS）进行对抗性评估，以表征网络威胁。第 177 信息入侵者中队是经过 NSA 认证，获得美国网络司令部认证的网络威胁团队。第 177 信息入侵者中队使用经过认证的工具和流程执行对抗性评估，根据《战术空中平台系统的系统威胁评估报告》和《国防情报局（DIA）计算机网络运行顶层风险评估》来表征网络威胁（内部、近旁和外部视角）。作战试验机构将在战术空中平台系统任务背景下进行评估，并提供典型数据源、网络流量和外部接口连接；建议的测试边界如图 12-7 所示。该评估将包括典型网络防御，包括本地用户、维护人员和管理员防御功能，评估配备有战术空中平台系统并与美空军第 24 航空队［第 2 层计算机网络防御服务商（CNDSP）］互操作的部队的侦察和反应能力。

在对抗性评估期间，作战试验机构要至少收集和报告《作战试验鉴定局局长指南》附件 C 规定的数据，这些数据要求经培训的数据采集人员在本地和第 2 层网络防御位置采集的保护、检测、反应和还原（PDRR）数据，任务效果将直接测量。但是，如果可能干扰真实世界的活动，则作战试验机构将使用独立的技术专家执行对抗性评估期间的攻击详细信息来鉴定任务效果。这些技术专家将考虑攻击的影响，演示网络防御者对任务线程和相关系统性能参数的响应。

如果网络防御者未检测到恶意网络活动，则作战试验机构将注入一个或多个检测方案（白卡），以评估活动的反应和响应链。作战试验机构将在执行前 90 天向作战试验鉴定局局长提交对抗性评估计划进行审批，在评估后 45 天内提供网络试验团队报告，以及根据《作战试验鉴定局局长指南》附件 C 要求收集的数据。

E.6 试验边界

协同漏洞与渗透性评估和对抗性评估都将在地面上进行以确保人身安全。此后的与飞行操作有关的飞行安全问题将不会限制试验，因为在协同漏洞与渗透性评估和对抗性评估之后，都会对平台进行重新成像和重新认证（此过程将支持对数据进行还原评估）。系统操作员将使用模拟数据执行任务，收集对抗性评估期间影响任务的数据。

如果担心设备损坏，无法评估飞机上的任何系统（例如航空电子设备），将对这些系统进行独立的实验室测试。这些数据将包含在协同漏洞与渗透性评估报告中，基于发现的网络利用将在对抗评估中作为"白卡"。

E.7 进度安排

如果《试验鉴定主计划》主体中的一体化试验计划中未标明协同漏洞与渗透性评估和对抗性评估计划，则应将它们包括在附录中。为了支持里程碑和生产决策，可能需要完成多次协同漏洞与渗透性评估和对抗性评估事件。战术空中平台系统网络安全试验安排如图 12-8 所示。

图 12-8　战术空中平台系统网络安全试验安排

E.8 资源

表 12-8 中列出了战术空中平台系统网络安全试验所需的资源。第 92 信息战中队协同漏洞与渗透性评估团队和空军研究实验室的经费包括用于开发针对该系统的先进网络攻击的资金，例如用于 1553 总线上的子系统。

表 12-8　战术空中平台系统网络安全试验资源

保障单位	2016 财年	2017 财年	2018 财年
92 IOS 协同漏洞与渗透性评估团队	$x1		
177 IAS 对抗性评估团队			$x2
作战试验机构对抗评估 PDRR 数据采集性			$x3
作战试验机构网络安全试验保障	$x4		$x5
仿真和测量			$x6
空军研究实验室试验保障	$x7		$x8

E.9 鉴定结构

作战试验机构将使用战术空中平台系统网络安全试验结果来部分判断作战效能、适用性和生存性。这些评估应考虑任何基准试验的结果。作战试验机构将使用表 12-9 的鉴定标准评估关键作战问题 X 下的网络安全。

表 12-9　战术空中平台系统网络安全关键作战问题鉴定准则

指标	标准	最低数据要求
网络 X.1：信息和信息系统保护能力	在系统的网络安全试验期间发现的漏洞和利用是否使该部队执行任务的能力受到威胁？	作战试验鉴定局 2014 年指南附件 A、B 和 C
网络 X.2：网络威胁活动和故障探测能力	配备战术空中平台系统的部队及其防御人员在网络安全试验期间的检测准确性能否足以识别网络威胁活动或故障，使该部队执行任务的能力处于危险之中？	作战试验鉴定局 2014 年指南附件 A 和 C
网络 X.3：网络威胁攻击和故障的反应能力	配备战术空中平台系统的单位及其防御人员在网络安全试验过程中提供的解决办法是否足以确保该部队具有在网络威胁活动或故障后执行任务的能力？	作战试验鉴定局 2014 年指南附件 C
网络 X.4：网络威胁攻击或故障后恢复系统的能力	配备战术空中平台系统的部队及其防御人员是否演示了在网络威胁活动或故障后能够恢复系统正常运行并执行任务？	作战试验鉴定局 2014 年指南附件 A 和 C
网络 X.5：完成使命任务的能力	配备战术空中平台系统的部队能否在存在恶意网络威胁活动时或遇到故障时执行其任务？	作战试验鉴定局 2014 年指南附件 C
网络 X.6：可靠运行以及在网络威胁活动中的维护能力	配备战术空中平台系统的单位能否在网络空间退化的作战背景下可靠地执行其任务并进行维护？	作战试验鉴定局 2014 年指南附件 A、B 和 C
网络 X.7：在网络威胁活动中保持系统完整性以及操作人员安全性的能力	在存在恶意网络活动或发生故障之后，战术空中平台系统能否保持自身的物理完整性和操作人员的物理安全性？	作战试验鉴定局 2014 年指南附件 B 和 C

第 13 章 可靠性示例

一、可靠性增长

（一）可靠性增长概述

美国防部系统全寿命周期成本主要都消耗在使用与保障阶段，其中使用维护成本一般由不可靠因素导致。装备系统可靠性越高，战场使用和维护成本就越低。在当今高度复杂的装备系统中，可靠性的小幅降低可能意味着增加巨额成本，而对可靠性增长的一小笔投资则可以显著降低使用维护成本。

聚焦可靠性增长的全面可靠性计划对于研制和采办高可靠性系统至关重要。项目从启动就应该制定并记录全面的可靠性、可用性和维修性计划。该计划采用适当的可靠性增长策略来提高可靠性、可用性和维修性，直到满足用户要求为止。可靠性增长计划应详细记录在系统工程计划（SEP）中。此外，试验策略所包含的关键系统工程和设计活动应包括在《试验鉴定主计划》中。

（二）美军《试验鉴定主计划》的可靠性计划要素

美军《试验鉴定主计划》必须综述可靠性增长计划，以及评估和监测可靠性增长计划所需的试验，包括可靠性试验活动的设计。在审查《试验鉴定主计划》的可靠性部分时，国防部作战试验鉴定局要检查以下要素：

1）检查支持可靠性增长计划的重要工程活动，包括有[①]：

a）对部件和子系统的可靠性分配；

b）可靠性框图（或软件密集型系统的系统架构）和预测；

---

① 应在相关参考资料中更详细地讨论关键工程活动。《试验鉴定主计划》中应给出引用的支撑信息，例如《系统工程计划》或《可靠性计划》。

c）故障定义和评分标准（FDSC）；

d）失效模式、影响和危险度分析（FMECA）；

e）系统环境负荷和预期使用包线；

f）针对可靠性的专门试验活动，如加速寿命试验、可维修性和内置测试演示；

g）在系统和子系统级别的可靠性增长试验；

h）设计、开发、生产和维护一个故障报告分析与纠正措施系统（FRACAS）。

2）检查系统的可靠性增长计划，包括：

a）系统可靠性的初步估算，说明估算值如何得出；

b）演示可靠性增长策略的可靠性增长计划曲线（RGPC），包括假定模型参数（例如修复效果因子、管理策略）的合理性；

c）合理估算表面失效模式和提高可靠性所需的试验量；

d）充足的资金来源和计划周期来实施纠正措施和试验活动，并确认措施效果；

e）在整个试验过程中，通过可靠性增长跟踪曲线（RGTC）跟踪故障数据（按故障模式）的方法，支持对趋势和可靠性指标变化的分析；

f）确认可靠性增长曲线与生成可靠性跟踪曲线采用的故障定义和评分标准是相同的；

g）每个试验阶段的进入和退出标准——操作特性（OC）曲线，该曲线显示根据可靠性需求评估进展可接受的试验风险（用户和生产者的风险）。风险应与可靠性增长目标有关。操作特性曲线的更多信息，可参阅《可靠性试验计划指南》。

3）作战试验鉴定局局长没有可接受试验风险的默认标准，其选择试验风险的理由应从每个项目细节中得出。

4）检查资源需求（包括试验品和消耗品）反映了进行所有可靠性试验鉴定活动的最佳估计，以及可接受的试验风险。

在整个采办流程中，应该对可靠性进行测量、监测和报告。可靠性测量和估计应记录在可靠性增长跟踪曲线上，并与可靠性增长计划曲线进行比较。不符合入口和出口标准的系统应修改可靠性增长策略，正确反映当前系统可靠性。必要时，在完成全速率生产（FRP）决策并投入使用之前应继续提高可靠性，直到满足可靠性、可用性、维修性需求为止。即使在满足要求之后，也应采取措施监测其可靠性。

5）可靠性增长曲线（见图13-1）。主要功能包括理想曲线、重要采办活动、纠正措施周期（CAP）。纠正措施周期是系统针对识别的故障模式进行改进的预计时间段。在纠正措施周期之间，是与《试验鉴定主计划》中的试验阶段和采办决策里程碑相对应的试验阶段。

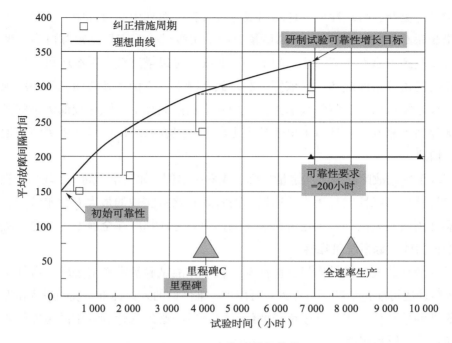

图 13-1 可靠性增长曲线

注意，曲线包括从研制试验可靠性增长目标到作战试验可靠性增长目标的调整，这个调整本身要高于需求。其中应包含设计余量，以确保满足需求。较大的设计裕度可明显提高在计划的初始作战试验鉴定期间以统计置信度证明满足需求的可能性。

（三）可靠性增长的文档编制方法

下面将国防部系统分为三大类，讨论《试验鉴定主计划》中可靠性增长的文档编制方法：1）不包含软件的纯硬件系统（子弹、单兵防护设备）；2）混合系统，包含软件、硬件和人机界面的组合，关键功能是硬件和软件子系统（复杂的地面战斗车辆、飞机和舰船）的结合；3）具有大量冗余的软件密集型系统，这些冗余导致硬件的高可靠性（或硬件不是系统的组成部分），而软件可靠性成为限制因素（安全关键系统、自动化信息系统以及某些空间系统）。

（1）纯硬件系统及混合系统

美陆军装备系统分析局根据预测方法学（PM2）或 Crow 扩展模型设计了规划模型，可根据这些规划模型来设计硬件和混合系统的系统级可靠性增长。通过这些模型，项目管理人员能够建立与时间（或距离、使用周期等）关联的真实可靠性增长曲线，提供阶段性可靠性目标，作为可靠性评估的基准。

《试验鉴定主计划》中应包括可靠性增长计划曲线，反映可靠性增长策略。可靠性增长计划曲线必须包含在《试验鉴定主计划》（从里程碑 B 开始）中，并在随后的每个里程碑中进行更新。可靠性增长计划曲线应包含在一系列中间目标中，项目通过适当的可靠性增长跟踪曲线（RGTC）和高度集成的系统级试验鉴定活动跟踪可靠性增长计划曲线，直到达到可靠性阈值为止。如果一条曲线不足以描述整个系统的可靠性，则应为关键子系统提供多条曲线和选择依据。在多数情况下，应构造多条曲线来跟踪顶层可靠性指标（如系统退出）和较低级别指标（如基本功能故障）。跟踪较低级别的指标可以更精细地评估可靠性，并且由于出现频率更高，可以在系统试验早期就更清楚地显示可靠性增长情况。

使用基于平均故障间隔时间定量指标（或寿命单位，如英里、周期、轮次、操作等）的项目应计算出可靠性增长潜力（通过当前管理策略可实现的最大寿命单位），以确保达到可靠性阈值。无论是否满足可靠性要求，项目主任都应在全速率生产之后继续通过可靠性增长曲线跟踪系统可靠性。

可靠性增长曲线应记录作战试验活动，每个作战试验活动都应关联阶段性可靠性目标。这些活动还可能包括基于可靠性、可用性、维修性的入口标准，说明进入试验之前，系统可靠性的估计值等于或高于增长曲线，或者系统必须先达到一定的可靠性水平，然后才能通过采办里程碑审查。

在里程碑 C，应根据可靠性跟踪曲线当前状态结果更新可靠性增长计划曲线，并用最新信息（包括当前的可靠性估计值）更新可靠性计划。《试验鉴定主计划》应描述关键故障模式及其处理方式。里程碑 C 之后的《试验鉴定主计划》必须根据需要进行更新，从而可以在部署后继续进行可靠性监测和可靠性增长，直到被接收的军种终止。

对于混合系统，除了可靠性增长曲线外，《试验鉴定主计划》（或《试验鉴定主计划》中的相关参考文献）还应包含一个对硬件故障和软件故障进行分类的计划，一个跟踪可靠性跟踪曲线上软件故障的计划，以及一个明确针对软件故障修复情况的回归试验计划。

（2）软件密集型系统

软件密集型系统必须通过提供可靠性增长计划曲线（RGPC）或可靠性增长跟踪曲线（RGTC）来解决可靠性增长问题。如果可靠性增长计划曲线适合该项目，则《试验鉴定主计划》应基于相关方法提供可靠性增长曲线。Crow 扩展模型和陆军装备系统分析局的投影方法（PM2）模型是两个值得推荐的可靠性增长计划模型。如果使用可靠性增长跟踪曲线，项目应遵循混合系统的指南。可靠性增长跟踪曲线可能更适合以软件为主的软件密集型系统。应根据项目情况选择合适的曲线包含在《试验鉴定主计划》中。

如果项目适合采用可靠性增长跟踪曲线，则《试验鉴定主计划》应给出一个软件故障分类计划；一旦可用，就应提供软件故障的可靠性跟踪曲线（试验时间内的系统故障图），并随时间更新。此外，应讨论软件故障修复情况的回归试验计划。

从里程碑 A 开始的所有软件密集型系统都应制定一个计划在关键决策点上定义系统可靠性的进入和退出标准，跟踪整个采办开发全寿命周期中的软件可靠性。软件可靠性增长曲线为基于之前试验数据预测可靠性提供了一种严格的方法。

IEEE 1633™–2008《关于软件可靠性的推荐实践》附件 F 给出了一种三步骤方法，用软件可靠性增长模型来计划、跟踪和预测软件密集型系统的软件可靠性增长，从详细设计到设计、分析、编码和试验。有关此方法的更多信息，参见作战试验鉴定局局长工作组软件可靠性增长页面。

（四）可靠性增长示例（"达科塔"直升机）

3.3.2 可靠性增长（或附件 F）

"达科塔"直升机通过设计、材料或制造方面的有效改进，系统地消除了故障模式而实现可靠性增长。"达科塔"直升机可靠性的增长计划始于项目启动，并一直持续到生产阶段。可靠性增长不仅可以通过实验室和飞行试验来实现，还可以通过设计分析、生产经验和作战经验来实现。

为实现可靠性增长目标，试验计划包括：1）通过试验发现可靠性问题；2）建立故障报告、分析和纠正措施系统（FRACAS），识别故障的根本原因和纠正措施；3）在适当的时候采取纠正措施；4）在所有试验阶段中持续监测纠正措施和系统可靠性。

将使用研制飞行试验、后勤演示和作战试验数据不断评估"达科塔"直升机的可靠性、可用性、维修性。将根据可靠性增长曲线预估项目决策点达到的可靠性阈值跟踪"达科塔"直升机可靠性增长。"达科塔"直升机可靠性增长计划的重点是识别新出现和现有故障模式，以及修复硬件和软件故障。由政府和承包商组成的故障审查委员会将每月召开一次会议，讨论故障报告、分析系统数据和纠正措施，判断根本原因，提出改进建议和验证方法。一旦改进措施通过验证并被采用，其效果将持续受到监控，评估其对可靠性增长的影响。

可靠性、可用性、维修性评分会议将每季度举行一次。使用批准的"达科塔"直升机故障定义 / 评分标准对所有可靠性、可用性、维修性数据进行评分，该标准遵照作战试验鉴定局局长发布的《独立作战试验鉴定适应性评估指南》。可靠性、可用性、维修性评分会议的投票成员是装备开发机构、作战开发机构、鉴定机构，但是，对最终作战适应性的鉴定将由独立鉴定机构投票决定。试验人员和技术支持人员可以以咨询身份为评分会议提供支持。

可靠性增长计划的目标是使用初始作战试验鉴定的数据以 80% 的置信度演示 17 小时平均故障间隔时间全速率生产要求。为了证明在里程碑 C 时可以实现可靠性增长目标，项目将试图在有限用户试验期间证明平均故障间隔时间为 20 小时。与这个可靠性增长计划相对应的研制目标是通过纠正措施解决初始故障率的 80%，平均修复效果系数为 70%。"达科塔"直升机平均故障时间可靠性增长计划曲线如图 13-2 所示。

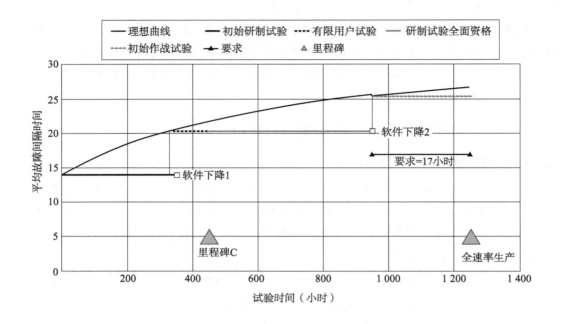

图 13-2　"达科塔"直升机平均故障时间可靠性增长计划曲线

可靠性增长计划包括两个纠正措施阶段对研制试验飞行中观察到的可靠性缺陷采取纠正措施。预计在第一个纠正措施周期之前大约有 9 个 B 模式故障，在第二个纠正措施周期之前预计有另外 5 个 B 模式故障。在有限用户试验之前有一个重要软件版本，在初始作战试验鉴定之前有一个重要软件版本。研制试验中发现的大多数纠正措施将在这些软件版本中实现。如果在初始作战试验期间实际平均故障间隔时间为 26 小时，则"达科塔"直升机 73% 的可能以 80% 的置信度满足其 17 小时的要求。支持可靠性增长的预期飞行时间如表 13-1 所示。

表 13-1　支持可靠性增长的预期飞行时间

试验类型	试验飞行时长（小时）	累计飞行时长（小时）
初始研制试验	350	350
有限用户试验	100	450
研制试验全面资格	500	950
初始作战试验	300	1250

二、舰船可靠性增长

（一）舰船可靠性增长的特殊性

美军已经普遍认同并确立了重大国防采办项目（MDAP）可靠性增长计划的必要性，但对美海军的舰船项目是否受此类要求的约束颇有争议。

美军内部有观点认为，美海军严格监督舰船建造和交付前试验，舰船交付不太可能出现严重的可靠性问题；而新舰船通常由众多成熟而可靠的技术（例如船体、机械和推进系统）组成，因此舰船可靠性差的风险几乎不存在。

但美军在近年来的一些舰船初始作战试验鉴定中发现，舰船采办项目也面临着同样的可靠性问题，包括成熟系统的可靠性问题。舰船可能与其他类型的采办项目有所不同，但都需要解决可靠性问题。舰船采办项目的《试验鉴定主计划》必须涵盖并记录可靠性增长计划的主要内容。

（二）新研舰船项目的可靠性增长计划

新研舰船项目可靠性增长计划主要有以下步骤：

1）根据舰船主要使命任务背景，尽早确定舰船的关键系统。这项工作通常已经在详细设计阶段的早期完成，支持舰船的生存性研究。

2）明确舰船的总体可靠性、可用性需求如何体现在关键系统的可靠性上。需要构建可靠性框图并进行建模与仿真。

3）开始建造后，要在工厂、船坞、舰队其他地方测量关键系统的可靠性，以验证关键系统可靠性是否支持舰船整体可靠性要求。

4）在故障报告、分析和纠正措施系统中记录故障，根据需要采取纠正措施，并继续监控可靠性。

5）交付时，继续收集可靠性数据并验证总体可靠性是否符合初始作战试验鉴定的可靠性要求。

6）通过初始作战试验鉴定确认系统可靠性，用测得的关键系统可靠性数据（而不是技术规范中的可靠性数据）重新运行建模与仿真。建模与仿真的验证、校核和确认应包括检查建模与仿真假设，确保不会忽略关键系统，并验证可靠性框图是否正确。

（三）成熟舰船项目的可靠性增长

很多舰船项目启动时，美国防部往往没有对可靠性增长提出明确要求，其舰船项目编制的《试验鉴定主计划》也没有包含可靠性增长计划。这种情况下，应实施与上述新启动舰船项目相似的策略：

1）使用舰队标准将整体可靠性要求对应到关键系统可靠性，确定系统故障是否等同于舰船故障［如资源级训练系统的状态（SORTS）等级］。这种支持舰船的生存性研究分析可能已经进行。

2）尽可能收集关键系统可靠性数据（如使用同一系统的其他舰船），与试验鉴定利益相关者定期审查所采集的数据。

3）交付舰船后，尽可能对照可靠性总体要求收集关键系统上的可靠性数据。

4）在进行初始作战试验鉴定之前改进可靠性不足的问题。

5）通过初始作战试验鉴定收集数据，用测量到的部件可靠性更新建模与仿真，判断舰船是否满足可靠性要求。对建模与仿真的验证、校核和确认应包括假设审查，确保不会忽略关键系统，并验证可靠性框图的正确性。

（四）舰船《试验鉴定主计划》的可靠性增长内容

美新建海军舰船项目的《试验鉴定主计划》除必须包含描述上述步骤的内容外，还必须包含用于收集和分析可靠性数据的资源。此外，《试验鉴定主计划》必须包含对评估可靠性的建模与仿真的验证、校核和确认资源。如果舰船制定了可靠性增长计划，则必须像其他采办项目一样，在《试验鉴定主计划》中对其进行记录。

（五）舰船可靠性增长——成熟舰船项目示例

项目主任负责提供功能齐全的政府专用设备（GFE）安装到船上。政府专用设备系统是正式采办项目，并已完成作战试验。安装到船上后，将执行生产和交付后试验，以确保设备和系统正确集成，可以满足任务需求。

对推进和配电系统进行的可靠性、维修性、可用性分析表明，该舰将达到《能力开发文件》Ao 的要求。这个分析是通过海军海上系统司令部的 TIGER 计算机仿真程序完成的。TIGER 程序基于蒙特卡洛模拟技术，为分析人员提供确定系统可靠性、可用性、战备完好性预测功能。分析结果写入《船体、机电（HM & E）系统的可靠性、可用性、维修性分析》（海军水面作战中心卡德洛克分部）报告中。TIGER 模型使用了由舰船项目办公室根据项目文件（《能力开发文件》《作战构想》等）开发的 180 天设计参考使命（DRM）。

TIGER 模型识别 4 个关键系统，实现推进和配电 Ao 分别为 0.85（阈值）和 0.95（目标）的要求。4 个关键系统是：

· 主推进系统
· 辅助推进系统

· 舰船伺服柴油发电机

· 机械控制系统

项目办公室将跟踪 4 个关键系统和以下 3 个附加任务必需系统的可靠性：

· 加热、通风和空调（HVAC）系统

· 制冷系统

· 货物和飞机升降机

在舰上完成了全面的生产试验，确认造船厂是否遵守合同可靠性规定和规格。此外，生产试验还将试验政府专用设备是否正确安装和集成。验收前的生产试验将在造船厂进行，由政府试验团队监督。海上试验考核整个系统在足够长的时间或周期内的运行，作为可靠性指标鉴定的一部分。

海上试验将在海军接收之前进行，随后继续进行交付后试验和试用期。海上累计航行小时数不足以从统计学上验证平均故障间隔时间。要求造船厂在保修期内分析和纠正所有早期故障。通过技术支持管理（TSM）工具中的试用卡，可以输入并跟踪保修期内识别的系统和设备差异。舰艇交付之前，由海军检查和检验局（INSURV）进行验收试验，在纠正缺陷后，海军接收交付的舰艇并承担维护责任。

交付海军后的保修期内，海军将继续通过技术支持管理工具的试用卡输入和跟踪所有系统和设备的差异。维护数据也输入到海军 3M 维护系统中。最终合同试验（FCT）将在保修期结束之前由海军检查和检验局组织实施，确认该舰的战备完好性能够支持作战任务。

该舰是现有型号改进型，因此其中包括：1）现有船体设计/电气改造；2）对指挥、控制、通信、计算机、情报（C4I）和作战系统进行了改造（每项工作都是正式采办项目）。该舰将通过海军水面作战中心科罗那分部维护的海军作战部长办公室装备战备数据库（MRDB），以及通过开放式架构检索系统（OARS）的数据来跟踪所选通用零件（在新级别和现有级别之间）和设备的可靠性。

主语并继续鉴定现有级别确定的设计或设备缺陷；并在可行的情况下对新级别进行设计修改。交付后，继续跟踪舰艇可靠性。对于后续舰艇，将继续收集数据工作来识别和鉴定缺陷。

每次试验后，将收集可靠性数据发布到海军海上系统司令部综合文件管理系统（CDMS）上的通用试验鉴定数据存储库中。

数据分析工作组（主题专家评分委员会）将根据需要召集以对可靠性数据进行评价和分析，确保采用统一数据规则对其进行鉴定。项目办公室、一体化作战系统项目执行办公室、作战试验鉴定局局长和海军作战试验鉴定部队负责技术专家的提名。

（六）舰船可靠性增长——新型舰艇示例

以美海军 ABC 10 级舰艇可靠性增长为例，ABC 10 级是美海军"不可靠"（ABC 1）级舰的替代舰。

（1）可靠性增长策略

ABC 10 级舰艇可靠性增长策略是根据美军标 MIL-HDBK-189C《国防部可靠性增长管理手册》而制定的。制定 ABC 10 级可靠性增长策略的目的是吸取原有 ABC 1 级舰艇项目的经验教训。ABC 1 级舰艇已经确定了故障模式，其修复方法应用于 ABC 10 级舰艇。此外，用于建造此型舰艇的大多数设备都经过多年的可靠性验证。

可靠性增长策略利用关键设备、综合子系统、全舰试验来评估可靠性、可用性和维修性。这些关键设备有望成为 ABC 10 级舰艇可靠性增长关键驱动因素，其中包括：主发动机、推进子系统、C4N 硬件和软件、辅助和电气设备发电子系统。可靠性增长策略将重点放在这些关键系统上。设备级试验可在项目早期发现并纠正设计缺陷。可靠性框图和仿真工具（Raptor 可靠性仿真软件）用于确定所选关键设备（主发动机、辅助动力装置等）的可靠性要求。项目已经设计了设备级可靠性增长曲线，用于监测设备级试验期间的可靠性增长。预计关键设备故障将占该舰全部故障的 58%（参阅《ABC 10 级舰可靠性、可用性、维修性预测和分析报告》）。

可靠性计划中将详细描述造船的可靠性、可用性、维修性程序。关键要素包括：

· 组件级 / 系统级可靠性、可用性、维修性建模的开发和分析

· 实现可靠性、可用性、维修性的预测和分配，包括造船厂或供应商采购规范中的可靠性、可用性、维修性定量要求

· 进行失效模式、影响和临界度分析（FMECA）

· 选择设备组件时，开发并应用操作和环境寿命周期载荷

· 维修性演示

· 实现一个故障报告、分析和纠正措施系统（FRACAS）

· 建立政府牵头的故障报告委员会（FRB）

· 实施设备级和全舰级可靠性增长试验

（2）关键设备

为了充分评估关键设备的可靠性，为 ABC 10 级舰 5 个关键系统安排了适当的试验。表 13-2 列出了每个关键系统可靠性试验的专用时长。已经在设备级别安排了足够的试验时间来发现和修复设备级别的故障。

表 13-2　预先设计到初始作战试验鉴定各舰可靠性试验时长

系统	舰上安装之前系统累计时长		每舰数量	累计全舰级试验	
	ABC 10 级舰艇项目之前试验完成的运行时长	上舰安装前在船厂进行系统试验		承包商试验时长（小时）	政府试验时长（小时）
主发动机	10200	1416	4	960	960
推进系统		104	2	480	480
C4N 系统		1210	1	240	240
辅助系统	500	1204	1	240	240
发电机	1000	304	2	480	480

为了建立全舰可靠性增长模型，用设备级试验确定进入造船厂全舰级试验阶段的初始全舰平均故障间隔时间，确定成功的造船厂和政府试验所需的管理策略，以及确定支持相应的平均故障间隔时间阈值要求的能力。

目标是在 ABC 10 级舰行进过程中，将有效平均故障间隔时间提升至 32.5 小时。有效全舰平均故障间隔时间（又称为阈值平均故障间隔时间）的推导过程如下所述。尽管将 32.5 小时的航行水平平均故障间隔时间来衡量舰艇的可靠性增长，但所有试验阶段的可靠性数据仍将记录。

（3）行进中的平均故障间隔时间

表 13-3 中描述了设计参考任务包线的 6 个阶段。从可靠性角度来看，重点任务阶段是任务阶段 B 和 C，期间该船实际上正在行进中。因此，行进阶段将用来推导可靠性要求。

表 13-3　ABC 10 任务阶段和可靠性预测

任务阶段	平均故障间隔时间预测值	阶段时长（小时）	预测可靠性	推导的可靠性要求
阶段 A：任务准备	481	1.88	0.996	0.996
阶段 B 和 C：有载和无载的过境运输（又名行进中）	41.2	4.12	0.905	0.88
阶段 D：巡逻	206	2.85	0.986	0.986
阶段 E：无载荷	168	0.95	0.994	0.994
阶段 F：有载荷	451	2.20	0.995	0.995
总任务时长（小时）		12.0	0.88（以上可靠性产品）	0.85（以上可靠性产品）

有效的全舰平均故障间隔时间基于 12 小时任务 85%（0.85）可靠性的阈值要求。可以将此总体可靠性要求分解为各阶段的可靠性要求。表 13-2 中的预测可靠性基于可靠性框图和关键系统增长曲线。A、D、E 和 F 阶段的高预测可靠性（所有利益相关者一致认为这些预测可靠性是合理的）为行进中可靠性要求提供了灵活性。行进中（阶段 B、C）可靠性为 88%，系统级可靠性可以达到 85%。使用指数分布，可以求解行进中的 32.5 小时平均故障间隔时间：

$$\text{MTBF(underway)}= \frac{-4.12 \text{ hours}}{\ln(0.88)} =32.5 \text{ hours}$$

（4）可靠性增长计划软件工具

选择 ReliaSoft 公司的 RGA7 软件建模工具来制定 ABC 10 级舰可靠性增长计划。RGA7 软件建模工具已通过国防部采办项目验证。RGA7 建模工具采用扩展 Crow 模型预测可靠性增长，并采用扩展 Crow 连续鉴定模型，一旦获得试验数据，就可以进行迭代的可靠性增长计划调整。对于可靠性增长计划，ABC 10 项目应用了扩展 Crow 可靠性增长预测模块。

（5）可靠性增长策略的方法和假设

如上所述，ABC 10 级舰可靠性增长策略涉及设备级和全舰级评估流程，要充分利用原 ABC 1 项目的经验、可靠性经过验证的设备 / 系统，以及设备、综合和全舰级可靠性增长试验，以满足全舰级平均故障间隔时间要求。以下各节详细介绍了所应用的输入和假设、所评估的系统、各自试验时间的核算，以及在设备级和全舰级提高可靠性的方法和结果。

（6）输入和假设

用扩展 Crow 模型以 80% 置信度构建先前描述的设备级和全舰级可靠性增长曲线。输入值、假设和基本原理如下所述。

·输入参数：

管理策略 = 0.75。

假设：造船厂和政府将对已确定的 75% 的故障模式实施修复，以减少由于这些特定的故障模式而导致修改的产品设计失败的可能性。

理由：全面的设备级试验和先前大量系统经过验证的可靠性，得出全舰级管理策略为 0.75。

·输入参数：

平均修复效果 = 0.70。

假设：平均而言，纠正措施或修复在 70% 的时间内有效。在此阶段计划中，该参数表示所有需要采取纠正措施的故障模式的平均值。

理由：扩展 Crow 建模建议初始整体值为 0.70。

（7）设备级可靠性增长

为每个关键系统构建了可靠性增长曲线。重点是将每个子系统的可靠性提高到可以满足整个系统级要求的程度。表 13-3 第 4 列的预测值用作设备水平增长曲线的增长目标。设备级曲线的各个可靠性增长曲线在可靠性计划中。

（8）全舰级可靠性增长

基于设备级可靠性评估开发了全舰可靠性增长模型。该策略假定造船厂根据合同要求进行 240 小时的全舰试验，并由政府进行 240 小时的可靠性增长试验，并且上述输入参数作为增长模型的输入。

根据设备级评估计算出的管理策略为 0.75，得出最初的平均故障间隔时间为 20.9 小时，这个结果保守地考虑了在设备级试验后、进入造船厂试验阶段时应采取的纠正措施 / 修复措施。在 480 小时试验期内以 1.35 的增长潜力设计裕度（GPDM）进行了试验，达到了 32.5 小时的有效全舰平均故障间隔时间。请注意，增长潜力设计裕度值反映了系统设计成熟度、必要的质量 / 可靠性级别以及项目进展水平。图 13-3 显示了全舰可靠性增长曲线。

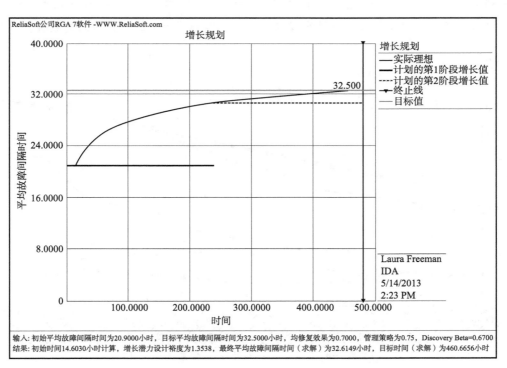

图 13-3　全舰级可靠性增长曲线

三、软件可靠性跟踪

下文以某软件《试验鉴定主计划》可靠性跟踪章节为例。

3.3.2 可靠性跟踪（或附录 F）

软件每个节点或组件的设计工作启动后，可靠性跟踪工作随即开始。要对每个代码模块进行代码设计审查，确保符合特定承包商的标准，识别和纠正明显的错误。从代码和单元试验（CUT）活动开始，在所有分包商的每次编码工作中收集质量度量。在项目的工程制造开发（EMD）阶段，将继续进行代码开发各级别的收集和分析，从代码和单元试验到软件集成、子系统（节点级别）集成和系统集成。

3.3.2.1 缺陷报告（DR）状态

按照 IEEE 12207 标准，针对承包商开发软件编写的缺陷报告可划分为 5 个优先级。每个缺陷报告将由开发该特定软件的分包商最初分配一个级别。主承包商和政府项目办公室将进行独立分析，并相应地重新确定优先级。维护类似于图 13-4 和图 13-5，显示按优先级级别随时间推移打开、关闭和修复（已修改但未试验）的统计信息的数量。

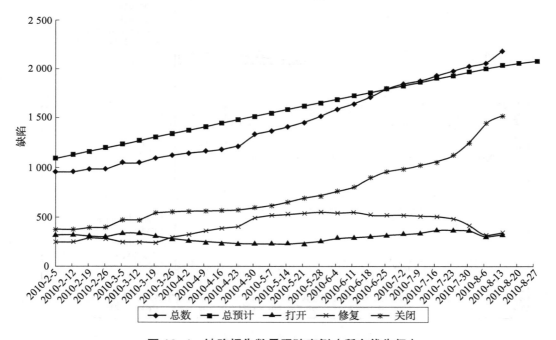

图 13-4　缺陷报告数量跟踪实例（所有优先级）

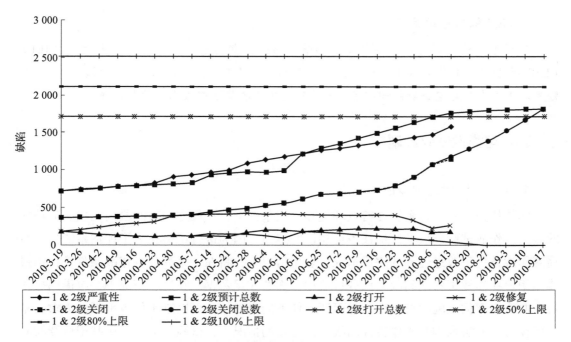

图 13-5　缺陷报告数量跟踪实例（优先级 1 和 2）

3.3.2.2 缺陷报告时效

将跟踪每个优先级的缺陷报告，按优先级显示在特定时间段内每个级别有多少打开。时间范围将分为 30 天的增量，最长列 > 120 天。括号中的值反映了上一个报告期的状态。表 13-4 中显示了示例数据。

表 13-4　缺陷报告时效度量实例

严重性	分配并提交的缺陷——打开天数				
	0～30	31～60	61～90	91～120	>120
1	9（18）	12（3）	1（1）	2（3）	4（2）
2	92（99）	41（28）	13（11）	5（8）	19（18）
3	48（45）	6（4）	8（11）	3（0）	16（18）
4	16（15）	3（3）	3（3）	1（1）	4（4）
5	0（1）	5（4）	0（1）	3（4）	4（3）
合计	165（178）	67（42）	25（27）	14（16）	47（45）

3.3.2.3 商用现货产品缺陷报告

对于诸如路由器、服务器等商业购买的设备上发现的问题，将保留上述的时效统计信息。

3.3.2.4 软件管理策略

分析每个缺陷报告以确定故障的影响。根据这些信息确定问题的严重性（由 IEEE 12207 标准规定的优先级）。进入优先级 1 或 2 的所有故障将在进入下一试验阶段之前修复。工作人员在整个研制和作战试验鉴定过程中收集这些数据并绘制曲线。

四、可靠性试验计划

1. 可靠性试验计划概述

作战任务可靠性是系统在特定环境和作战条件下，在规定的时间段内完成所需功能的能力。作战试验提供了评估任务可靠性的能力，因为进行试验是为了评估系统如何在逼真作战条件下改进任务的完成情况。理想情况下，将在一系列逼真作战条件下，通过典型用户在作战试验期间收集任务可靠性方面的充足数据。在这些情况下，应借助操作特性曲线来评估试验的充分性，进而评估任务的可靠性。可以基于任务可靠性需求或基于持续时间的需求构建操作特性曲线。在合理的情况下，试验人员应使用基于持续时间的需求使信息最大化。

但是，在作战试验中收集关于系统可靠性的所有数据通常是不可行的或成本过高。在这些情况下，使用一系列其他信息源可以更好地评估作战任务的可靠性。如果准备在可靠性评估中使用其他信息，则《试验鉴定主计划》应说明其他信息的来源、所需真实度、作战条件和故障评分标准，最后应给出信息综合方法。不应将来自不同试验活动的数据合并到一个数据池中计算和平均可靠性，而应使用高级分析方法（如贝叶斯统计方法）来融合来自多个试验的信息。

2. 可靠性要求

可靠性试验的持续时间取决于可靠性要求的形式。可靠性需求本质上可以是"通过 / 失败"，也可以是基于时间或持续时间。"通过 / 失败"可靠性需求通常用于一次性系统：

武器系统引信引爆而不发生故障的可能性 > 90%。

对于可修复系统，一般会根据任务持续时间和任务完成概率来指定可靠性需求：

榴弹炮必须有 75% 的概率完成 18 小时的任务而不会失败。

需求可以指定两次故障之间的平均时间：

榴弹炮的平均故障间隔时间必须超过 62.5 小时。

可以使用指数分布在概率性任务持续时间需求与两次失败之间的平均间隔时间之间进行转换。指数分布的累积分布函数（可靠性情况下的累积故障概率）为：

$$F(t)=1-e^{\frac{-t}{\theta}}$$

其中，θ 是平均故障间隔时间；t 是任务长度。注意，通过上述榴弹炮需求中插入任务持续时间和平均故障间隔时间，则可以获得基于概率的需求：

$$F(18t)=1-e^{\frac{-18}{62.5}}=0.25$$

平均故障间隔时间为62.5小时的系统在执行18小时任务时有25%的任务失败机会，或者成功完成任务的75%的机会。

只要合理地假设故障率呈指数分布，任务可靠性方程式就可以在系统可靠性和作战含义之间进行转换。在某些情况下，此方程说明平均故障间隔时间要求超出了系统的预期用途。例如，考虑一架战斗机使用的炸弹。如表13-5所示，如果需要很高的概率性来完成标准的2小时飞行任务而没有飞行中的故障，那么将需要较大的平均故障间隔时间。由于单个武器的飞行时间永远不会超过50小时，因此200小时的平均故障间隔时间要求是不合理的。

表 13-5　任务可靠性和平均故障间隔时间

任务完成的概率 / 任务持续时间	平均故障间隔时间（平均故障间隔时间）
99%（2小时任务）	199小时
95%（2小时任务）	39小时
95%（4小时任务）	78小时

3. 操作特性曲线——计划充分的试验

操作特性曲线是用于计划可靠性试验时间的有用统计工具。操作特性曲线显示了真实任务可靠性与通过试验概率之间的函数关系。在实际工作中，试验人员永远无法确切知道系统的可靠性，因此选择一种能够平衡风险和真实可靠性的试验非常重要。开发这些曲线的核心目的是用户风险和生产者风险之间的平衡。用户风险定义为系统故障（低于阈值的可靠性）被接受的概率，而生产者风险是一个好系统（高于阈值可靠性）被拒绝的概率。风险应与可靠性增长目标有关。图13-6是一般操作特性曲线的示例。

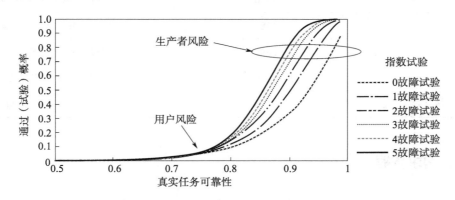

图 13-6　作战试验计划使用的操作特性曲线

作战试验鉴定局没有可接受的试验风险的默认标准，选择试验风险的理由应从每个项目细节中得出。

图 13-6 所示操作特性曲线显示确定榴弹炮以 75% 概率完成 18 小时任务而没有失败的试验长度。

应提供特定试验持续时间的操作特性曲线，并在《试验鉴定主计划》中突出显示对应的风险。

4. 结合其他信息

评估复杂系统的运行可靠性通常需要合并多个来源的数据，从而对系统可靠性进行高置信度统计分析。在可靠性评估中使用其他信息源时，应在《试验鉴定主计划》中明确以下所有条件：

· 收集数据的条件必须满足作战试验的要求。

· 对作战试验以外收集的可靠性数据进行评分的方法。如果计划将研制试验数据用于作战鉴定，则必须通过与作战可靠性数据相同的方法对研制试验可靠性失败进行评分。

· 合并信息的统计模型和方法。数据不应简单地合并在一起并计算平均可靠性。分析应最大限度考虑收集可靠性数据的条件。在分析中使用各种信息源的具体指导，请参见贝叶斯方法。

· 确定充分的作战试验持续时间的方法。在综合先前信息的前提下，可以使用贝叶斯方法保证试验代替传统的操作特性曲线来确定适当的作战试验。表 13-6 显示了贝叶斯方法保证试验如何减少所需的试验时间并控制试验风险。

表 13-6　可靠性试验计划贝叶斯和操作特性曲线对比

允许的故障	贝叶斯方法可靠试验过程 10% 用户风险 5% 生产者风险	经典操作特性曲线过程 10% 用户风险 生产者风险可变
1	2940	7780 – 58% 生产者风险
2	4280	10645 – 50% 生产者风险
3	5680	13362 – 43% 生产者风险
4	7120	15988 – 37% 生产者风险
5	8580	18550 – 32% 生产者风险

五、需求依据

有时，《能力开发文件》或需求文件没有提供需求或其阈值的作战依据。为了制定适当的作战试验鉴定策略，作战试验人员和鉴定人员需要了解需求提出的原因以及未达到阈值的可能后果。

在某些情况下，关键性能参数和关键系统属性不足以构成鉴定任务效能的基础。示例 1 和示例 2 请参阅 2015 年 5 月 15 日发布的监察长报告[①]。如果不能修改需求文件来定义那些对提供有效军事能力最关键的系统特性，则《试验鉴定主计划》必须识别并定义这些特性。示例 3 请参阅有关聚焦使命任务的定量指标的指南。

如果关键需求是适当的，并且需求文件中记录的理由足以支持试验计划和鉴定，则无需进一步说明。如果需求是派生出来的，或测试性发生转换，或操作原理不清楚，则需要在《试验鉴定主计划》中制定一个附录，说明其操作原理、指标以及所选的数字阈值的原因。

如果《能力开发文件》或其他需求文件没有充分记录，《试验鉴定主计划》中应添加基本依据。下面是三个示例。

1. 示例 1　"达科塔"攻击直升机

需求："达科塔"攻击直升机必须能够接收来自无人机系统（UAS）的全动态视频。"达科塔"直升机必须能够通过 Ku 波段接收并向机组人员显示以下最低限度的信息：加密和非密的流媒体、静止图像、传感器平台位置、传感器方位角、目标位置以及目标距离。"达科塔"直升机必须能够存储这些数据，并将其传输到联合 / 协同武器空中 / 地面机动小组的其他成员，包括老式"达科塔"直升机。可接受的通信性能水平必须保持"达科塔"直升机和无人飞机之间的双向视线数据链和相关上载 / 下载数据速率的距离不小于 50 千米（阈值）（目标值：100 千米）。

理由：信息完整度对于机组人员的态势感知至关重要。地面机动指挥官在很大程度上依靠各种来源和类型的数据来制定行动方案并开始交战。以准确、有序的方式显示信息可以减少机组人员工作量，并提高任务效率和生存性。此外，"达科塔"直升机和无人机的互操作性支持未来的模块化部队、网络杀伤、网络作战指挥的概念、战术、技术和规程。它扩展了探测和瞄准距离；有人 - 无人飞机系统最大程度地协同；避免将有人驾驶飞机的机组人员置于不必要的风险下。

2. 示例 2　重型直升机替换单元

关键性能参数	阈值	目标
任务可靠性	89%	90%

任务可靠性。要求任务可靠性为 89%（阈值，关键性能参数），90%（目标值）。任务可靠性是重型直升机替换（HLR）项目支持海军陆战队"舰对目标的机动"（STOM）

---

①　Inspector General report, May 15, 2015. https://media.defense.gov/2016/Jul/11/2001774197/-1/-1/1/DODIG-2015-122. pdf.

概念的关键。在黑暗环境中，由 28 架飞机组成的重型直升机替换单元必须将 73 种外部物资从船上运送到距离 110 海里（1 海里 =1.852 千米）的岸上。73 个外部载荷中的每一个都包含重量不超过 27000 磅（1 磅 =0.453 92 千克）的各种数量的弹药、燃料、水、物资或设备。

3. 示例 3 "达科塔" 直升机队

可靠性。两次任务失败之间的平均时间（平均故障间隔时间）的阈值要求为 20 飞行小时（目标为 22 飞行小时）。基本维护行动之间的平均时间（MTBEMA）的阈值要求为 2.9 飞行小时（目标为 3.1 飞行小时）。需要指定可靠性来确保可靠的飞机性能水平，减少当前 "达科塔" 直升机机队的作战和保障成本。达到可靠性阈值将确保用户获得更高可靠性和更强任务执行能力的直升机。可靠性阈值可将当前 "达科塔" 直升机队的可靠性性能提高 20%，可靠性目标可将当前 "达科塔" 直升机队的可靠性提高 30%。

第14章　实弹射击试验鉴定示例

实弹射击试验鉴定通常指武器装备采办项目进入初始低速生产（试生产）后，利用试产品进行的实弹试验，以检验初步建立的试生产线能否生产出符合规定战术技术性能的武器，以便为批准进入批量生产提供依据。根据《美国法典》规定，对有掩蔽的系统、重要弹药项目、导弹项目或它们的改进项目，在进入初始低速生产之后，必须进行这种试验。其中，有掩蔽的系统是指任何车辆、武器平台，或在战斗中具有向使用人员提供某种程度保护特性的重要常规武器系统。

本章将以具体某《试验鉴定主计划》的实弹射击相关内容进行示例说明。

一、试验鉴定策略示例

1.3 系统说明

识别生存性或杀伤力相关性能的改进。

1.3.7 之前的实弹射击试验鉴定

应列出实弹射击相关数据源，这些数据源能够与实弹射击试验鉴定关键问题关联起来，尽可能包含来自其他项目和承包商试验的数据。还应包括将这些数据应用于研制试验、作战试验和实弹射击试验鉴定计划的理由。

2.1.1 试验鉴定组织结构

在本节中确定的试验鉴定相关机构中，包括实弹射击试验鉴定一体化产品小组及其特定职责（例如试验计划、提供试验品、试验保障、数据收集、报告）。建议用户和作战人员参与实弹射击试验鉴定一体化产品小组。提供足够的信息以充分理解功能关系。

2.5 一体化试验进度

在一体化试验进度中纳入部件级和系统级实弹射击试验鉴定活动。对于海军舰艇和潜艇项目，进度表还应包括承包商和政府专用设备（CFE/GFE）的部件冲击资质。

3.6 实弹射击试验鉴定方法

实弹射击试验鉴定法规（《美国法典》第 10 编第 2366 条）所涵盖系统的《试验鉴定主计划》必须具有实弹射击试验鉴定策略，支持对弹药、平台的杀伤性 / 易损性 / 敏感性鉴定。如果实弹射击试验鉴定策略已制定完毕，可以将其包含在第 3.6 节中，或作为附件。在里程碑 B 之前，必须制定实弹射击试验计划以便进行相关资源配置。《试验鉴定主计划》第 3.6 节应规定系统和实弹射击过程概述、实弹射击试验鉴定目的、与实弹射击试验鉴定相关的改进升级、系统描述 / 型号、相关背景信息。如果策略非常详细、涉密或尚未完成，某些项目可将实弹射击试验鉴定策略附加到《试验鉴定主计划》。无论是否有实弹射击试验鉴定附件，《试验鉴定主计划》的 3.6 节应提供实弹射击试验鉴定摘要和以下内容。

讨论实弹射击试验的范围，包括试验设计注意事项，阶段和构造方法，通过 / 失败或评分标准，以及评估方法。应该制定鉴定计划，以便在整体系统生存性和人员生存的背景下评估易损性结果。讨论实弹射击试验一体化产品小组在选择过程中的权限。注意：通常，这部分内容很重要，是讨论和谈判的主要领域之一。可以将这些详细信息放在《试验鉴定主计划》的实弹射击试验鉴定附录中。本节应明确阐述试验鉴定目标，描述实现这些目标所需的试验、建模与仿真和工程分析。

本节应包括：

·说明数据要求（指标），阐述关键问题并支持鉴定系统整体杀伤力 / 生存性和部队保护。

·必要试验范围的理由。使用试验设计方法验证试验设计的合理性，或使用其他方法评估鉴定所需数据的重要性。这些细节将证明所需的试验程序和可接受的风险是合理的。

·对试验的描述，明确生成所需数据所需的试验场。

·支持整体鉴定的特定数据分析和建模与仿真。说明与每个问题相关的特定评估方法。描述建模与仿真所需的数据，以及如何将这些数据纳入最终鉴定中。实弹射击试验鉴定策略的建模与仿真部分可以包含这些详细信息。

有关实弹射击试验鉴定策略方法的其他指南，请参阅《一体化生存性评估和部队防护》。

3.6.1 实弹射击试验目标

3.6.1.1 实弹射击试验鉴定关键问题

以将要解决的问题的形式提出实弹射击试验鉴定关键问题。根据以下一般性实弹射击试验鉴定关键问题，针对所考虑的系统要求进行修改：

·易感性：系统对威胁武器的易感性是什么？选择的威胁可能对平台造成命中点是

什么？

·易损性：所选威胁导致平台降级的武器效应是什么？

·部队防护：所选威胁导致机组人员伤亡的数量和类型是什么？

·部队防护：机组人员和伤员可以从受损的车身/平台区域撤离吗？

·可恢复性：对于威胁列表中武器造成毁伤，机组人员如何限制继发性伤害的扩散，恢复舰艇能力和系统，重新组织任务，如何处理人员伤亡？

详见《飞机系统实例》《地面作战系统实例》《地面战术系统实例》。

3.6.1.2 杀伤力/易损性要求

总结与实弹射击试验鉴定策略相关的所有要求、规范或所需功能，包括（针对易损性计划）非对称威胁部队防护或生存性相关的所有关键性能参数。实弹射击试验策略还应包含目标/威胁矩阵表，并根据需要进行更新。

该策略应针对所有预期靶标/威胁，无论是否在需求中明确的靶标/威胁。《系统威胁评估报告》明确将要针对的靶标/威胁。

3.6.1.3 进度、经费和资源

确定实弹射击试验鉴定有关的进度、资金和资源（靶标资产）。包括试验场、部件、弹道试验弹、火箭橇，以及支持实弹射击试验鉴定的一体化研制试验/作战试验。还包括各试验阶段的试验靶场、靶标、模型、试验鉴定计划准备、射击前预测和报告。对于海军舰艇和潜艇项目，包括承包商和政府专用设备（CFE/GFE）的组件冲击资质。至少在里程碑 B 之前，应该制定好可用于资源配置的实弹射击试验计划。请参阅相关试验资源指南和示例。

3.6.1.4 文件审批表

随附一张实弹射击文件表格，包括射击前预测、分析/鉴定计划、试验计划以及建模与仿真的验证、校核和确认文件。该表应明确谁负责起草、审查、签署每个文档。请参阅测试计划文档指南和示例。

3.6.2 建模与仿真

明确是否用建模与仿真支持试验的计划、试验前预测、鉴定，以及要使用的建模与仿真工具。明确模型的预期输入（试验数据），以及预期的输出类型，支持试验计划、试验前预测和鉴定。如果使用多个模型，应描述建模与仿真总体流程（例如，其中一个模型的输出作为另一个模型的输入）。讨论所用模型的验证、校核和确认方法，以及相关组织职责。详见《试验鉴定建模与仿真指南》和《实弹射击试验鉴定建模与仿真实例》。

3.6.3 试验边界

列出所有试验边界和解决办法。详见《试验边界指南》和《实弹射击试验鉴定边界实例》。

二、关键问题示例

（一）飞机示例

3.6.1.1 实弹射击试验鉴定关键问题

问题号	实弹射击试验鉴定关键问题	鉴定方法			
		之前数据	工程分析/实弹射击试验鉴定	建模与仿真/实弹射击试验鉴定	试验
3.2	易感性				
3.2.1	起飞和降落（便携防空系统）				
3.2.1.1	在起飞和着陆过程中，威胁瞄准并击中联合监视目标攻击雷达系统（JSTAR）的能力	战术、技术和规程（TO）		先进对抗研究建模系统（MOSAIC）	
3.2.1.2	降低易感性的效果，起飞和着陆规程，以降低威胁为目标的机场防御技术、战术和规程	战术、技术和规程		先进对抗研究建模系统或半实物仿真	
3.2.1.3	威胁攻击联合监视目标攻击雷达系统的命中点	战术、技术和规程		先进对抗研究建模系统或半实物仿真	
3.2.2	任务中				
3.2.2.1	在可能的任务设定距离，预期的动能威胁探测、瞄准和攻击联合监视目标攻击雷达系统替代系统（JSTARS Recap）的能力	情报	×		
3.2.2.2	联合监视目标攻击雷达系统替代系统支持装备避免或逃脱威胁攻击的能力	作战构想、战术、技术和规程，技术指令		×	作战试验
3.2.2.3	联合监视目标攻击雷达系统支持装备识别对其威胁，提供及时的威胁警告，指导其他支持装备进行干预等方面的效能	作战构想、战术、技术和规程，技术指令		×	作战试验

续表

问题号	实弹射击试验鉴定关键问题	鉴定方法			
		之前数据	工程分析/实弹射击试验鉴定	建模与仿真/实弹射击试验鉴定	试验
3.2.2.4	防止联合监视目标攻击雷达系统在独立执行任务时被威胁攻击的效能	作战构想，战术、技术和规程，技术指令	×		作战试验
3.2.2.5	为执行独立任务的联合监视目标攻击雷达系统提供实时威胁情报广播情报的能力	作战构想，战术、技术和规程，技术指令	×		作战试验
3.3	易损性				
3.3.1	直射威胁造成的毁伤	×	×	×	
3.3.2	机身的主要结构部件损坏（机翼、机身、尾翼）	×	×		
3.3.3	燃料系统				
3.3.3.1	油箱损伤	×		×	
3.3.3.2	燃油箱流体堵塞	×		×	
3.3.3.3	燃油箱燃爆和爆炸	×		×	
3.3.3.4	油箱干舱着火	×		×	
3.3.3.5	燃油管路损坏，包括空中加油管路	×		×	
3.3.3.6	燃料不足	×	×		
3.3.4	推进系统				
3.3.4.1	发动机毁伤	×		×	
3.3.4.2	非内含性发动机破片损伤	×		×	实弹射击试验
3.3.4.3	发动机机舱损坏（燃油和液压管路）	×		×	
3.3.5	其他飞行关键系统				
3.3.5.1	飞行控制和飞行控制界面	×		×	实弹射击试验

续表

问题号	实弹射击试验鉴定关键问题	鉴定方法			
		之前数据	工程分析/实弹射击试验鉴定	建模与仿真/实弹射击试验鉴定	试验
3.3.5.2	液压系统（漏液和起火）	×		×	实弹射击试验
3.3.5.3	航电系统	×		×	
3.3.5.4	辅助动力单元系统		×		实弹射击试验
3.3.6	非飞行关键系统的级联损坏相关的易损性				
3.3.6.1	任务航电/电子系统	×		×	
3.3.6.2	固定及可携带氧气系统	×		×	
3.3.7	核生化威胁易损性				
3.3.7.1	人员防护装备提供保护的同时完成操作功能的性能	×	研制试验，作战试验		研制试验
3.3.8	网络威胁易损性				
3.3.9	低功率激光威胁易损性				
3.3.9.1	机组乘员	×		×	
3.3.9.2	传感器系统	×		×	
3.3.9.3	乘员防护系统效能	×	×		
3.3.10	电磁脉冲易损性				
3.4	部队防护				
3.4.1	直接暴露在威胁下的伤亡	×	×		
3.4.2	损伤飞机造成的伤亡	×	×		
3.5	可回收性				
	无				

（二）地面作战系统示例

3.6.1.1 实弹射击试验鉴定关键问题

问题号	实弹射击试验鉴定关键问题	鉴定策略	数据源					
			已有数据	"帕拉丁"综合管理系统实弹射击试验	综合管理试验	战损评估与维修/恢复	建模与仿真	工程分析
1	战斗状态的"帕拉丁"综合管理（PIM）系统和机组人员对当前初始作战能力和未来威胁的易损性是什么？	利用所有试验数据以及建模与仿真。利用工程判断来评估任何导致车辆或机组人员易损性的协同效应。	×				×	×
1.1	机组人员和乘员伤亡和丧失能力的主要原因是什么？	利用所有试验数据以及建模与仿真。利用工程判断来评估任何导致机组人员易损性的协同效应。			×	×	×	×
1.2	存放的弹药，补给和车载设备如何导致易损性？	进行全系统级（FUSL）试验。利用工程判断来补充建模与仿真和试验数据以便完成鉴定。	×		×		×	×
1.3	车辆子系统如何导致易损性？	进行组件试验、燃料子系统和全系统试验。利用工程判断来补充建模与仿真和试验数据以便完成鉴定。			×		×	×
1.4	"帕拉丁"综合管理系统满足弹道性能要求的程度如何？	（有关弹道要求的威胁，请参阅附件3。）	×		×		×	×
1.5	装甲的侵彻阻力是多少？	（有关直接射击、间接射击和简易爆炸装置威胁，请参阅附件3。）	×		×			
1.6	侵彻后，装甲后破片特征是什么？	（有关更强威胁请参阅附件3。）			×		×	
1.7	"帕拉丁"综合管理系统组件的弹道冲击易损性有哪些？	进行部件试验和全系统试验。利用工程判断来补充试验数据以进行鉴定。			×	×		×
2	哪些组件对任务至关重要？这些组件的易损性是什么？以及它们如何影响任务的完成？	进行组件试验和全系统试验。战损评估与维修/恢复之后进行全系统试验。利用工程判断，基于任务后试验鉴定和建模与仿真来补充战损评估与维修/恢复，进行鉴定。			×	×	×	×

续表

问题号	实弹射击试验鉴定关键问题	鉴定策略	数据源					
			已有数据	"帕拉丁"系统实弹射击试验	综合管理试验	战损评估与维修/恢复	建模与仿真	工程分析
3	是否存在意外的易损性或意外的易损性级别？	利用所有试验数据和建模与仿真。利用工程判断来补充建模与仿真数据以便完成鉴定。					×	×
3.1	意外易损性的作战意义是什么？	在全系统试验之后进行战损评估与维修/恢复。利用工程判断，基于任务试验鉴定和建模与仿真来补充战损评估以便进行鉴定。		×		×		×
3.2	如何降低易损性？	在全系统试验之后进行战损评估与维修/恢复。利用工程判断来补充战损评估与维修/恢复，进行鉴定。利用建模与仿真提出降低易损性的建议。				×	×	×
4	规划的降低易损性的措施是什么？它们如何提高车辆或机组人员的生存性？	在全系统试验之后进行战损评估与维修/恢复。利用工程判断来补充战损评估与维修/恢复，进行鉴定。利用建模与仿真提出降低易损性的建议。		×		×	×	×
5	战损评估与维修使受损车辆恢复功能性战斗能力以及在袭击后恢复受损车辆方面有多大影响力？	在全系统试验之后进行战损评估与维修/恢复，由战损评估与维修/恢复团队进行评估。				×		
5.1	哪些设计功能有助于或妨碍故障排除、维修或恢复？	在全系统试验之后进行战损评估与维修/恢复，由战损评估与维修/恢复团队进行评估。				×		
5.2	内置的诊断功能或能车辆健康管理系统（VHMS）在支持战损评估与维修流程（如果配备）中的效率和可靠性如何？	在全系统试验之后进行战损评估与维修/恢复，由战损评估与维修/恢复团队进行评估。				×		
5.3	战损评估与维修手册是否可用并且充分？	由战损评估与维修/恢复团队进行评估。				×		
5.4	战损评估与维修的培训、条令和供应是否足以协助战伤车辆的维修？	在全系统试验之后进行战损评估与维修/恢复，由战损评估与维修/恢复团队进行评估。				×		
5.5	车辆设计是否支持使用现有的回收设备进行方便且安全的回收？	在全系统试验之后进行战损评估与维修/恢复，由战损评估与维修/恢复团队进行评估。				×		

（三）地面战术系统示例

3.6.1.1 实弹射击试验鉴定关键问题

实弹射击试验鉴定关键问题	鉴定策略	已有数据	实弹射击试验	战损评估与维修	建模与仿真	工程分析	基于使命的试验鉴定
CI 1. 战斗人员/乘员的预期/意外易损性是什么？	利用所有试验数据以及建模与仿真。利用工程判断任何导致车辆或乘员易损性的协同效应。	×	×	×	×	×	
1.1 联合轻型战术车辆是否满足足部队队防护要求？	利用所有试验数据以及建模与仿真。利用工程判断任何导致车辆或乘员易损性的协同效应。	×	×	×	×	×	
1.2 不透明和透明到什么程度？	（有关弹道要求的威胁，请参阅附件7。）	×	×		×		
1.3 装甲后破片碎片（BAD）是什么？	（有关直接射击、间接射击和简易爆炸装置威胁，请参阅附件7。）	×	×				
1.4 易损性在多大程度上影响任务能力？	（有关更强威胁请参阅附件7。）	×	×		×		
1.5 什么是潜在易损性降低技术？	实施全系统试验。利用工程判断补充战损评估/维修/恢复进行鉴定。		×	×		×	×
CI 2. 哪些子系统直接或间接地影响机组人员/乘员？	实施全系统试验。利用工程判断补充战损评估/维修/恢复进行鉴定。	×	×	×		×	
2.1 将弹药或其他含能材料（例如锂离子电池）、补给品存放到什么水平？	实施全系统试验。利用建模与仿真进行鉴定。		×	×		×	
	实施全系统试验。利用建模与仿真和工程判断进行鉴定。		×		×	×	×

续表

	实弹射击试验鉴定关键问题	鉴定策略	数据源					
			已有数据	实弹射击试验	战损评估与维修	建模与仿真	工程分析	基于使命的试验鉴定
2.2	机动性、火力和通信能力保留到何种程度？	实施全系统试验。在全系统试验之后进行战损评估与维修/恢复。		×	×	×	×	×
2.3	弹道冲击后，机组人员能否顺利进出？	实施针对弹道防护舱的简易爆炸装置试验。实施全系统试验。在全系统试验之后进行战损评估与维修/恢复。		×	×		×	
2.4	自动灭火系统（AFES）和其他灭火技术在什么程度上有效？	利用火球发生器试验自动灭火系统。进行威胁针对油箱的全系统试验。仪器将捕获任何活动导致的起火。	×	×	×			
CI 3. 战损评估与维修/恢复								
3.1	哪些设计功能有助于或妨碍故障排除、维修或恢复？	在全系统试验之后进行战损评估与维修/恢复。		×	×			
3.2	战损评估与维修手册是否可用并且充分？	在全系统试验之后进行战损评估与维修/恢复。			×			
3.3	内置的诊断功能或车辆健康管理系统在支持战损评估及维修流程（如果配备）中的效率和可靠性如何？	在全系统试验之后进行战损评估与维修/恢复。			×			
3.4	车辆设计在多大程度上支持使用现有的回收设备和类似车辆的回收进行方便和安全的回收？	在全系统试验之后进行战损评估与维修/恢复。			×			

三、威胁 / 靶标表格示例

（一）地面车辆易损性实弹射击试验鉴定威胁表格

威胁系统	弹药
间接射击	两用途改进型常规弹药 152mm 口径动能破片弹药 120mm、82mm 动能破片迫击炮 灵巧弹药（爆炸成形弹药、碰撞杀伤末端制导子弹药） 火箭
地雷 / 简易爆炸装置	简易爆炸装置 爆炸成形穿甲弹 反坦克、反人员、可布撒弹药
直接射击	火箭弹（RPG）（单发、串联、温压） 轻武器（5.56mm 和 7.62mm 口径），包括穿甲弹和非穿甲弹 重机枪（12.7mm 和 14.5mm 口径） 狙击步枪和反器材武器（12.7mm、14.5mm、20mm 口径） 反装甲和爆破手雷 温压 / 火焰武器
轻型装甲车火力	30mm 穿甲弹和破甲燃烧弹
飞机火力（固定翼和旋翼）	炮弹、火箭、导弹
坦克火力	动能、化学能、反坦克制导弹药

（二）弹药杀伤性实弹射击试验鉴定威胁表格

威胁类别	弹药
硬	通信设施（混凝土加固） 机库
民用	炼油厂 大型地下储油罐 专用维修设施 变压器
软表面	卫星通信天线 电子战 / 地面控制拦截雷达 9S32 "烤盘" 雷达 米格 –23 战斗机（有遮蔽） "飞毛腿" 导弹（发射架上） BM–21 火箭发射器
轻型装甲地面作战系统	152mm 牵引式野战炮 / 自行榴弹炮（固定） 防空高炮（固定）

第 15 章　国防业务系统

本部分示例对应《试验鉴定主计划》第二部分"试验计划管理与进度"的"缺陷报告"章节。详细内容请参见本书第七章内容要素的第二部分。

一、国防业务系统概述

《试验鉴定主计划》应描述采办项目的结构管理和结构控制框架。试验人员要掌握准确的结构信息，以便了解系统，并确定系统满足效能、适用性和网络安全要求的情况。美国国防业务系统采办的可靠性、成熟度和保障性指标主要基于配置管理、缺陷跟踪和自动化回归试验。

1998 年 4 月发布的 IEEE 12207.2 标准《信息技术指南：软件生命周期过程——实施注意事项》提供了信息技术软件开发和管理流程。

（一）缺陷跟踪

美军试验鉴定的所有阶段都应采用《试验鉴定主计划》中明确定义的过程来跟踪缺陷。通常，发现缺陷后，开发人员或试验人员要用缺陷报告（DR）进行记录。缺陷审查委员会（DRB）根据 IEEE 12207.2 附录 J 明确缺陷报告级别，并随着时间的推移跟踪每个缺陷的状态，包括打开、关闭或解决。

（二）回归试验

回归试验期间，或是另一个试验活动的部分工作期间，试验人员要验证已识别的缺陷得到解决。此外，应根据能力需求，而不是软件基准所固有能力生成软件更改请求（SCR），并根据对使命任务的影响，按照 IEEE 定义确定其严重级别。

（三）试验指标的记录和报告

应根据系统可以自动记录和报告的数据类型来确定业务系统的试验指标。试验指标通常与操作员和系统管理员在系统寿命周期中衡量可接受的性能或服务降级的指标相同。因此，核心系统设计应包含性能数据的自动化记录和报告。在可能的情况下，应使用自动化的数据采集方法，而不是精度较低的手动方法（如依靠秒表来测量系统响应时间）。

（四）人为因素

应根据被试系统（SUT）使用客观的人为绩效指标（例如人为错误率和操作员完成一项任务所花费的时间）来评估人为因素。当人员绩效指标不可行或为补充这些指标时，应谨慎使用调查问卷。使用调查问卷时，应遵守作战试验鉴定局局长关于调查问卷设计和管理的指南。

二、国防业务系统示例

本示例中给出了美军经批准的国防业务系统《试验鉴定主计划》相关示例文本，这些系统已成功通过研制试验和作战试验。

（一）示例1

具体内容以某《试验鉴定主计划》的 2.3. 缺陷报告的部分内容进行示例说明。

2.3. 缺陷报告

"EBS 工作台工具"记录试验期间检测到的缺陷，跟踪缺陷解决方案包含的所有步骤。"EBS 工作台"工具使用 IEEE 12207.2 标准（附录 J，1998 年 4 月）作为确定缺陷优先级的依据来源。

试验鉴定各阶段都要进行缺陷分析。开发人员应根据表 15-1 为软件产品或活动中发现的每个问题确定优先级。

表 15-1　问题优先级分类标准（IEEE 12207.2 标准，附件 J，1998 年 4 月）

优先级	如果问题满足
1	a）阻止基本能力的实现 b）危害安全性、保密性或其他"关键"需求
2	a）影响基本能力的实现，并且没有已知解决方案 b）对项目或寿命周期保障的技术、成本或进度风险产生不利影响，尚无解决方案
3	a）影响基本能力的实现，但有已知解决方案 b）对项目或寿命周期保障的技术、成本或进度风险产生不利影响，但已知解决方案

续表

优先级	如果问题满足
4	a）给用户、作战人员带来不便或烦恼，但不影响必要的业务或任务基本能力 b）给开发或维护人员带来不便或烦恼，但不妨碍这些人员履行职责
5	其他影响

每天还应跟踪优先级、状态更新和返工。如果需要大量返工来修复缺陷，"DLA电子采购管理"保留修改电子采购需求的权利。自2009年11月以来，每天都跟踪以下数据：

1）产生的缺陷总数

2）产生的严重和关键缺陷总数

3）产生的中低优先级缺陷总数

4）已消除缺陷总数

5）已消除严重缺陷和关键缺陷总数

6）已消除中低优先级缺陷总数

7）识别缺陷总数

8）识别的严重缺陷和关键缺陷总数

9）识别的中低优先级缺陷总数

10）从产生到提交解决方案的平均天数

11）从审批到分配给开发人员的平均天数

12）解决缺陷的平均天数

13）从解决问题到关闭缺陷的平均天数

14）从产生缺陷到关闭缺陷的平均天数

15）按状态打开缺陷

a. 缺陷草案

b. 进行中的决议

c. 必要的澄清

d. 准备重新试验

表15-2是管理层的每日跟踪报告。

一旦在试验过程中检测到缺陷或问题，就会在工作台中输入"缺陷报告"。开发团队负责人审查缺陷，并确认其真实性和分析可能的原因。经过确认的缺陷分配给相关开发人员加以解决。解决后，会将缺陷分配给相关试验人员验证修复结果。

所有经确认的缺陷及其解决方案都保存在存储库中，以备将来在试验中使用。开发团队记录下导致已知缺陷的用户操作。然后，记录的用户操作将由"EBS工具台"使用并安装在脚本库中。

表 15-2 EProcurement 每日缺陷处理汇总

	1	2	3	之前的缺陷	合计
关键	0	0	0	0	0
高	3	0	0	0	3
中	21	0	0	3	24
低	1	0	1	0	2
合计	25	0	1	3	29

2.3.1 产品缺陷报告

系统投入使用后，进入项目的维护阶段。此时，该系统不再处于开发阶段。维护阶段由俄亥俄州哥伦布市的 J6 维护管理分部负责管理。该分部按照工作台的识别、调查和解决活动清单来管理产品缺陷报告流程。

（1）识别阶段

负责维护的项目负责人（POC）收到修复通知后，研究生产环境中发生的问题。如果故障情况需要生成缺陷，则负责维护或生产的项目负责人在"EBS 工作台"中创建缺陷。

如果确定补救措施需要修改代码或更改配置，则指定人员会在工作台中以修复通知编号为依据创建缺陷。被指定的工作人员使用修复通知信息在工作台中生成缺陷。工作台随后跟踪工作流程，最终输入到产品中。工作台文件包含的信息包括性能规范文件、试验结果数据、表格。

缺陷应更新为"团队负责人提交"状态。

维护功能负责人将电子采购（SRM）缺陷分配给相关项目负责人。开发负责人将缺陷分配给相关开发人员进行研究。

（2）调查阶段

开发人员在开发环境中进行必要修改，并记录缺陷解决方案的详细信息。

如果产品问题需要更改代码或配置，开发人员要在更改产品需求文件（PRD）之前试验相关的特定功能，包括所有输入、输出和相关任务。

（3）解决阶段

维护配置控制团队将修改部分转移到系统试验环境。

转移成功后，试验人员将收到一封电子邮件通知（自动发送）。

一旦转移到系统试验环境，试验人员要判断缺陷是否已解决；如果已解决，试验人员要记录缺陷的测试结果，并用相关测试步骤、数据、预期结果更新相关的回归试验计划和实例，以便在将来的试验工作中验证缺陷修复方案，并将其设置为"进入生产审批"状态：

a. 如果尚未修复或解决缺陷，试验人员要用重新试验的详细信息更新现有缺陷，并将缺陷分配给开发人员；

b. 如果由于修复缺陷而出现新问题，则应创建新的缺陷。

处于"准备生产批准"状态后，维护功能负责人开始进入行政审批流程，以便将修复发布到生产中；

将代码发布到产品后，指定人员将"修复"标注修复工作已完成，缺陷已关闭状态。

（二）示例2

具体内容仍以某《试验鉴定主计划》的2.3.缺陷报告的部分内容进行示例说明。

2.3. 缺陷报告

（1）缺陷报告（DR）状态

每个缺陷报告对照密钥管理基础设施（KMI）开发软件的编写，依据 IEEE 12207.2 标准定义的 5 个级别确定一个优先级。每个缺陷报告由开发该特定软件的分包商确定一个初始优先级。主承包商和政府项目办公室进行独立分析后，重新定义相应优先级别。用图表显示随时间推移而打开、关闭和解决（修复但未试验）的统计信息的数量，并按优先级进行分类。图 15-1 和图 15-2 是示例数据。

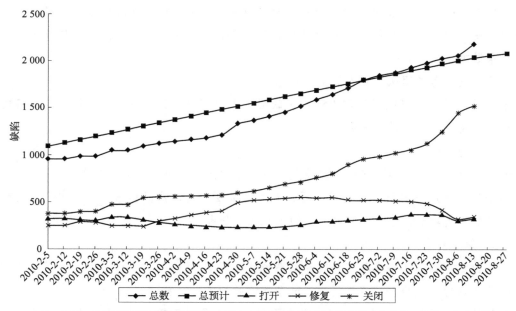

注：打开、关闭是指对缺陷的管理状态。其中，打开状态指开发方承认并确定缺陷，缺陷正式进入管理流程，关闭状态指缺陷经过校验，确认已修复或无需处理，缺陷关闭。

图 15-1　故障报告数量跟踪（全部优先级）

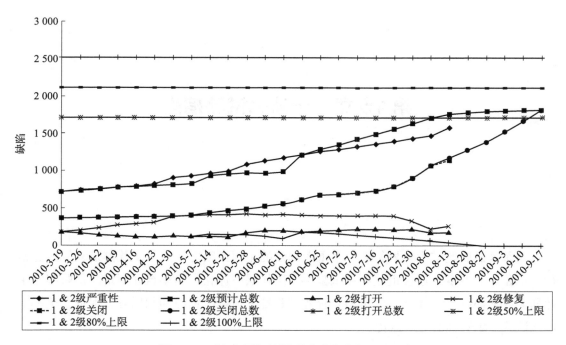

图例：
- ◆ 1 & 2级严重性
- ■ 1 & 2级预计总数
- ▲ 1 & 2级打开
- ✕ 1 & 2级修复
- ┅■ 1 & 2级关闭
- ● 1 & 2级关闭总数
- ✻ 1 & 2级打开总数
- ✕ 1 & 2级50%上限
- — 1 & 2级80%上限
- + 1 & 2级100%上限

图 15-2　缺陷报告数量跟踪（优先级 1 和 2）

（2）缺陷报告时效

跟踪每个优先级的缺陷报告，显示在特定时间段内每个优先级有多少处于打开状态。时间范围从 30 天开始增加，最大到 120 天为止。表 15-3 给出示例数据。

表 15-3　缺陷报告时效示例

严重性	分配并提交的缺陷——打开状态的天数				
	0 ~ 30	31 ~ 60	61 ~ 90	91 ~ 120	>120
1	4	2	7	0	0
2	99	21	11	7	9
3	38	28	11	8	16
4	3	6	6	1	5
5	3	0	2	3	6
合计	147	57	37	19	36

（3）商用现货缺陷报告

针对路由器、服务器等商业购买的设备发现的问题，也要维护上述的时效统计数据。

修复软件和硬件故障的管理策略如下：分析每个缺陷报告，判断缺陷的影响。根据这些信息确定问题的严重性（也就是 IEEE 12207.2 标准规定的优先级）。优先级 1 和优先级 2 的所有缺陷要在进入下一阶段试验之前修复完毕。

第 16 章 一体化试验指南

美军《试验鉴定主计划》近年来重大修改的主要原因之一就是试验鉴定领域广泛推行一体化试验鉴定，通过组建项目试验鉴定工作层一体化产品小组并制定《试验鉴定主计划》，从而统筹一体化试验机制，统筹试验鉴定流程、资源和判据等，保证了美军一体化试验组织管理的有效运转。

一、一体化试验定义

作战试验鉴定局局长和负责采办、技术与后勤的国防部副部长指令要求在被试系统的全寿命周期中无缝集成研制试验和作战试验。美国防部于 2008 年 4 月 25 日发布的联合备忘录中，关于作战试验鉴定局局长和负责采办、技术与后勤的国防部副部长对一体化试验的定义如下：

"一体化试验是试验阶段和活动的协同计划和协作实施，提供共享数据，支持所有利益相关者，特别是研制（承包商和政府）试验鉴定部门和作战试验鉴定部门的独立分析、评估和报告。"

二、基本情况

如果计划和实施得当，一体化试验与顺序试验相比，可以实现更快、更经济高效的试验鉴定流程，最终可以以更快的速度和更低的成本为各军种提供功能强大的系统。正如美军作战试验鉴定局局长在 2009 年 11 月 24 日所指出的那样，一体化试验永远不会替代专门的作战试验来确认该系统将在战斗中发挥作用。法律明确要求（《美国法典》139编，《美国法典》2399 编）进行专门的作战试验。研制试验和作战试验的隔离不必要地延迟了采办系统的部署。政府的一些研究批评了这种效率低下的流程。

通常，仅需要简单验证的技术性能指标可以在一体化试验中进行测量。如果将这些试验数据用于作战鉴定，组件和系统必须是典型产品。专门的作战试验鉴定中应该测量的指标包括任务相关的功能、作战构想相关的功能，想定相关结果、端到端或系统间的相互作用或影响。

代表最终产品的试验品的一体化试验可以通过两种方式实现：

1）研制试验中纳入作战试验特征；

2）研制试验的数据足以支持作战鉴定。

第2种情况的一体化试验要求所测量的指标在研制试验和作战试验的条件下同样有效。

三、《试验鉴定主计划》相关章节

一体化试验计划的描述应贯穿在整个《试验鉴定主计划》中。相关段落为：

第3.1节，《试验鉴定主计划》的试验鉴定策略：《试验鉴定主计划》的总体试验鉴定策略应阐述研制试验和作战试验一体化进行的条件。

第3.2.1节，《试验鉴定主计划》的"面向使命任务的方法"部分：讨论研制试验何时以及如何反映预期的作战环境。这将有助于将研制试验与作战试验集成在一起。

第3.2.3节，《试验鉴定主计划》的研制试验事件部分：说明所选择的研制试验活动如何反映预期的作战环境。这将有助于将研制试验与作战试验集成在一起。

第3.4节，《试验鉴定主计划》的作战鉴定方法部分：总结一体化试验策略，包括：1）用于作战鉴定的研制试验数据；2）数据谱系和试验活动的条件，这些条件将使数据适用于作战鉴定。

四、最佳实践

舰船或飞机上货物和存储容量的测量与试验条件无关。测量容量的研制试验应为作战鉴定提供足够的数据。通常，提供此类数据的研制试验包括海军陆战队认证演习和海军在役检查。

代表最终产品的组件和系统的一体化试验用于测量卫星监视性能、通信距离、吞吐量、存储容量、网络备份及还原能力、车辆或传感器性能、武器精度、对抗性能、带宽、灵敏度、用户负载模拟、卫星自主操作。

对于可靠性要求较高的系统，在作战试验鉴定中进行全面试验是不可行的，有时可能会包含来自逼真作战条件的一体化试验数据。这类试验可以针对整个系统或重要子系统来完成。在这种情况下，《试验鉴定主计划》应该包括基本原则、适用性以及用一体化试验数据鉴定可靠性的边界。对于采用这种方法的系统，结合历史数据和适当的注意事项，环境试验数据（如热、真空、振动、雨、冰、沙等）有助于评估长期可靠性。

空战的舰艇自防御试验活动，特别是在远程控制的自防御试验舰①上进行的试验，是一体化试验很好的例子，其中一体化试验是在充分可行的条件下进行的。在自防御试验舰活动中，空中靶标直接在试验舰上飞行。该舰的战斗系统由文职技术专家通过远程控制进行操作。作为研制试验平台，试验舰为特定系统试验提供了高度可控的环境。只要确保空中靶标代表实际的反舰巡航导弹威胁，而且靶标目标的飞行包线与威胁相同，就可以将研制试验用作一体化试验。

---

① 自防御试验舰是前"云杉"级驱逐舰，配备了多种现代化的防空战战斗系统。该舰及其战斗系统均可以远程控制，从而降低了与反舰巡航导弹和空中目标交战时发生事故的风险。

第 17 章　试验边界示例

理想情况下，试验鉴定策略不应有边界，因为边界可能会降低或阻止关键作战问题（COI）的解决，影响系统效能、适用性、生存性的结论。在无法避免试验边界的情况下，《试验鉴定主计划》应明确指出。对于每个边界，《试验鉴定主计划》应足够详细地解释问题，具体描述限制条件将如何影响鉴定，以及可以从试验中得出的结论。

项目可能存在影响研制试验、实弹射击试验鉴定或作战试验的试验限制。每个边界都应在相应的《试验鉴定主计划》章节"3.2.4 研制试验边界""3.5.4 作战试验边界""3.6.3 实弹射击试验鉴定边界"（视情况而定）中加以阐述。网络安全试验限制应在相应研制试验或作战试验部分（如果与研制试验或作战试验集成）或附录 E 网络安全中加以阐述。

包含试验活动关键边界的《试验鉴定主计划》不必提交给作战试验鉴定局局长批准。《试验鉴定主计划》应说明解决边界的计划（如果有）。

一、试验边界定义

通常，试验边界是导致试验环境与预期作战环境（平时和战时）之间差异的约束，进而可能导致试验结果不同于预期作战环境中的结果。如果无法建立基本事实或确定评估结果，那么试验也可能有边界。试验范围可能会受到限制，因为在所有相关的作战环境（如极端寒冷或炎热的天气）中没有足够的资源进行试验。其他限制可能包括由于安全问题、试验基础结构受限、缺乏威胁替代品、靶标真实性不足、系统或子系统不成熟等原因导致的试验程序更改。

二、研制试验示例

3.2.6 试验边界

空中靶标在速度、高度包线、机动性、雷达横截面、尺寸形状、红外特性、对抗、反对抗、雷达辐射和生存性（携带战斗部的"海鲨"）方面，将无法完全覆盖威胁反舰巡航导弹（ASCM）的全部特性。靶标真实度与反舰巡航导弹威胁有明显差异，"海鲨"及其支持的"海王星"作战系统可能不会受到与实际威胁相同的应力，使用较低保真度目标时，会使作战试验的相关性受到质疑。主要问题集中在靶标速度和靶标高度包线。

计划采用的解决办法包括：

·"海王星"作战系统和"海鲨"导弹的建模与仿真将针对所有预期的威胁、目标速度、高度包线探索"海鲨"导弹的性能和飞行支持。接下来用研制试验结果和作战试验的发射前预测结果验证建模与仿真。

·开发并采购能够模拟最具挑战性威胁的速度、高度的升级威胁靶标。

海上防空背景实例：

该实例适用于假设的"海鲨"导弹（由假设的"海王星"作战系统支持的舰载防空半主动雷达制导导弹）。"海鲨"导弹及其辅助作战系统的关键作战问题包括：

·区域防空能力。（在"海王星"作战系统的支持下，"海鲨"导弹能否为航空母舰攻击群的其他舰艇提供防空能力？）

·舰艇自身防空能力。（在"海王星"作战系统的支持下，"海鲨"导弹能否提供自身舰艇防空能力，同时还进行区域防空？）

·可用性。（在垂直发射单元中经过典型舰上存储时间之后，"海鲨"导弹是否具备必要的发射可用性？）

·可靠性。（"海鲨"导弹在垂直发射单元中经过典型舰上存放时间后，是否具备必要的飞行可靠性？）

三、实弹射击试验鉴定示例

3.6.3 试验边界

实弹射击试验鉴定不会通过弹道试验来确认或演示"达科塔"直升机的布线及航电子系统的实际易损性。实弹射击试验鉴定和战斗数据表明，对导线或航电设备的弹道毁伤可能会导致关键任务系统的损失，如光电/红外瞄准镜/显示器、通信和武器系统。为了解决这个问题，将通过在航电集成实验室中插入故障来测试航电设备和接线故障的影响。然后将这些结果纳入全系统建模与仿真易损性评估中。

四、作战试验示例

本示例以海上防空武器系统为研究背景，适用于假设的"海鲨"导弹（由假设的"海王星"作战系统支持的舰载防空半主动雷达制导导弹）。"海鲨"导弹及其辅助作战系统的关键作战问题包括：

·区域防空能力。（在"海王星"作战系统的支持下，"海鲨"导弹能否为航空母舰攻击群的其他舰艇提供防空能力？）

·舰艇自身防空能力。（在"海王星"作战系统的支持下，"海鲨"导弹能否提供自身舰艇防空能力，同时还进行区域防空？）

·可用性。（在垂直发射单元中经过典型舰上存储时间之后，"海鲨"导弹是否具备必要的发射可用性？）

·可靠性。（"海鲨"导弹在垂直发射单元中经过典型舰上存放时间后，是否具备必要的飞行可靠性？）

3.5.4 试验边界

"海鲨"导弹的试验数量将受到限制，这可能无需重新使用试验中生存下来的模拟威胁靶标。在某些情况下，威胁靶标或替代品可能在初次交战中生存下来，因此需要发射第二枚"海鲨"导弹。试验计划没有提供足够的"海鲨"导弹用于第二次发射，这与实际作战场景不同。这种情况下，试验机构将对生存下来的靶标进行模拟的"海鲨"导弹发射。

计划的解决办法包括：

·一旦通过初始作战试验鉴定结果验证了建模与仿真，应使用可用的海军情报办公室提供的数字模型模拟威胁，并模拟"海鲨"导弹重新打击生存下来的威胁靶标。这将有助于早期预测"海鲨"导弹和"海王星"作战系统如何应对生存下来的反舰巡航导弹威胁。

·当生产的"海鲨"导弹数量足以支持作战试验中对初次交战后仍可重新使用的威胁靶标进行攻击时，将尽早安排后续作战试验鉴定。

当前试验靶场靶标发射和控制能力将限制同时飞行靶标的数量，从而限制了模拟反舰巡航导弹突袭的规模。"海鲨"导弹的需求是防御多个同时来袭的威胁，但试验靶场无法发射和跟踪多种同时飞行的威胁系统。

解决办法包括：

·一旦初步的初始作战试验鉴定结果验证了"海鲨"导弹和"海王星"作战系统的建模与仿真能力，将针对较大规模的反舰巡航导弹突袭进行模拟交战，预测舰队战术开发的阶段性成果。

·首次后续作战试验鉴定之前，海军将升级试验靶场设施，支持与多个靶标同时交战。

到作战试验时，导弹没有达到要求的舰载仓库存放时间。为了掌握稳态可用性和可靠性水平，必须将导弹部署到有代表性的仓库中并放置一年。

解决办法包括：

·可靠性增长曲线将估算出部署后的系统可靠性。根据初始作战试验鉴定的结果以及对制导、引信和推进组件的加速寿命试验结果，将根据需要调整增长曲线。

·在首次后续作战试验鉴定期间，将评估在代表性仓库存放足够时间的"海鲨"导弹的可用性和可靠性。

3.5.4.1 网络安全试验边界

因为试验必定会取消武器平台的认证资格，所以协同漏洞与渗透性评估和对抗性评估都将在港口进行。舰员将使用模拟数据源执行任务线程，收集对抗性评估期间的任务效果数据。

如果担心舰员安全或设备损坏，无法在舰上评估某些系统（例如 PLC 等工业控制系统）时，将对这些系统进行独立的实验室测试。这些数据将包含在协同漏洞与渗透性评估报告中，基于结果开展的网络利用将在对抗性评估中作为"白卡"。

第 18 章 作战鉴定方法示例

　　美军作战试验鉴定是指在逼真作战条件下实施的装备试验鉴定活动，主要目的是考核由典型用户操作时装备的作战效能、适用性与生存性。作战试验鉴定的目的是完成以下方面的鉴定：新系统满足用户需求的程度，即系统的作战效能和作战适用性；系统当前的能力，考虑已提供使用的装备以及与新系统相关的作战效益或负担；为纠正性能缺陷而要进一步研制新系统的需求；用于系统部署的条令、组织、操作技术、战术和训练的充分性；系统维修保障的充分性；对抗环境下系统性能的充分性。

　　《试验鉴定主计划》的第三部分"试验鉴定策略与执行"，主要说明试验鉴定策略的详细内容，本书其他示例中也有涉及作战鉴定方法等相关内容。除此之外，本章将在"初始作战试验鉴定入口准则"示例部分说明"初始作战试验鉴定认证"，并集中介绍《试验鉴定主计划》"作战鉴定方法"部分的相关示例。

一、初始作战试验鉴定入口准则

（一）目的

　　初始作战试验鉴定入口准则的设置目的是为了确保被试系统已准备就绪，可以开始初始作战试验鉴定，并准备好所需的资源来支持试验。入口准则的目的是确保被试系统在准备就绪之前不会进入初始作战试验鉴定阶段。这是因为美军规定，被试系统在初始作战试验鉴定开始之前应解决所有技术问题，而初始作战试验鉴定的过早启动可能会导致项目的暂停或提前终止，而这种情况将导致试验不足和不必要的资源浪费。

（二）初始作战试验鉴定入口准则最佳实践

　　1）在逼真的作战环境中，用即将在初始作战试验鉴定中使用的硬件和软件，在以使命任务为中心的研制试验中，该系统演示了可接受的硬件和软件性能；

2）初始作战试验鉴定试验品代表典型最终产品（由作战试验鉴定局局长判定）；

3）有足够的可靠性数据支持估算被试系统的可靠性和预期的初始作战试验鉴定可靠性结果；

4）威胁替代物和靶标已通过作战试验鉴定局局长的验证和批准；

5）在研制试验中发现的所有关键问题均已解决或具有可接受的解决方法；

6）所需的试验靶场已准备就绪，可以支持初始作战试验鉴定计划的所有活动，包括环境、安全性和职业健康要求；

7）所有必要的认证和许可均已到位；

8）系统人员配备与作战构想一致，并且已经完成培训，与针对预期用户的计划一致；

9）初始作战试验鉴定之前的建模与仿真预测是基于经过校核、验证和确认的建模与仿真；

10）如果需要研制试验数据来支持评估，必要的研制试验数据已提供给作战试验机构和作战试验鉴定局局长；

11）与野战系统一起使用的后勤保障系统和维护手册已经准备好，可以用于初始作战试验鉴定；

作战试验鉴定局局长已批准军种提交的初始作战试验鉴定计划。

（三）初始作战试验鉴定入口准则示例

分别以两份具体《试验鉴定主计划》为例进行说明。

1. 示例 1

3.3 初始作战试验鉴定的认证

部局采办执行官（CAE）将评估和确定系统初始作战试验鉴定准备情况。在部局采办执行官确定初始作战试验鉴定准备就绪之前，负责采办、技术与后勤的国防部副部长将对作战试验准备情况进行独立评估。将基于研制试验鉴定和作战评估中演示的能力，以及本《试验鉴定主计划》中描述的标准，考虑系统满足作战适用性和效能目标能力方面的风险。研制试验的最终报告将提供系统的初始作战试验鉴定准备情况的全面信息。

3.3.1 必要的研制试验鉴定信息

需要在研制试验的 II-G 和 II-H 阶段期间收集足够数据，供项目主任在初始作战试验鉴定之前使用此《试验鉴定主计划》中列出的效能指标/适用性指标评估并报告系统针对规定的关键作战问题的实现情况。

3.3.2 初始作战试验鉴定入口准则

·满足里程碑 C 所有出口标准。

· 作战试验鉴定局局长已批准初始作战试验鉴定计划。

· 在初始作战试验鉴定期间，系统预计将达到或超过系统中止平均间隔阈值。

· 已满足 2008 年 12 月 8 日的海军指令 5000.02 中列出的美国海军认证标准，并且该系统已通过试验认证。

· 先前试验发现的所有缺陷均已修复。

· 所有必需的靶标均已获得确认，并且对试验靶场进行了充分的调查。

· 提供代表最终产品的试验品进行初始作战试验鉴定。

· 确定了对抗性网络安全试验团队，并为试验提供了资金。

· 已完成作战试验准备评审，作战试验鉴定局局长同意继续进行试验。

2. 示例 2

"达科塔"直升机初始作战试验鉴定入口准则见表 18-1。

表 18-1　"达科塔"直升机初始作战试验鉴定入口准则

入口准则	评估方法
机动飞行性能： 悬停地面效应（HOGE）：有效载荷 3400 磅， 作战半径：250 海里， 续航力：2 小时 40 分钟。	通过研制飞行试验表征悬停、速度、航程和续航性能。通过分析，估算飞机在阈值大气条件（海拔 6000 英尺、95 华氏度）下的性能。
可靠性：系统基本维护活动平均间隔（MTBEMA）估计必须大于 2.3 小时。	研制飞行试验进行演示。有限用户试验结果为 2.6 小时系统基本维护活动平均间隔。
生存性：被穿甲爆破燃烧弹命中一次后，维持 30 分钟的安全运行（涉密要求）。 主旋翼驱动部件的易损性区域和旋翼叶片损坏尺寸不得超过 XXX（涉密要求）。	审查实弹射击试验鉴定数据和军种实弹射击试验鉴定报告。
新任务能力： 演示远程控制无人飞机传感器。	通过研制试验演示两架飞机在控制距离内飞行时进行远程控制。
软件成熟度： 没有发现 1 级或 2 级的软件问题。	审查研制试验数据和报告。
相应机构对初始作战试验鉴定飞机的认证。	获得典型机组人员的飞行操作适航许可和安全许可。
成功通过作战试验准备评审。	试验鉴定工作层一体化产品组取得一致意见

二、基线鉴定示例

（一）基线鉴定概述

美军国防采办的主要目标是及时采办满足美军需求的优质产品，并以公平合理的价格使任务能力和作战保障获得可测量的改进。

基线（或比较）鉴定就是判定"可测量改进"的方法之一，其通过比较在配备新系统时与原有系统时的部队使命任务完成情况。该鉴定是美军评估新系统是否实现其所需性能特征的一种补充。

作战试验期间存在许多不可控制的变量，尤其是在部队对抗演练中。试验期间可比较的领域主要有：要完成的使命任务，敌军的规模、组织和能力，试验的地形（或环境），蓝军的规模、组织和能力，完成任务的时间等。

（二）基线鉴定示例

1. 示例 1 "斯特赖克"八轮步兵战车

美军在"斯特赖克"初始作战试验鉴定期间，需要对配备"斯特赖克"的部队和另一支配备传统战车系统的部队进行并行作战试验。

2. 示例 2 M2"布雷德利"战车

在 M2A3"布雷德利"战车初始作战试验鉴定时，M2A3"布雷德利"部队与M2A1"布雷德利"部队进行正面对抗。

3. 示例 3 "阿帕奇"直升机

美军在开展"阿帕奇"Block 3 初始作战试验鉴定时，对使用"阿帕奇"Block 3 的空中攻击小组的任务性能与使用传统 Block 2 的攻击小组的任务性能进行了比较。当传统 Block 2 "阿帕奇"直升机无法在高温、炎热、多风的条件下成功完成任务时，Block 3 直升机用备用电源成功完成了任务。该基线鉴定很好地演示了改进型"阿帕奇"Block 3 飞行性能的作战效能。

4. 示例 4 二十一世纪特遣部队

美军在国家训练中心的二十一世纪特遣部队高级作战试验中，使用三次循环训练来建立常规部队性能的基线。

5. 示例 5 备选方案

备选方案分析有助于确定要检查的要素和水平，也可用于估算外场试验中基线部队的表现。

6. 示例 6 重型鱼雷

美海军利用半实物（硬件在回路）仿真有效开展重型鱼雷的鉴定。作战试验目标是评估鱼雷武器的制导与控制部分的保形功能替换，并且运行的战术软件是升级版本。试验人员借助半实物仿真通过一系列相同的想定，分别运行旧系统和升级系统，并比较结果。进行了有限数量的水下试验以验证模型并验证系统的适用性。这种建模与仿真方法提供了一个控制良好的大规模数据样本，用于比较两种型号在相同条件下的性能[1]。

三、聚焦使命任务的鉴定

（一）目的

尽管试验鉴定策略支持判断系统是否满足记录在案的需求，但最终目的是演示系统在其预期作战环境中的作战效能、适用性和生存性。作战效能定义为系统典型用户在预期环境中使用该系统来成功完成使命任务的总体能力。这个定义考虑了被试系统、作战人员以及相互关联或支持系统之间的相互作用。在许多情况下，需求文件中的系统性能规范将有助于评估任务的完成情况，但以使命任务为重点的评估将不仅限于这些规范。

为了帮助及早发现可能仅在作战环境中表现出来的系统问题，研制试验计划人员应尽可能将作战环境的要素（典型用户和维护人员、真实的作战条件、典型威胁系统、端到端任务、代表最终产品的试验品、武器、保密通信设备、生存性装备、接口系统和网络等）纳入研制试验。但是，将作战真实性纳入研制试验中并不能免除作战试验的必要性。面向使命任务的研制试验的目的是在系统开始作战试验之前，发现并解决作战环境特有的问题。

（二）定量指标

1. 一般性指南

《试验鉴定主计划》应当设定聚焦使命任务的定量指标（也称为面向使命任务的定量响应变量，在数学上可以视为因变量），以提高效能、适用性和生存性。这些指标是良好试验设计的关键。选择不当或定义不当的指标，即使直接关联关键性能参数或关键系统属性，也可能导致试验设计不良，并可能出现与系统的任务效能、适用性或生存性无关的试验结果。

---

[1] Test and Evaluation Policy Revisions, DOT&E, December 22, 2007. https://www.dote.osd.mil/Portals/97/pub/policies/2007/20071222TE_PolicyRevisions.pdf?ver=2019-08-19-144512-013.

2. 选择聚焦使命任务的定量指标

选择聚焦使命任务的定量指标是试验设计工作的关键部分，应在试验计划开始时进行。第一步是明确试验目标，要反映在实际作战环境中端到端任务效能、适用性或生存性的鉴定。明确试验目标后，试验人员应选择适当的系统性能指标，采集实现试验目标的数据。理想情况下，这些指标是定量、面向任务的、相关的、提供信息的，并且不能严格基于需求文件所定义的最狭义解释。指标应提供任务完成的标准（不是单个子系统的技术性能），能支持进行良好的试验设计（即本质上是连续的），全面覆盖系统采办的原因。

尽管可以有许多指标来表征特定任务的系统性能，但还是希望将少数聚焦使命任务的定量指标作为评估作战效能、适用性或生存性的重点，并与统计试验设计方法结合使用。鼓励采取其他次要指标，这些指标对于表征系统性能的其他方面很有必要。例如，对于试验设计，可以将命中概率作为聚焦使命任务的定量指标，即使需要其他指标来表征杀伤链的相关部分（如探测、识别、交战时间、交战距离）是否成功。

3.《能力开发文件》《能力生产文件》所规定指标的例外情况

试验设计采用的聚焦使命任务的定量指标不一定是关键性能参数。关键性能参数通常不足以衡量系统的任务效能、适用性和生存性。2015 年 5 月 15 日的国防部总检查长报告给出了两个实例。如果不能修改需求来规定那些对提供有效军事能力最关键的系统特性，则《试验鉴定主计划》必须识别并规定这些特性。满足聚焦使命任务的试验设计要求，以使命任务为中心的定量指标包括目标探测识别距离、误差距离、命中概率、搜索率、成功完成任务时间、反侦察距离、拦截成功率。

试验人员选择这些以聚焦使命任务的定量指标时，试验的最终设计应确保将收集足够的数据以实现如下几个目标：

· 采集足够数据支持鉴定系统的有效军事能力；

· 提供整个作战包线内有意义的系统性能指标；

· 为表征系统性能所需的次要指标提供足够数据。

4. 聚焦使命任务的定量指标类型

聚焦使命任务的定量指标可以是连续的，也可以是离散的，但连续指标能更好地支持鉴定。对于给定的风险级别（置信度和影响力），连续指标需要较小的样本量和较少的试验资源。此外，连续指标通常包含更多系统性能方面信息，而相应的离散指标会舍弃一些信息。例如，测量"探测到/未探测到"不能获得传感器探测距离方面的信息。在未探测到目标的情况下，将探测到目标的距离与最接近点配合使用，可以更好地表征传感器性能。在所有范围内的探测概率是唯一可以使用离散数据计算的量，但是如果测量了连续变量（距离），则可以了解探测距离的分布以及探测概率与距离的函数关系。

即使需求文件规定基于概率的准则，也应花费大量精力来找到相关的连续指标，以作为试验设计的基础。

连续指标实例包括探测时间、误差距离、人为错误率、任务完成时间、交战距离。离散指标包括命中／未命中、消息完成／未完成、探测到／未探测到。

5. 确定聚焦使命任务的定量指标

选择的指标必须定义明确且有实际意义。试验人员和鉴定人员应考虑作战想定实例，确保所选指标在所有情况下都可以明确地测量（评分）和计算。以下原则至关重要：

· 指标的构成不应模棱两可，如果《能力开发文件》需求不明确，《试验鉴定主计划》应提供扩展信息（明确的构成或评分标准）；

· 指标应是可测试的，并且不需要安全性不足或不可执行的试验科目或成本过高的仪器，指标应准确代表系统的期望性能，高分数应对应期望的作战性能；

· 指标不应导致对系统进行不可操作的修改或不切实际的战术。

调查数据的指标选择：

在聚焦实战的试验中，需要使用作战人员调查和技术专家小组，对于表征系统效能、适用性和生存性非常有帮助。特别是由于高成本外场试验或较小样本量而缺乏定量数据时，尤其如此。但是，在使用之前，应该研究其他客观指标，例如任务完成时间或人为错误率。

与物理指标类似，应针对每个试验条件系统地收集调查数据，对整个作战试验空间中调查响应进行统计学对比。例如，设想鉴定一架飞机在白天和黑夜不同光照条件下的性能。在两种试验条件下对飞行员进行相同的调查，使试验人员可以确定飞行员在不同操作条件下的体验如何变化，以及这些体验变化是否可以解释观察到的飞机性能差异。另外，作战适应性的许多重要方面可以通过调查数据（例如人机界面、操作员工作量）得到最好的解释。理想情况下，应将调查数据、技术专家小组与客观的定量数据配合使用。

调查的使用应遵循以下最佳实践：

· 明确定义调查目标：《试验鉴定主计划》应该指出调查数据针对哪些试验目标、调查指标的目标，以及由谁（例如操作员或维护者）提供解决该指标所需的调查数据。

· 在适当的小组中预先测试调查过程，以便发现所调查问题是否难以理解，或是否存在信息缺失。《试验鉴定主计划》应该包括一个在初始作战试验鉴定之前对专用调查进行预试验的计划。这项工作一般可以安排在初始作战试验鉴定之前进行的研制试验或作战评估中完成。

· 调查问题应清晰且无差别（无主要问题）。

调查应使用定量（例如李克特量表）和定性回答（开放式问题）；定量数据应使用

统计数据进行编码、编辑和汇总，与外场试验中使用的指标相互配合，有助于正确表征系统性能。

（三）示例

下面是某反潜战系统的《试验鉴定主计划》中相关部分的示例。

3.4 作战鉴定方法

XYZ 反潜战（ASW）系统的鉴定将使用代表最终产品的系统在逼真海上想定下完成。该试验将评估系统是否满足《能力生产文件》中的性能阈值，但重点集中在系统的作战效能上。试验舰将负责执行反潜作战以及情报、监视和侦察战术任务。反潜战试验平台将被引导到清除有可疑敌对潜艇的区域；试验舰将搜寻、侦察、报告和发起与敌对潜艇的交战，直到（但不包括）发射实弹。试验舰还将承担在高密度海面接触环境中执行情报、监视和侦察任务。在这两种情况下，任务都会给试验舰带来突袭或不确定性要素。试验舰指挥官将能够对采用 XYZ 系统时所感知的战术情况做出反应。成功完成试验活动将支持对系统作战效能、适用性的评估，以及舰队是否部署该系统的建议。

四、作战鉴定框架示例

作战鉴定框架（OEF）是一种贯穿整个作战试验计划，为决策者判断试验充分性提供基础的工具。作战鉴定框架并不是增加信息；它可凝练作战试验计划，更便于使用。

《试验鉴定主计划》应合理组织，分别给出研制鉴定和作战鉴定方法。其中 3.2 节应包括研制鉴定方法和框架。3.4 节应包括作战鉴定方法和框架。

制定了研制鉴定框架（DEF）和作战鉴定框架之后，可以继续制定一体化试验计划。通过比较研制鉴定框架和作战鉴定框架类似的数据要求，研制试验鉴定和作战试验鉴定计划人员可以设计一体化试验活动，获得独立鉴定所需的数据。科学试验分析与技术（STAT）是设计一体化试验活动的理想工具。

3.4.2. 作战鉴定框架

作战鉴定框架表总结了聚焦使命任务的鉴定方法和试验策略，包括影响作战效能、适用性和生存性的基本任务和系统功能。该表明确试验目标（在任务背景下）、以任务为中心的定量指标（也称为聚焦使命任务的定量响应变量）、影响这些指标的因子、在整个作战包线内系统调整因子的试验设计、试验周期和试验资源。鉴定框架还可以包括反映项目进展的标准指标，如关键性能参数、关键技术参数、关键系统属性、互操作性要求、网络安全要求、可靠性增长、维修性属性，以及其他必要指标。但是框架应重点关注：1）对评估作战效能、适用性和生存性至关重要的聚焦使命任务的定量指标；

2）试验计划的资源、进度和成本因素。

作战鉴定框架应显示重大试验活动和试验阶段如何链接在一起形成系统、严格、结构化方法，定量评估整个作战包线内的系统性能。该表还应说明充分试验所需的资源。

作战鉴定框架还应通过将研制试验数据支持作战试验鉴定来支持一体化试验。如果研制试验数据支持作战试验鉴定，则鉴定框架表应链接到相关研制鉴定框架，并总结出相应程序确保研制试验收集的数据足以进行作战试验鉴定。

鉴定框架表应随着系统成熟而成熟，并在《试验鉴定主计划》的每个修订版中进行更新。该表可以插入《试验鉴定主计划》的第3部分，或者将框架作为Excel表/数据库嵌入文件，也可以作为附录。

表18-2是包含在作战鉴定框架的基本信息。该表下方是实例超链接，演示如何组织鉴定框架表。这些实例不应被视为指导或模板，因为每个项目都是唯一的，要全面权衡如何应用此指南，也可以使用具有相同关系和信息的军种专用格式。

表18-2　作战鉴定框架基本信息

试验目标	·重点关注被评估的作战使命任务和能力。 ·每个使命任务/能力关联至少一项针对使命任务的定量指标。 ·在适用的情况下，标识关联的关键作战问题或关键作战问题准则。
聚焦使命任务的定量指标（响应变量）	·以聚焦使命任务的定量指标提供了任务完成的准则（不是某个子系统的技术性能），全面涵盖了采办系统的原因（需求）。 ·还包括试验程序涉及的资源、进度和成本要素。
试验设计	·在系统作战应用过程中影响聚焦使命任务定量指标的因子。 ·可系统改变整个作战包线内因子的实验设计方法（例如，分数阶乘或D-最优二阶模型）。 ·用于观察所选因子及其相互作用（如果适用）的效应大小。 ·不使用实验设计方法时，简要说明试验设计，并在科学试验与分析技术附录中提供有关如何选择试验方法的更多详细信息。作战鉴定框架应该包含一个简短的摘要；科学试验与分析技术附录应包括详细试验设计、相应的统计学指标（置信度和影响力）以及效应大小。
试验周期	·收集作战试验所有阶段的数据（如有限用户试验、作战评估、初始作战试验鉴定、后续作战试验鉴定）。
资源	·充分试验所需资源（时间、人员、地点和物品）的摘要。

表18-3　顶层作战试验鉴定框架表

顶层作战试验鉴定框架（假设100%试验效率）

作战/能力	试验目标 关键作战问题	面向使命任务的响应变量 效能/生存性/适用性	试验设计 作战背景下的科学试验与分析技术	资源 人员、场地、物品	试验周期
近距支援作战	关键作战问题1：近距空中支援	武器展开时间（关键系统属性1）机组人员评级工作量（关键系统属性2）地面部队协同评级	飞行试验：空射试验设计（表D.1）——77分（69分D最优设计$2^6×3+8$个演示）	19架次×4小时	如有限用户试验、作战评估、初始作战试验鉴定
识别/监视敌军	关键作战问题1中封锁 关键作战问题2：空中封锁 关键作战问题3：附带作战搜救与援救、监视和侦察 传统情报、监视和侦察	识别目标距离（关键性能参数1）	飞行试验：目标识别/监视（表D.2）——47分包含在空射架次（39分D最优设计$3^2×2^2×4+8$个演示）	包含在上述架次中	初始作战试验鉴定
识别/监视友军	关键作战问题1、2、3	识别目标距离（关键性能参数1）	飞行试验：友军识别/监视（表D.3）——47分包含在空射架次（39分D最优设计$3^2×2^2×4+8$个演示）	包含在上述架次中	初始作战试验鉴定
直射火力	关键作战问题1、2	误差距离/圆概率误差校射能力（关键性能参数2）展开时间（关键性能参数3）装弹时间	飞行试验：30毫米实弹射击（表D.4）——16分（$2^3×2$）	7架次包含在上述架次中，2架次包含在下面架次中作为同步演示 800发30毫米口径弹药	初始作战试验鉴定

续表

顶层作战试验鉴定框架（假设100%试验效率）

作战/能力	试验目标	面向使命任务的响应变量	试验设计	资源	试验周期
	关键作战问题	效能/生存性/适用性	作战背景下的科学试验与分析技术	人员、场地、物品	
精确制导弹药使用	关键作战问题 1、2	误差距离 展开时间 命中时间 安全距离（关键性能参数4） 双目标交战（关键性能参数2）	飞行试验："格里芬"空地导弹实弹射击（表D.5）——22分（20分最优分割图2^4×3+2个演示） 飞行试验：小直径炸弹实弹射击（表D.6）——18分（2^3×2+2个演示）	实弹射击靶场18架次 18枚小直径炸弹22枚"格里芬"空地导弹	如有限用户试验、作战评估，初始作战试验鉴定 第一次作战评估（50%，研制试验架次），初始试验鉴定（50%）
网络中心战支持	关键作战问题 1、2、3	网络中心战能力（关键性能参数5）机组人员态势感知评级情报、侦察、监视数据可用性	调查初始作战试验鉴定所有架次 飞行试验：VORTEX TRANSFER（表D.7）——6分包含在上述架次中	包含在上述架次中	初始作战试验鉴定
持久性	关键作战问题 1、2、3	机组人员操作环境的兼容性巡逻时间	调查初始作战试验鉴定所有架次书面分析	现有架次	初始作战试验鉴定
出动架次	关键作战问题 4：任务分配	Mx生成飞机的时间机组人员起飞前的时间	对现有初始作战试验鉴定架次进行测量——演示热启动和冷启动	麦金利气候实验室，用于冷启动	初始作战试验鉴定
装备可靠性	关键作战问题 4	武器系统可靠性（关键系统属性10）任务可靠性	对现有初始作战试验鉴定架次进行测量	现有架次。至少151飞行小时不超过2次失败	初始作战试验鉴定
维修性	关键作战问题 4	平均维修间隔时间Mx机组人员对技术指令评分PSP综合诊断	对现有初始作战试验鉴定架次进行测量	现有架次	初始作战试验鉴定

续表

顶层作战试验鉴定框架（假设100%试验效率）

作战/能力	试验目标 关键作战问题	面向使命任务的响应变量 效能/生存性/适用性	试验设计 作战背景下的科学试验与分析技术	资源 人员、场地、物品	试验周期 如有限用户试验、作战评估、初始作战试验鉴定
装备可用性	关键作战问题4、关键作战问题5：全球作战	具备任务能力的飞机可用性（关键系统属性9）战备配件可用性	对现有初始作战试验鉴定架次进行测量	现有架次	初始作战试验鉴定
空中加油	关键作战问题5	加油操作机组人员评级	飞行试验：空中加油（表D.5）——现有架次中，4分（2^2）	现有架次	初始作战试验鉴定
部队防护	关键作战问题5、关键作战问题6：执行任务并生存下来	特定弹道威胁的伤亡概率 特定弹道威胁造成人员伤亡的概率（关键性能参数7）机组人员使用救护包的能力 机组人员出舱时间 安全包尺寸	地面试验：演示机机组人员紧急逃生4次——一昼/夜，有/无个人防护设备	现有架次	初始作战试验鉴定
生存性	关键作战问题6	规避/击败威胁的概率（关键性能参数6）分析威胁指示（正确识别）的可能性 完成规避动作的可能性	飞行试验：电子战威胁感知（表D.6）飞行试验：可见威胁感知（表D.7）——现有架次中各20分（$2^3 \times 2 + 4$ 个演示）	现有架次。约10～14架次飞过电子战试验场	初始作战试验鉴定

1. 如果指标与关键性能参数或关键系统属性相关，应标注关键系统属性

表 18-4　太空监视雷达的作战试验鉴定框架表

（太空监视使命任务：提供空间监视数据，支持空间控制任务）

试验目标	面向使命任务的定量响应变量		试验设计		范围		
	效能/适用性	阈值	因子（水平）	作战背景下科学试验与分析技术	任务（每天24小时/每周7天操作）	资源	试验周期
鉴定自主监视	精度 无提示观察公制	*时间 <1秒 *高程，方位角 <1.0度 *范围 <100米 *范围速率 <200米/秒	高度(600~7000千米)，倾角（8度~172度），尺寸（10~50厘米）	A. 激光目标指示的样本方差试验 *95%影响力，5%显著性（α），10%效应量 B. 使用真实卫星目录(SATCAT)和模拟轨道的4×2×3方差分析（ANOVA）设计（表D-1）*95%影响力，5% α，10%效应量 *区分一个因子水平及其一阶相互作用的最低用的最低影响力为96.1%，在5% α 和信噪比 0.5 的情况下	5天 25天	空间监视网雷达和光学传感器 NASA 激光测距 空军大空司令部 /A9 分析人员 建模与仿真	研制试验 2 初始作战试验鉴定
	最小可探测目标尺寸（MDT）大小（关键性能参数）	对象 *10厘米 米：600≤x≤4000千米 *50厘米 米：4000<x≤7000千米 *10厘米 米：600≤x≤4000千米 *50厘米 米：4000<x≤7000千米	倾角（8度~172度）	采用10厘米卫星类型轨道和仿真真轨道的1×3全因子设计的逻辑回归模型（表D-5）*区分因子水平和因子相互作用的最低影响力为90%，α 为5%，效应大小为10%	25天	建模与仿真	研制试验 2

续表

试验目标	面向使命任务的定量响应变量		因子（水平）	试验设计	范围		试验周期
	效能/适用性	阈值		作战背景下科学试验与分析技术	任务（每天24小时/每周7天操作）	资源	
鉴定自主监视	无提示跟踪概率（关键性能参数）	50%通过雷达视野的物体被跟踪	海拔高度（600～7000千米），倾角（8度～172度）	采用真实卫星类型轨道和仿真轨道的3×3全因子设计的逻辑回归模型（表D-2）＊区分因子水平和因子相互作用的最低影响力为90%，α为5%，效应大小为10%。检测一阶因子相互作用的影响力为75%	8天		研制试验2
	轨道覆盖率（关键性能参数）	＊在600-4000千米的高度内每天1条轨道 ＊在4000～7000千米的高度内每天2条轨道	倾角（8度～172度），尺寸（10～50厘米）	采用真实卫星类型轨道和仿真轨道的3×2全因子设计的逻辑回归模型（表D-3）＊区分因子水平和因子相互作用的最低影响力为90%，α为5%，效应大小为10%	23天		研制试验2
	对象关联	97%先前检测到的物体必须与卫星类别相关联	海拔高度（600～7000千米），倾角（8度～172度）	采用真实卫星类型轨道和仿真轨道的3×3全因子设计的逻辑回归模型（表D-4）＊区分因子水平和因子相互作用的最低影响力为90%，α为5%，效应大小为10%	8天		初始作战试验鉴定

续表

试验目标	面向使命任务的定量响应变量		试验设计			范围	
	效能/适用性	阈值	因子（水平）	作战背景下科学试验与分析技术	任务（每天24小时/每周7天操作）	资源	试验周期
鉴定提示操作	提示观察公制精度	*时间<1秒 *距离、仰角、方位角，如图3-5所示。 *距离速率<20米/秒	海拔高度（600～7000千米），倾角（8度～172度），尺寸（10～50厘米）	A. 用激光指示靶试验1个比例 *95%的影响力，5%的α，10%的效应大小 B. 采用真实卫星类型轨道和仿真轨道的4×2×3全因子设计的逻辑回归模型（表D-1） *区分因子水平和因子相互作用的最低影响力为90%，α为5%，效应大小为10%	9天 / 25天	上述资源以及联合太空作战中心	研制试验2 / 初始作战试验鉴定
	跟踪概率（关键性能参数）	90%通过雷达视野的物体被跟踪	海拔高度（600～7000千米），倾角（8度～172度）	基于真实卫星类型轨道（表D-2）的3×3全因子设计的逻辑回归模型。 *区分因子水平的最低影响力为95%，α为5%，效应大小为10%。85%的影响力可用于检测因子相互作用	8天		研制试验2
鉴定不相关的目标处理	初始轨道确定精度	24小时内重新捕获和关联>75%目标	高度（600～7000千米）	使用真实卫星类别轨道（表D-8）1×3全因子设计的逻辑回归模型。 *在5%α时确定因素影响的影响力为90%效应大小的10%		联合太空作战中心 太空监视网传感器 空军太空司令部/A9分析人员	初始作战试验鉴定

173

续表

	面向使命任务的定量响应变量			试验设计		范围	
试验目标	效能/适用性	阈值	因子（水平）	作战背景下科学试验与分析技术	任务（每天24小时/每周7天操作）	资源	试验周期
鉴定窄空带空同物体识别	雷达截面（RCS）精度	RCS>（保密）dBsm	尺寸(10~50厘米)	使用校准球的单向方差分析（ANOVA）与1×3析因设计（表D-10）。*在5% α时确定因子影响的影响力为90%效应应大小的10%。	21天	联合太空战中心 建模与仿真 太空监视网传感器	研制试验2
	数据及时性	最终用户的数据延迟必须小于2分钟（在99%的时间内）	倾角(8度~172度)	使用卫星类别的公差间隔（表D-9）。*90%影响力，5% α，10个效果大小。	1天		初始作战试验 鉴定
鉴定太空活动探测和处理	灵活覆盖	*0.5厘米：600≤x≤1000千米 *5厘米：1000<x≤2000千米 *8厘米：2000<x≤4000千米 *15厘米：4000<x≤12K千米	目标数(1~400)	A. 使用真实卫星类别和仿真轨道的1×3全因子设计的逻辑回归模型（表D-6）。B. 使用钠钾合金碎片进行1×3全因子设计的逻辑回归模型（表D-7）。倾角<30度所需的建模与仿真	20天	联合太空战中心 建模与仿真 太空监视网传感器	初始作战试验 鉴定
				仿真	13天		初始作战试验 鉴定
	航天测控站(SOC)功能	分配任务并跟踪300个目标	目标数(1~400)	太空活动的建模与仿真，例如反卫星，在轨机动、新发射和太空同物体破碎。	10天		初始作战试验 鉴定

续表

试验目标	面向使命任务的定量响应变量		试验设计		范围		试验周期
	效能/适用性	阈值	因子（水平）	作战背景下科学试验与分析技术	任务（每天24小时/每周7天操作）	资源	
鉴定网络安全性防御	预防、检测、反应和恢复	有关详细指标和阈值，请参见网络安全部分		A. 对处于作战配置系统进行协同漏洞透透评估（CVPA）。 B. 修复 C. 用作战配置系统对抗国家网络威胁，进行系统对抗评估（AA）	15天 30天 15天	协同漏洞透透评估团队 对抗评估团队	初始作战试验鉴定
鉴定国防部信息网络互操作性	网络就绪度（关键性能参数）	待定		联合互操作性试验司令部认证	14~28天	联合互操作性试验司令部	研制试验
鉴定适用性	E3: 在机电场	≤23 v/m, 峰值 ≤8 v/m, 平均, RMS	距离(100~1000千米)	根据射频天线增益与角度偏离瞄准线的承包商设计构建射频剖面。根据以下内容进行优化： 1. 变送器组件作微波放室试验 2. 美国本土样机试验 近场：将射频探测器放置在雷达的精确距离处，测量向已知点的发射功率 地面：周围区域的射频测量 3. 野战系统 重复近场和地面射频试验 用飞机进行大气测量 利用带内在机资产测量射频	地面、空中在轨电磁接收机	研制试验
	E3: 大气功率密度	≤43.8 dBW/m2, 峰值 ≤15.8 dBW/m2, 平均, RMS	距离(10米~20千米)				
	E3: 军械	≤2500 v/m, 峰值 ≤220 v/m, 平均值, RMS	距离(0~5千米)				
	E3: 人员	≤10 W/m2, 平均30分钟	距离(0~5千米)				

续表

试验目标	面向使命任务的定量响应变量		试验设计		范围		试验周期
	效能/适用性	阈值	因子（水平）	作战背景下科学试验与分析技术	任务（每天24小时/每周7天操作）	资源	
	作战可用性	系统 Ao ≥ 95% 航天测控站严重故障间隔时间 ≥ 1000 小时 系统平均严重故障间隔时间 ≥ 1000 小时 航天测控站平均严重故障间隔时间 ≥ 1000 小时		AMSAA-PM2 方法用于增长极限跟踪和预测（见可靠性增长部分）	140 天	柴油	研制试验及作战试验

表 18-5　顶层作战试验鉴定框架矩阵

顶层作战试验鉴定框架（假设 100% 试验效率）				
试验目标	面向使命任务的响应变量	试验设计	资源	试验周期
作战 / 能力　关键作战问题	效能 / 生存性 / 适用性	作战背景下的科学试验与分析技术	人员、场地、物品	如有限用户试验、作战评估、初始作战试验鉴定

1. 如果指标与关键性能参数或关键系统属性相关，应标注关键性能参数或关键系统属性

五、端到端作战试验示例

（一）端到端试验概述

1. 定义

端到端试验是一种基于使命任务鉴定的逻辑方法。最容易想到的端到端试验是试验任务线程。任务线程来自对该系统所完成的使命任务的详细分析，也可以源于联合使命基本任务清单、特定使命的基本任务清单、运用概念（CONEMP）、陆军作战任务摘要 / 任务包线文件（OMS/MP）。这些线程应具有作战意义，对预期的作战使命进行自

始至终的鉴定。每个任务线程的端到端鉴定依赖于一个作战行动中包括的全线程的试验。例如，火箭或导弹的端到端试验将包括捕获目标、将目标信息传递到发射平台、发射火箭或导弹、击中目标、实现预期的毁伤水平。

2. 目的

端到端试验不仅仅是互操作性试验，仅仅验证关键信息是否可以在整个任务线程中传递还远远不够。端到端鉴定必须评估信息的质量、及时性以及使命任务完成情况。例如，对弹药的鉴定应针对瞄准系统提供准确及时的瞄准数据的能力，以及鉴定预期目标是否被击中和摧毁的能力。传感器平台的鉴定应针对向最终用户提供及时、准确和可操作信息的能力。舰艇或飞机的鉴定应包括所有机载、舰载、其他支持系统的性能，以及成功执行使命任务的鉴定。

3. 实施方法

如果由于成本或安全问题而无法将使命任务的所有方面都包含在一次端到端作战试验中，可以将任务线程的各个部分分配到多个试验活动中。每个活动都应包含一些重叠，以便试验 B 的开始包括试验 A 的结束。影响任务性能的条件应在重叠的试验活动中尽可能重复。每个试验活动都应代表典型作战任务，都应呈现相似的作战环境和威胁。如果采用独立的试验活动，《试验鉴定主计划》应当说明为什么无法在一次试验活动中执行端到端任务，这涉及试验边界，《试验鉴定主计划》应该讨论该边界可能如何影响任务效果，以及如何降低该边界的影响。

对于弹药，端到端试验可以成为实弹射击试验鉴定策略的关键部分。在端到端试验中，目标点的选择按照实战要求进行。这些数据可以提高实弹射击试验鉴定的作战真实性。实弹射击试验鉴定必须使用全备弹药，目标必须真实，必须完成毁伤评估。

系统通常依赖于其他系统来完成任务。对于这些系统中的系统，试验鉴定应该针对所有系统对任务的影响，而不仅仅是被试系统。被试系统有可能满足其要求，但由于另一个系统的性能而无法完成使命任务。

对于体系，端到端试验将涉及被试系统以外的系统。当其他系统处于另一个项目办公室的管理之下时，这会使试验的协调工作变得复杂。在这种情况下，美国防部作战试验鉴定局局长可能需要将关键系统的可用性纳入准入要求，并负责支持系统的项目办公室在《试验鉴定主计划》协调文件上签字。

（二）运输机示例

下面以 C-100 运输机的《试验鉴定主计划》中的端到端试验部分进行示例。

3.4 作战鉴定方法

C-100 运输机的作战试验将采用《能力生产文件》要求的任务包线，如下所述。使命任务是演示跨越行动 / 战术距离，将时间敏感时效 / 任务关键补给品或人员运送到偏远和严酷地点的前线部队。大约 50 次任务能够演示所有可能的任务包线。任务包括短时后勤补给、人员疏散、部队调动和空中保障。C-100 将在较小的低等级战术跑道和高等级机场上往返运行，直至最大货物载重量。C-100 的载荷将被卸载到战术旋翼飞机和地面车辆上，演示在被保障的战术单位附近前线作战基地（FOB）的转移性。将鉴定 C-100 的快速重新配置能力。为了鉴定不利天气下的运行能力，C-100 将在白天、夜晚、借助夜视镜（NVG）、可视气象条件（VMC）、仪器气象条件（IMC）执行任务。

前 3 个任务（附件说明了任务包线）将在白天、夜晚、借助夜视镜条件下飞行到低等级和高等级跑道，运输各种载荷配置（463L 托盘、步兵、车辆），完成 20 次任务和大约 64 个飞行小时。

任务 4 和 5 将运输机重新配置用于空中医疗后送。任务将在白天、晚上、借助夜视镜条件下执行，在高等级跑道上运输各种载荷配置（463L 托盘、步兵、车辆、伤员），需要完成 16 次任务和大约 48 个飞行小时。

任务 6 和 7 将演示单次和多次空投（4 次带门束和静态伞兵空投，4 个军事自由降落空投）。空投任务将在白天、晚上、借助夜视镜条件下执行，演示 8 次任务和大约 30 个飞行小时。

任务 8 将在白天、晚上、借助夜视镜条件下演示空中保障能力，要完成大约 5 次任务和 34 个飞行小时。

任务 9 将在白天、晚上、视觉飞行条件、自动飞行条件（VFR / IFR）下演示自我部署，需要执行 1 次任务和大约 40 个飞行小时。

（三）陆军弹药示例

下面以精确制导导弹的《试验鉴定主计划》中的端到端试验部分进行示例。

3.4 作战鉴定方法

精确制导的导弹要进行端到端鉴定。由于被试单元的可用性、试验区域的实时图像的可用性、收集目标数据导致发射任务之间的延迟，因此不可能在一个试验活动中执行端到端任务。因此，鉴定将基于两个作战试验活动。地面初始作战试验鉴定将试验火力支援部队规划、瞄准和实施导弹任务的能力。初始作战试验鉴定飞行试验将测试该部队发射导弹的能力，考核导弹对实际威胁目标的效能。在地面试验阶段，作战部队将瞄准并实施导弹任务，同步执行其他任务。该部队将使用实际试验靶标的卫星图像，使用现场设备来测量图像，估计目标的位置。该部队将使用野战指挥控制装备确定导弹和瞄准点的数量。任务信息将通过指挥控制链发送到发射器，发射器将对导弹进行空弹发射。飞行试验阶段将执行地面阶段生成的任务。试验人员将以数字方式将攻击目标和导弹数量（由地面初始作战试验鉴定确定）发送至连指挥所。导弹连将发射任务转发给发射系统，发射系统将移动到发射位点，在短暂的安全延迟后发射导弹。飞行试验阶段，靶标是具备对抗功能的典型威胁靶标。陆军研究实验室将对每次任务进行毁伤评估。评估是实弹射击试验鉴定策略的重要组成部分。

地面初始作战试验鉴定、飞行初始作战试验鉴定和实弹射击试验鉴定的详细信息将在《试验鉴定主计划》的其他部分中论述。

六、部队防护和人员伤亡指南

部队防护属性是系统保护其乘员和机组人员免受战斗中可能威胁损伤的属性。一般情况下，威胁会超出系统需求文件规定的范围。对于有人值守的系统以及提高人员在实弹射击试验鉴定中生存性的系统，关键的实弹射击试验鉴定问题必须包括评估乘员对战斗环境中可能遇到威胁的易损性。人员易损性应通过专门的鉴定方式来评价，如"预期伤亡"，附有损伤类型和严重程度的具体细节，以及遭到威胁攻击后，此类伤亡对平台完成任务能力的潜在影响。即使在平台无法生存的情况下，也必须解决部队防护问题。

当有人操作系统和提高人员生存性的系统需要在非对称威胁环境中部署时，必须提供用于部队防护的关键性能参数。尽管对于实弹射击试验鉴定监管计划来说，部队防护是一个主要问题，但对于实弹射击试验鉴定不受国防部监管的项目，也应评估相应的部队防护能力。国防部作战试验鉴定局局长监管下的所有国防部硬质防弹衣采办项目至少要执行经作战试验鉴定局局长批准的试验程序，支持全速率生产决策（即"首件试验"）。

七、一体化生存性评估指南

（一）基本概况

研制试验鉴定、作战试验鉴定和实弹射击试验鉴定策略应集成在一起，以统一方式评估系统的全谱生存性。对于某些系统，关键作战问题可能聚焦于系统和人员的生存性，必须在实弹射击试验鉴定监管下考核系统的人员生存性（人员防护），并将其纳入系统整体生存性评估中。

（二）最佳实践

许多作战系统的生存性评估可细分为易感性（击中概率）、易损性（被击中后毁伤概率）、部队防护（保护乘员的措施或功能）和可恢复性评估，如图18-1所示。

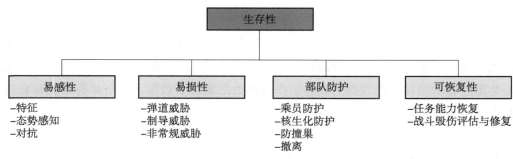

图 18-1　生存性鉴定结构示例

一体化生存性试验策略可包括多个作战想定或任务线程，指导设计对抗系统研制试验、目标特性测量、弹道耐受性的实弹试验、易损区域分析、部队防护评估。作战试验可能会使用实时伤亡评估工具来评定部队交战结果，并采集系统级生存性数据。实时伤亡评估中的命中毁伤概率应成为实弹射击试验鉴定易损性评估的基础。同样，实弹射击试验鉴定中对射击迹线和最终状态的研究应与真实威胁交战想定（如作战试验鉴定中考虑的威胁）相同。研制试验鉴定和作战试验鉴定可提供目标特征、对抗性能以及战术数据，这些数据能够支持实弹射击试验鉴定的建模和部队防护分析仿真。表 18-6 是生存性评估各个要素的示例。

表 18-6　生存性评估各要素示例

	生存性			
	研制试验	建模与仿真	作战试验	实弹射击试验
飞机目标特性		易感性和易损性		
任务规划系统效能			易感性	
外接传感器性能	易感性			
雷达告警接收机性能	易感性			
大型红外对抗性能	易感性和易损性			
飞机性能	易感性			
战术态势感知系统传感器融合性能	易感性			
态势感知	易感性		易感性	
机组人员战术、技术和规程			易感性	
射频威胁误差距离		易感性和易损性		
红外威胁发射与命中点半实物仿真	易感性和易损性	易感性和易损性		
机载制氮系统性能	易损性			
威胁容限（易损性）		易损性		易损性
部队防护	易损性	易损性		易损性
维修性				易损性
非传统威胁容限	易损性	易损性		

（三）武器效能数据

为了促进一体化生存性分析和试验，国防部监管实弹射击试验鉴定的所有武器项目均应向作战试验鉴定局局长提交武器效能数据，编入《联合弹药效能手册》。实弹射击试验鉴定监管的项目应在武器达到初始作战能力之前提交数据，并与弹药效能联合技术协调小组协调准备数据。

八、逼真作战条件示例

美军规定，支持全速率生产决策的作战试验应在逼真作战条件下进行。

作战试验机构应设计符合预期的战时作战节奏的试验，并向参与部队提供详细的战术、技术和规程。逼真作战条件的考虑因素包括典型的作战人员、维护人员、以任务为中心的鉴定、使用代表产品的试验品、适当的威胁呈现、端到端试验、基准鉴定、网络安全试验、试验设计分析中聚焦使命任务的定量指标选择。

《试验鉴定主计划》要描述每个作战试验的资源、人员、地点选择、战术考虑因素以及确保真实作战条件的其他因素。《试验鉴定主计划》要描述特定的资源和具有产品代表性的试验品。

以通用声呐系统的《试验鉴定主计划》相关内容为例：

3.4.1 作战试验活动和目标

作战试验将采用"活动驱动""作战逼真"的端到端方案进行。评估中将考虑在之前的一体化试验和研制试验活动中用具有产品代表性的试验品收集的数据。作战试验通过专门设计的试验活动评估声呐系统和船员操作该系统实现的所有功能。试验想定要求系统向海军攻击群提供水下战监视支持。在这种想定下，蓝军试验舰将从港口起锚，与友军共同完成主动、被动和协同水下作战，然后返回港口。水下作战行动将在深海、公海和沿海地区针对实施有效威胁策略的反潜潜艇（SSK）和核动力攻击潜艇（SSN）级威胁进行。试验地点包括典型水平的中立航运，提供真实水平的干扰接触。威胁部队的任务是积极追击和攻击海军攻击群，并在可能的情况下，先发制人与蓝军试验舰交战。

通用直升机的《试验鉴定主计划》相关内容：

3.4.1 作战试验活动和目标

初始作战试验将在训练中心进行，训练中心应配备训练有素的飞行员和维护人员。训练内容包括连级的空中机动、空中突击和伤员后撤任务。按照作战模式摘要／任务包线的要求，以战时作战节奏对5架低速率初始生产的"达科塔"数字直升机和5架基准模拟直升机进行并排训练。"达科塔"直升机要完成150小时的记录试验。

初始作战试验鉴定将从通信演习开始，验证直升机通信系统是否满足互操作性要求，并验证是否与战术互联网正确集成。突击直升机连的指挥官以及来自突击直升机营和航空单位维护（AVUM）连的部分参谋将参加试验。一个步兵连和一个炮兵连将作为支援单位。

试验重点考察作战环境中的垂直机动任务，考核直升机应对经过验证的威胁。典型威胁（射频、红外、激光）将激励飞机的生存设备（ASE）演示出应具备的一体化显示，使机组人员完成适当响应 / 飞行动作。旅级及以下级别的行动命令将由总部参谋负责传达，由直升机部队执行。维护人员将采用两级维护方案。

初始作战试验连级使命任务重点考核导航能力、全天候作战、互操作性（通信）、态势感知和其他关键性能参数。

模拟的机动部队将增强真实机动部队，描绘逼真的通用作战图像（COP），实现贴近实战的指挥控制、威胁与友军部队。蓝军部队指挥控制系统将执行高级别总部的职责并提供指示。红军部队将在训练与条令司令部批准的试验科目范围内模拟威胁部队的功能。由战场管理系统节点组成的"白色部队"不会显示在其他单位或真实部队的系统中，负责协调试验矩阵的执行和试验控制功能。仿真单位生成真实的、部分正确的或错误的通用作战图像，激励通信，并对指挥部门施以应力，最重要的是为机组人员提供输入。

九、典型装备型号的《试验鉴定主计划》运用示例

本部分将以 AGM–88E 先进反辐射导弹、"全球鹰"无人机、制导型多管火箭炮系统等为例，介绍美军武器装备作战试验鉴定开展情况。

（一）AGM–88E 先进反辐射导弹

1. 早期作战评估

美海军的 AGM–88E 先进反辐射导弹（AARGM）于 2003 年 6 月进入采办的系统开发与演示阶段。由于此时 AARGM 的研制试验和作战试验尚未全面开展，海军作战试验部门依据"试验鉴定策略"（即《试验鉴定主计划》的雏形），利用实验室数据和建模与仿真开展了早期作战评估。

评估结果显示，未来试验面临两项潜在挑战：一是由于缺少能够模拟威胁电子环境下被打击目标物理形态的靶标，试验靶场的基础设施尚不支持 AARGM 对目标识别能力的试验鉴定。为此，国防部决定设立"资源增强项目"，由作战试验鉴定局与项目管理办公室为 AARGM 共同开发高仿真靶标；二是早期规划的试验导弹数量有限，如果试验中射击失败，只有很少存量的导弹用于再试验和结果验证，为此，项目管理办公室决定增加试验导弹数量。

2. 作战评估

2004 年 8 月，作战试验鉴定局批准了先进反辐射导弹项目办拟制的《试验鉴定主计划》。海军作战试验鉴定部队依据《试验鉴定主计划》制定了作战评估计划，经作战试验鉴定局批准后，进行了 2 个阶段的作战评估。

第一阶段，在 2008 年进行了 10 架次静态挂飞和 2 次实弹射击试验，目的是支持里程碑 C 和小批量生产决策。完成第一次作战评估后，海军作战试验鉴定部队司令（COTF）称，AARGM 具有潜在的作战效能和作战适用性。作战试验鉴定局同意了 COTF 的作战评估结论，认为 AARGM 试验情况与性能表现是充分的，能够支持 2008 年 9 月的里程碑 C 决策。

第二阶段，2009 年由研制试验和作战试验人员在同一个作战想定任务中，采用具有作战代表性的导弹硬件和软件，成功进行了 1 次在 F/A-18C/D 飞机上的实弹射击。这次作战评估后，作战试验鉴定局认为可以开展 AARGM 初始作战试验鉴定。

3. 初始作战试验鉴定

2010 年 6 月至 2012 年 9 月期间，AARGM 共进行了 2 次初始作战试验鉴定。

（1）第一次初始作战试验鉴定

2010 年 6 月，海军开始进行 AARGM 的第一次初始作战试验鉴定。承担试验任务的是位于加州中国湖的试验鉴定第 9 中队。海军按照经作战试验鉴定局批准的初始作战试验计划，规划使用 8 枚具有生产代表性的导弹和 4 枚小批量生产（即低速率初始生产，LRIP）导弹，在作战环境下，面对具有威胁代表性的目标，开展实弹射击试验，同时结合进行静态挂飞、可靠性和适应性试验。在静态挂飞试验中，有 6 枚导弹（4 枚 PRM 和 2 枚 LRIP）出现问题（包括 3 次未查明原因的武器失败指示故障、1 次通信终止故障、1 次制导与控制故障和 1 次目标指示识别故障）。中国湖试验鉴定第 9 中队发布了 8 份 AARGM 异常报告。

作战试验鉴定局根据异常报告，决定中止当前的初始作战试验活动，废除了海军原有的《初始作战试验鉴定试验计划》，要求海军重新制定试验计划，纠正发现的缺陷。据此，海军中止了 AARGM 的初始作战试验鉴定，转而开展故障鉴定和缺陷纠正。针对研制试验和第一次初始作战试验鉴定中发现的问题，海军逐一进行整改。2010 年 11 月到 2011 年 1 月间，海军又追加开展了一次研制试验，验证了缺陷的纠正情况。海军作战试验鉴定部队联合先进反辐射导弹项目办，在 2011 年 1 月到 7 月进行了一体化研制试验与作战试验。试验中，又发现了 9 项新的缺陷，作战试验鉴定局认为，其中的 2 项缺陷可能会导致 AARGM 作战任务失败。

（2）第二次初始作战试验鉴定

由于第一次初始作战试验鉴定期间确认系统软件和硬件存在缺陷，在作战试验鉴定局的要求下，海军作战试验鉴定部队开始对作战试验计划进行修改，计划再次组织初始作战试验鉴定。

2011 年 10 月，作战试验鉴定局批准了修改后的初始作战试验鉴定计划。第二次初始作战试验期间，共完成了 185 次试验，累计导弹作战时间 558 小时。2012 年第 4 季度，作战试验鉴定局发布了一份保密的初始作战试验鉴定报告，通过第二次初始作战试验结果审查，海军里程碑决策机构进行了批量生产决策审查。审查后，海军获准首批 AARGM 的批量生产。

4. 后续作战试验鉴定

2012 年 12 月，海军明确 AARGM 第二批次的后续作战试验鉴定需求，并确定所需资源，要求进行充分试验，纠正第一批次存在的缺陷，确保第二批次的导弹具备完全作战能力。2013 年 5 月，作战试验鉴定局与海军达成一致，并于 2014 至 2015 财年进行第二批次的后续作战试验鉴定。

（二）"全球鹰"无人机

由诺思罗普·格鲁曼公司研制的 RQ-4B "全球鹰"无人机（BLOCK 30 型）是空军"全球鹰"系列无人机的一个改进型，由一架无人机、一套地面设施以及图像情报和信号情报的有效载荷组成，是一种远程操控的高空长航时无人空中情报监视与侦察系统，能够持续开展高空情报搜集，在平时和战时向联合作战部队和政府提供情报保障。

1. 作战试验开展情况

2010 年 10 月 4 日至 12 月 14 日，空军作战试验鉴定中心对 4 架具有生产代表性的"全球鹰"无人机 BLOCK 30 型进行了全面的初始作战试验鉴定。

（1）组织实施

作战试验鉴定主管部门：空军作战试验鉴定中心负责作战试验任务的计划和组织。

被试无人机操作与保障：空军第 9 侦察联队飞行机组和维修人员负责在比尔空军基地执行无人机的起飞和着陆操作任务。空军第 412 试验联队负责为无人机在爱德华兹空军基地执行转场任务提供起飞、着陆和维修保障。

被试无人机任务控制：空军飞行员和"全球鹰"增强型综合传感器设备（EISS）传感器操作人员负责在"全球鹰"作战中心和比尔空军基地的任务控制设施上对作战试验任务进行操控；"全球鹰"机载信号情报有效载荷（ASIP）传感器操作人员负责在比尔空军基地的空军分布式地面站（DGS-2）对 ASIP 进行控制；内利斯空军基地的空军联合空中作战中心（CAOC-N）负责分配并指挥作战试验任务。

试验数据分析与结果评估：在试验结果的处理、挖掘和分发过程中，空军第 480 情报、监视和侦察联队的情报分析员利用分布式地面站的图像情报数据；陆军情报分析员利用中国湖海军空战中心战术情报站的图像；信号情报分析员利用分布式地面站站点和其他分布式通信情报利用站的信号情报数据。此外，联合互操作司令部和国防信息系统局也参与其中，分别负责互操作性评估和网络安全评估。

使用的国防部试验靶场和设施：作战试验活动总共涉及了 10 个靶场和设施，包括犹他试验与训练靶场、内华达试验与训练靶场、海军攻击及空战中心的法隆训练靶场、海军空战中心的中国湖电子战靶场、太平洋阿拉斯加靶场综合体、埃格林空军基地试验靶场、华丘卡堡电子试验场、尤马试验场、斯图尔特堡多功能训练场、霍姆山空军基地靶场。

（2）试验依据

RQ-4B "全球鹰" 无人机作战试验的主要依据是作战需求文件中的关键性能参数（KPP）（见表 18-7）和关键系统特性参数（KSA）（见表 18-8）。

表 18-7　RQ-4B "全球鹰" BLOCK 30 关键性能参数（KPP）

KPP	阈值性能
战场持久性	
续航能力	根据空军指示，在任务执行配置中，必须至少具备 28 小时的总持续时间和适当的燃料储备
全球范围作战能力	必须足够强大，以允许各级空域采用全球系统
动态控制	必须允许操作人员进行近实时任务控制、任务监控、任务更新或对动态平台和有效载荷控制以及再分配进行修正
网络完备性	必须 100% 符合联合体系结构企业级互操作要求
战场态势	
战场态势感知	必须 100% 符合关键的传感器收集性能参数 – 80 千米处的光电图像分辨率达到 5 级国家图像解析度分级标准（NIIRS 5） – 120 千米处的合成孔径雷达图像分辨率为 NIIRS 5 – 50 千米处的红外图像分辨率为 NIIRS 5 – 指定频率内的信号情报收集

表 18-8　RQ-4B "全球鹰" BLOCK 30 关键系统特性（KSA）

关键系统特性	阈值
地面作战	必须能够在机场与其他飞机上进行操作，并在 8000 英尺长、148 英尺宽的铺筑跑道上运行。
数据记录仪	必须具备图像和信号情报数据记录功能，以允许在不依赖视距或超视距数据传输系统的情况下完成任务（即 "无绳" 操作）。
任务规划	必须在 16 小时内完成任务规划。如果要求使用六自由度建模对外部任务计划进行验证，则规划时间可能长达 6 周。
任务起飞和降落	必须能够在备用 / 转移基地降落并随后重新起飞。
目标上空有效作战时间（ETOS）	仅使用 MSRP 提供的备件进行初始部署之后，必须提供长达 30 天的有效战位 ISR 覆盖范围（55%）。
电磁兼容 / 干扰	在不造成物理损坏或不可接受的任务降级的情况下，飞机、航空电子设备、有效载荷、通信设备必须同时运行。

续表

关键系统特性	阈值
有效载荷性能	必须检测、定位并允许对战术型目标进行全天候识别。光电和红外传感器必须满足规定范围内最小图像分辨率的要求。
定位	必须识别精确空对地武器的目标位置。

（3）试验规划

针对这次试验任务，空军作战试验鉴定中心共计划了 17 项初始作战试验飞行任务和 4 项额外任务（用于代替由于天气、维修取消或任务中止而无法开展的试验活动）。其中，2 项任务由于维修问题而取消，1 项任务由于天气原因而取消。由第 9 侦察联队负责余下的 18 个飞行任务，共计 285.1 飞行小时（见表 18-9）。

表 18-9　无人机初始作战试验战鉴定任务和飞行时间

无人机	任务数	飞行小时
机尾编号 2021	4	77.8
机尾编号 2023	2	10.6
机尾编号 2026	7	143.5
机尾编号 2028	5	53.2
合计	18	285.1

试验小组基于"全球鹰"主要作战行动任务场景、美军海外应急作战行动以及国土防御作战要求，制定了 19 种任务想定，为图像和信号情报数据收集操作试验提供实际作战任务背景。想定包括探测、定位、识别和监控目标的情报、监视与侦察。此次试验任务主要开展以下试验活动：无人机的起飞、进近和着陆操作；利用机载增强型图像传感器设备收集沙漠、高山、滨海和北极环境下的图像情报数据；利用机载信号情报有效载荷传感器收集指定频段内的信号情报数据；对图像和信号情报数据进行处理、挖掘和分发；利用飞机准备模型来仿真初始部署期间的作战行动；通过实装飞行检验初始部署之后的作战行动。

（4）建模与仿真在作战试验中的应用

在作战试验期间，空军作战试验鉴定中心使用经认可的"全球鹰"飞机准备模型（ARM）评估延长的作战期内系统的可靠性、可用性和可维修性（RAM）这三个性能。借助无人机系统设计模型和经可靠性和可修护性联合评估组认证的维修数据，ARM 对三个无人机、一个任务控制单元和一个发射回收单元持续进行 30 天战斗空中巡逻任务仿真，包括系统及维护操作仿真。该模型可提供任务执行率、出动强度、有效战位时间（ETOS）、断线率、飞行中止率、装配率和备件需求等模拟功能。此外，使用空军自动化空中加载和规划软件（AALPS）仿真模型，空军作战试验鉴定中心使用 C-17 运输机对无人机及配套设备的运输进行了仿真模拟。

2. 作战试验结果分析

全面的初始作战试验鉴定证实，RQ-4B "全球鹰"（BLOCK 30 型）系统不具备作战有效性和作战适用性。

（1）作战效能不足

在初始作战试验鉴定过程中，通过执行 19 种不同的作战任务想定，试验方检验了在和平时期或非危机时期计划的作战节奏（每周用三架无人机执行两到三个架次）下，RQ-4B "全球鹰"系统能达到的情报监视与侦察覆盖范围，以此来评估该系统的作战效能。演示验证结果是，该无人机系统情报监视与侦察覆盖范围的 40% 不满足作战要求，作战效能不足。

"全球鹰"能力开发文件（CDD）确定了 5 项关键性能参数（KPP）：续航力、战场感知、全球范围作战能力、动态控制和网络完备性，其具体的操作要求是端到端作战任务能力交付所必需的系统基本属性，也是作战效能检验的主要内容。初始作战试验鉴定的结果表明，RQ-4B "全球鹰"系统符合续航力和战场感知，部分符合全球范围作战能力和动态控制，不符合网络完备性要求。虽然该系统满足了 5 项关键性能参数要求中的 4 项，但初始作战试验鉴定结果显示，RQ-4B 仍旧无法充分保证其在所有任务领域都能成功使用。

（2）作战适用性不足

在初始作战试验鉴定过程中，通过仿真模拟和实装飞行，试验方检验了在接近连续作战节奏和非连续作战节奏下，RQ-4B "全球鹰"系统满足有效战位时间（ETOS）作战要求的情况，以此来评估该系统的作战适用性。结果是，该无人机系统未达到规定的有效战位时间，无法持续维持所需的长航时任务，不能有效支持接近连续的情报、监视和侦察作战节奏，作战适应性不足。

"全球鹰"能力开发文件（CDD）规定了 3 架"全球鹰"组成的一支空中编队在近乎连续行动作战节奏下应达到的有效战位时间下限。具体规定是：为了满足作战需求，在 30 天（720 小时）的行动期间，一支空中编队要保持始终有一架飞机处于任务有效状态的时间达到 55%（396 小时）。这要求空中编队至少执行 20 次长航时任务，每次任务的有效战位时间要达到 20 小时。

初始部署期间（部署的前 30 天），试验方使用飞机战备模型（ARM），利用任务准备备件包（MRSP）配属工具包中的备件，通过仿真对在接近连续作战节奏下的 ETOS 进行评估。初始部署后（一周），试验方使用提供备件的主作战基地供应系统，对维持在最初 30 天部署期之后的接近连续作战节奏下的 ETOS 进行评估。同时，试验方还验证了在较低且非持续性作战节奏下（六周时间，每周出动两至三个架次）该无人机系统的有效战位时间。试验结果显示，初始部署期间的 ETOS 为 26.7%（±14.8%），初始部署后的 ETOS 为 38.9%，非连续作战节奏下的 ETOS 为 42%，均未达到作战要求。

通过分析发现，RQ-4B"全球鹰"BLOCK 30 未满足 ETOS 作战要求的主要原因在于，无人机可靠性、可用性和可维修性不足。

3. 作战试验鉴定局措施建议

针对初始作战试验鉴定中暴露的问题，美军作战试验鉴定局从作战效能和作战适用性两方面提出了改进建议。一是作战效能方面，开发任务规划系统，缩短新任务原有的 4 周规划周期，提高快速作战能力；升级通信系统，提高机组人员的态势感知能力和任务协调能力；解决联合互操作性和信息保证缺陷。二是作战适用性方面，实施全面的可靠性增长计划，以纠正系统可靠性缺陷，提高有效战位时间性能；解决机载传感器稳定性不足的缺陷，以提高战位信号情报收集能力；改进维修和载荷操作人员训练计划。空军随后实施了多项纠正措施，以提高无人机部件可靠性，确保系统可用率，提高出动强度和任务维护能力。

空军已经开始实施并计划了多项纠正措施，以提高无人机高故障率部件可靠性，确保系统可用率，提高出动强度和任务维护能力。

（三）制导型多管火箭炮系统

1. 系统介绍

制导型多管火箭炮系统（GMLRS）火箭弹是美陆军用于保障机动师和团的全天候精确制导型武器，也是多管火箭炮（MLRS）弹药家族的最新改进型，由 GPS 辅助惯性制导组件和改进型箭体组成，弹体前端的小型舵为火箭弹提供了基本的机动能力，使其精度大为提高。

目前，GMLRS 火箭弹包含两种改进型火箭：双用途改进型常规弹药（DPICM）火箭和单弹头（Unitary）火箭。DPICM 是美、英、意、法、德等多个国家合作的研制和生产项目，配有 404 枚双用途改进型常规子弹药，最大射程超过 70 千米，用于对付轻型装甲固定目标，例如牵引炮、空中防御部队和通信站点。Unitary 由洛马公司研制，配有一枚单一的、重约 200 磅的高爆弹头，射程超过 60 千米，在地形条件和 / 或交战规则不允许使用 DPICM 的条件下使用，具有 3 个引信装置：着发、延迟和空炸，分别对付野外单兵、轻型加强型掩体和单个轻型装甲目标。陆军希望在射程更远（超过 60 千米）、火箭数量和哑弹数量更少（针对 DPICM）、比目前 MLRS 火箭的间接毁伤更低（针对 Unitary，特别是在城市）的情况下，实现所需打击效果。

这两型火箭既可以从 M270A1 多管火箭发射系统上发射，也可以从高机动火箭炮系统（HIMARS）上发射，通过增加 GPS 制导和控制元件而提高了精确度，通过新型火箭发动机和改进型鸭式翼提供的拓展飞行能力而扩大了射程，在任何地形或天气条件下都可提供昼夜作战能力。

根据 2006 财年年度报告，美军计划采购 43560 枚 GMLRS 火箭弹，其中，DPICM 占 20%，Unitary 占 80%。根据 2008 财年报告，美军连同盟军已发射 930 余枚 Unitary 火箭弹用于伊拉克战争。这些火箭弹达到了预期的毁伤效果和可靠性，同时间接损伤实现最小化。此外，美军计划采购 34848 枚该型火箭弹。

2. 作战试验开展情况

（1）DPICM

作战试验鉴定局于 2004 年 8 月 26 日批准了 DPICM 的初始作战试验鉴定计划。美陆军于 2004 年 9 月至 11 月进行了 DPICM 与 HIMARS 发射装置相结合的初始作战试验鉴定。作战试验鉴定局于 2005 年 5 月提交了试验鉴定报告。

试验分地面试验和飞行试验两个阶段开展。地面试验于 2004 年 9 月在福特斯尔与 HIMARS 的初始作战试验一起进行。在这个阶段，HIMARS 发射装置利用武器仿真设备复制了发射任务所有环节，仿真发射了 112 次 DPICM M30 任务。飞行试验于 2004 年 10 月和 11 月在白沙导弹靶场进行。试验部队针对 35 千米到 66 千米之间的 3 个典型靶标发射了 24 枚 DPICM M30 火箭。

（2）Unitary

美陆军于 2008 年 4 月在白沙导弹靶场进行了 Unitary 的初始作战试验鉴定。

试验分地面试验和飞行试验两个阶段开展。美陆军还进行了额外的 GPS 人为干扰试验。

3. 作战试验结果分析

初始作战试验鉴定表明，DPICM 火箭和 Unitary 火箭均具备作战效能和作战适用性。

（1）DPICM

DPICM 具备作战效能。进行试验的弹药型号是 DPICM M30，比目前的 DPICM M26 或 M26A2 弹药精准度更高、射程更远；能对其预定目标进行致命打击；不会受到 GPS 人为干扰的影响；通过精确的、远程的传感器，能提供及时的定靶信息。但是目前不具备满足需求的靶标采购能力。因此，弹药效能还没完全达到其规定要求，除非远程传感器能够更加精准，靶标采购与执行过程更加及时。

DPICM 具备作战适用性。新生产的 DPICM M30 具有可靠性。然而，陆军后续试验表明，该型弹药存在持久性问题以及由于潮气而导致的长期储存潜在问题；在所有射程范围内，比目前 DPICM 火箭的子弹药哑弹率要低得多，但没有满足国防部要求的小于 1% 的标准，也没有满足联合需求监督委员会（JROC）修正的关于该弹药的哑弹率标准，即 20 千米之内小于 4%。满足了联合需求监督委员会修正的 20 千米之外的哑弹率标准；在陆军目前的维修、后勤、训练和人力结构下，具备可保障性；其火箭发动机和弹头不符合国防部关于钝感弹药的要求。但联合需求监督委员会取消了 2006 财年将要采购约 4600 枚火箭的要求。

（2）Unitary

在初始作战试验鉴定中出现的问题及分析：

在地面试验阶段，一枚火箭在距离其预定目标点 750 余米处引爆。然而根据设计要求，如果火箭的制导传感器在撞击前 1.5 到 3 秒预报该火箭偏离预定飞行轨迹超过 250 米，该火箭就不会打开保险装置。因此弹头也就无法在这么大的误差距离上引爆。陆军对此进行了彻底分析，但没能找出这次异常事故的原因。他们给出的最终结论是，火箭试验是在 GMLRS 的作战要求内进行的，且没有系统设计缺陷、组装问题或任何故障倾向。陆军航空与导弹研发工程中心和承包商认为，问题出在火箭制导系统的加速装置上。项目主任和承包商已经确定了升级加速装置的软件和组装程序，并分阶段进入生产过程。根据这次异常事故，陆军发布了中等风险安全使用信息。

在飞行试验阶段，由于软件与用户的界面问题，2 枚火箭偏离目标 35~100 米。在发射任务中，发射器的软件对于火箭失去 GPS 定位能力的问题，没有给操作人员提供太多字面上的帮助信息，以至于操作人员继续执行发射任务，而火箭却在没有 GPS 的情况下飞行，错过了目标。陆军正在更新发射器上的软件。这样，操作人员就能在其发射控制面板上收到更加明显的警告信息。总的说来，Unitary 具备作战效能和作战适用性。

Unitary 具备作战效能。在初始作战试验鉴定飞行试验阶段的 12 项任务中，该火箭达到了其中 11 项任务预期的效果，误差距离在 4 米；部队指挥官可以使用指挥控制软件有效部署 Unitary 火箭；在精确目标定位条件下，Unitary 可以满足针对对抗目标的效能要求。陆军验证了作战部署部队可以以所需的精度定位固定目标。

Unitary 具备作战适用性。火箭验证了研制和作战试验中 92% 的可靠性要求。最大的故障是延迟引信装置中弹头没有引爆；火箭发动机和弹头不符合钝感弹药要求。Unitary 的弹头是系列 MLRS 弹药中最不易受敌方火力攻击的；能够利用 GPS 人为干扰战术和方法，打击所有被 GPS 人为干扰的目标。

4. 措施建议

（1）针对 DPICM 提出的建议

1）继续致力于使 M30 全面符合钝感弹药标准。陆军目前正在研制符合这些标准的火箭发动机和子弹药。作为过渡，陆军对战术作战、商业和军用运输、再补给、存储和安全性等方面进行评估和流程调整，以降低风险。

2）继续致力于满足国防部关于所有射程范围内子弹药哑弹率少于 1% 的要求。陆军正在采购自毁型引信装置，以降低哑弹率。

3）继续开展全寿命周期试验，以验证环境因素或贮藏条件不会对弹药可靠性产生不利影响。

4）评估 GMLRS 弹药的定靶程序和指控程序，以提高精准度和靶场能力。陆军应该考虑开展一次联合作战演习，确定现有的传感器和定靶体系结构是否足以用来开发 GMLRS 和其他远程弹药的能力。

针对这些建议，陆军采取了以下措施：

1）研制自毁引信装置，以满足联合需求监督委员会的哑弹率要求。

2）研制符合钝感弹药要求的通用火箭发动机。

（2）针对 Unitary 提出的建议

1）继续寻求提高钝感弹药率的方法。

2）全面阐述初始作战试验鉴定中 750 米半径误差产生的根本原因。研究、确定、试验解决方案，确保该事件不再发生。

3）继续按计划修改软件，避免操作人员在不知情的情况下继续发射无法执行任务的 GMLRS-Unitary 火箭。

4）按计划对重新设计的控制机制进行试验。

5）将 GMLRS-Unitary 对抗建筑物的能力列为陆军的定靶工具。目前，该能力还不是定靶工具，所以士兵在初始作战试验鉴定中不得不使用替代的武器系统。

（四）其他装备作战试验简介

1. DDG51 级导弹驱逐舰

美海军研制 DDG51 级导弹驱逐舰的主要目的有两个：一是用于替换 20 世纪 60 年代初建成的 10 艘"孔兹"级和 23 艘"亚当斯"级导弹驱逐舰；二是作为"提康德罗加"级"宙斯盾"巡洋舰的补充力量。DDG51 级驱逐舰共分三种型号：DDG51–71 属于 I 型，DDG72 至 78 属于 II 型，DDG79 至 112 属于 IIA 型。首舰于 1991 年交付海军。

进入 21 世纪以后，针对系统升级与装备改造，海军主要对 IIA 型的 DDG51 级驱逐舰进行了后续作战试验鉴定。如 2002 年 11 月，对 DDG81 的反潜战能力进行了作战试验，试验在海军大西洋水下试验鉴定中心进行，验证了在飞机支援下对抗一艘"洛杉矶"级核动力潜艇的作战效能。2004 年，海军利用一次演习活动，联合"梅森"号和"约翰·肯尼迪"号军舰进行了多舰导弹发射互操作试验。这是一次针对"梅森"号 DDG87 驱逐舰互操作性能的研制试验，但是海军作战试验鉴定部队对试验进行了观察，并对试验数据进行了分析鉴定，鉴定结果在后续的 OT–IIIG（对装配了 SPY–1D"宙斯盾"雷达和 SQQ89（V）14 型反潜战系统的 DDG87"基线 –6"作战试验鉴定）作战试验中获得应用。作战试验结果表明：DDG87 在深海环境中的作战效能达标，但是不适合近海作战；同时，维修性、兼容性、互操作性等作战适用性问题仍有待提高。

由于海军作战试验鉴定部队参与了 DDG87 的互操作性研制试验，并分析了试验数据，提前发现了 DDG87 作战适用性的潜在问题，使得美海军能够针对问题，对 DDG51

级 IIA 型驱逐舰的维修性、兼容性和互操作性能进行改善，并在 2005 年开展的 DDG87 驱逐舰 OT–IIIG 作战试验中进行了检验。这一问题没有影响 DDG87 驱逐舰的采办与使用。

2. 近程反坦克武器

"近程反坦克武器"（SRAW）系统是一种"发射后不管"武器，主要用于在全天时（白天或黑夜）对坦克及装甲车辆实施全方位追踪及打击，可由海军陆战队员单兵便携使用。SRAW 作战试验鉴定目的是检验系统是否满足所规定的作战效能和作战适用性。

（1）SRAW 的作战效能与作战适用性

SRAW 作战效能目标包括：任务效能，可生存性、易损性，以及协同系统。作战适用性目标包括：可靠性、可用性、可维修性、可部署性和可运输性、人员选择和培训、组织效果、作战构想、后勤支援，人员因素和安全以及软件。在 SRAW 的《试验鉴定主计划》中，对作战效能和作战适用性的考核以疑问句形式列出，通过作战试验对这些问题进行解答。

作战效能

（a）当一名陆战队员全副武装、身穿寒季作战服，是否能携带 SRAW 进行作战，并摧毁静止和移动敌方装甲车辆？

（b）相比目前的"陶"式反坦克导弹，发射 SRAW 是否能提高发射人员的生存性？

（c）发射 SRAW 是否安全，即使是在城区作战环境中？

（d）装备现有的夜视仪或瞄准器后，作战人员对在夜间使用 SRAW 是否满意？

作战适用性

（a）SRAW 在作战部署时是否可靠、可生存与可维修？

（b）SRAW 后勤是否可支持？

（c）SRAW 训练和文档是否能使普通陆战队员在作战环境中使用该系统？

（d）SRAW 的功能是否符合目前条令、战术和组织？

（e）作战部署时，SRAW 是否可运输和可部署？

（f）SRAW 的设计是否满足人类声学工程原理？

（g）海军陆战队部署 SRAW 是否安全？

（h）SRAW 嵌入的软件功能是否可用于作战环境？

（2）作战试验鉴定的实施过程

SRAW 的作战试验分为四个阶段实施。每个阶段都由经过训练的陆战队队员在具有作战代表性环境中实弹操作：阶段 I 大约为期两周，利用承包商提供的培训计划对海军陆战队进行培训，并评估培训效果；阶段 II 演练一系列战术场景，利用排级试验部队对抗有代表性的威胁靶标，场景包括全天候、进攻性和防御性，这个阶段还将开展城市作战试验；阶段 III 开展联合演习，把一个装备 SRAW 的排集成到试验部队内，这个阶段提供 SRAW 在联合作战环境中的性能数据；阶段 IV 评估 SRAW 在两栖船只上的便携性和可运输性。

（3）作战试验资源保障

主要包括：103 套用于作战试验的系统；训练设备，用于真实的初始作战试验鉴定武器系统的低成本备用产品，训练参加初始作战试验鉴定的海军陆战队员；5 个 T-72 靶标坦克（2 个必须是能使用的）；3 个 BMP-2 靶标车（2 个必须是能使用的）；4 个装甲车辆远程控制组件。

3. F-22 作战试验

美国空军的 F-22A 飞机是由洛马、波音、通用动力等公司联合设计的第五代战斗机，2005 年服役，单座双引擎，具备超声速巡航、超视距作战、高机动性、对雷达与红外探测隐身等特性，配备了 AN/APG-77 有源相控阵雷达、AIM-9X 红外成像近程空对空导弹、AIM-120C/D 中程空对空导弹、先进综合航电与人机界面等。

（1）准备工作

2003 年 10 月至 2004 年 2 月，在准备 F-22A 飞机作战试验期间，美空军作战试验鉴定中心完成了以下几项工作。

一是给出了修改后的详细飞行手册。3 架 F-22A 飞机（安装有航电设备和软件）在一个过渡飞行包线内进行了开放空域的飞行试验。

二是测量了航电设备和软件的稳定性。项目主管、试验小组、国防部长办公厅密切合作，测量了航电设备和软件的稳定性（即航电设备出现异常的平均时间），该工作持续了整整一年。航电设备和软件的成熟度是 F-22A 飞机能够进行作战试验的指示器，经过测量，F-22A 飞机进行作战试验之前的航电异常平均时间约为 4006 小时（来自承包商在航电稳定性试验台上所做试验，也包括对 4 架参与作战试验飞机航电的测量）。

三是完成了有关武器发射和飞行试验。承包商和作战试验小组共同完成了在 F-22A 飞机的飞行包线内 AIM-9M 导弹和 AIM-120C 导弹发射的安全分离试验，其中 AIM-120C 导弹的分离试验在滚动条件下进行；完成了空对地武器发射和副油箱分离试验；完成了 17 次点对点制导导弹发射试验，其中 13 次试验连续成功，然后在某设定背景下有 1 次试验失败，随后在该背景下又进行了 3 次试验。

2004 年 3 月，F-15C 飞机比较飞行试验期间，美空军作战试验鉴定中心设定了进攻和防御 2 种作战背景（使用 B-2 飞机作为敌方攻击飞机）。2 种作战背景都包括 2 架己方 F-15C 飞机和 4 架敌方飞机，试验小组完成了 22 次开放空域的验证，试验并进行了 26 次首先发现首先攻击试验。

（2）作战试验

2004 年 4 月底到 9 月的作战试验期间，美空军作战试验鉴定中心主要完成了以下几项工作。

一是在前 6 个星期完成对比飞行试验。F–22A 飞机进行了对比飞行试验（即 F–15C 飞机做过的试验），完成了 25 次 2 架己方 F–22A 飞机对 4 架敌方飞机的飞行试验，24 次 1 对 1 情况下的首先发现首先攻击试验。

二是在接下来的 6 个星期里完成了设定作战背景的飞行试验。F–22A 飞机完成进攻和防御 2 种作战背景下的飞行试验（4 架 F–117 飞机作为敌方攻击飞机）。在这 2 个作战背景下，4 架己方 F–22A 飞机和 8 架敌方飞机进行了飞行试验。试验小组共进行了 23 次 4 对 8 的试验，还对 F–22A 飞机补充进行了大约 60 项试验，包括夜间、机炮实弹射击、先进红外威胁、先进电子反制威胁、地空威胁、高信号密度等任务领域。

三是参与演习并进行出击频率试验。4 架 F–22A 飞机参与了演习：在 6 月底参与了 2 天演习，4 架 F–22A 飞机演示了近距离上的高出击频率；在 8 月初参与了 3 天演习，演示了远距离上的低出击频率。

四是进行模拟试验。在作战试验的最后阶段，试验小组在 F–22A 飞机空战模拟器上进行了大约 7 个星期的模拟试验，针对当前和未来的威胁，空战模拟器模拟了面空和空空威胁，以及在开放空域试验中无法实现的电子信号环境。

2004 财年空军作战试验鉴定中心还完成了 F–22A 飞机惰性气体生成器系统的实弹试验，在承包商飞行模拟器系统设施上进行了加油试验，在几次模拟的高空任务剖面中测量了氧气浓度。

2005 年 8 月和 11 月的后续作战试验鉴定期间，空军作战试验鉴定中心对 F–22A 飞机的空地任务能力、完全的空空能力、巡航导弹环境的能力进行了试验。

（3）结论

经过作战试验鉴定，空军作战试验鉴定中心认为 F–22A 飞机不充分的指挥命令数据链和不成熟的维护保养信息系统妨碍了其出击频率。作战试验鉴定局认为，F–22A 飞机的空空任务能力很好，生存性强，但其作战适用性不足；作战试验中，F–22A 飞机完成了 90% 的任务试验，但也表明 F–22A 飞机需要更多维护保养资源和备件；确定了 351 个需要改正的不足之处，需要改进的领域包括航空电子能力、武器综合能力、故障诊断能力、低探测恢复能力、指挥命令数据链等。但 F–22A 飞机的作战试验并不充分，在随后的部署中发现 F–22A 飞机漏雨，并且其外部连接塑料线容易和铝起反应并影响其电路。

第 19 章　软件试验鉴定

除应急作战需求特定情况外，软件密集型项目的每个增量都需要初始作战试验（或有限用户试验）。初始作战试验通常会在全面部署决策之前完成，并且以更新后能力和之前作战试验没有通过鉴定的系统交互风险评估为指导。对于任何系统中的软件，作战适用性鉴定包括维护软件能力以及跟踪和管理软件缺陷的能力。

一、软件密集型系统作战试验

（一）软件密集型系统作战试验概述

1. 适用范围

本指南适用于 2015 年 1 月 7 日发布的国防部指示 5000.02 涵盖的软件密集型系统，属于"增量部署的软件密集型（模型 3）、软件密集型加速采办（模型 4）和混合采办项目"。作战试验鉴定局局长发布的政策《信息和业务系统的作战试验鉴定指南》（2010 年 9 月 14 日）特别适用于模型 3 系统。适用于模型 3 系统的特点是通过多个采办增量实现能力快速交付，每个增量实现整体所需项目能力的一部分。每个增量可能包含几个有限部署；每次部署特定版本，为用户提供构成整体增量能力的成熟的、经过试验的组成部分。为了满足国防部批准的能力增量需求，通常将需要进行若干次发布和部署。根据《采办项目中网络安全的作战试验鉴定程序》指南要求，软件系统还必须对网络安全进行试验，并在附录 E 网络安全中做出进一步说明。

2. 任务主线

针对软件采办的作战试验鉴定将以评估导致任务失败的作战风险为主线。作战试验机构应使用作战试验鉴定局的系列指导方针来帮助确定风险水平，以及所有要实现的功能对应的作战试验鉴定的充分性。除非作战试验鉴定局局长批准免除，否则对于软件密集型系统的每个正式采办增量，至少要是有一个完整的作战试验鉴定。对于受作战试验鉴定局局长监督的软件密集型系统，还需要作战试验鉴定局局长批准风险等级和作战试验鉴定的充分性等级。可以通过作战试验鉴定局局长指南中描述的风险分析来调整每个软件增量或功能的独立作战试验等级。指南还明确使用相同的标准来进行试验计划的审批。

3. 试验过程的设计和实施

《寿命周期管理计划》或类似文件应充分说明总体维护方法。即使可以接受不良的系统效能和适用性，但弱化的一体化后勤保障和维护方法可能会带来巨大风险。应该有一个成文的、可重复的流程，通过该流程将问题记录在服务台，并跟踪由服务台支持解决的问题，直至完成；服务台系统无法解决的问题应通过明确规定的流程进行提交，并根据 IEEE 12207.2 标准确定故障报告（DR）优先级。然后，每个故障报告都应经过配置管理委员会（CCB）流程验证对作战的影响及严重程度，以此制定解决问题的计划。在预期版本中完成修补之后，需要在组织内部进行回归试验，并通过进一步的配置控制流程将新版本发布到产品中，如果出现新版本失败的情况，进行回滚程序。如果在试验过程中遗漏了问题但随后在使用过程中发现了问题，则这方面风险直接关系到作战，这种程序有助于确定修复过程和相关回归试验。

整个风险评估和试验过程的设计和实施应是持续改进的重点领域。试验完成后，每当遇到重大风险时，都必须意识到风险评估过程、作战试验充分性、"试验—修复—试验"流程需要进行重大改进。完成上一个软件版本的作战试验后，要用一个简单的标准给出遇到的 I 类问题总数和已修复的 I 类问题总数，当提交给作战试验鉴定局局长进行批准时，作为试验包风险评估级别的一部分。

（二）软件密集型系统作战试验示例

下面示例来自联合全球作战支援系统（GCSS-J）《试验鉴定主计划》。该系统是一种使用敏捷软件开发方法的信息系统，并且适用《作战试验鉴定局局长指南》。联合全球作战支援系统是基于 Web 访问多个数据库的查询系统。该项目采用 Beta 试验站点方法，重点放在一体化试验上。示例已进行简化，仅给出了基于风险的软件试验方法及其在敏捷软件开发流程中的工作方式的最重要信息，而这些方法及流程与《试验鉴定主计划》第 3.1、3.2 和 3.5 节关系密切，示例不再赘述区别内容。

3.1. 试验鉴定策略

随着国防信息系统局的开发过程更加敏捷，"能力试验鉴定框架"将加速向作战人员交付能力。能力试验鉴定框架将：

- 降低风险和成本
- 减少重复并提高组织之间的数据共享
- 提高试验结果的质量

能力试验鉴定模型支持"一个团队在一组条件下试验一次"的过程。能力试验鉴定是尽可能在采办过程中尽早将试验和认证活动集中到一个试验阶段。其结果将使决策者和所有其他试验利益相关者满意。能力试验鉴定的设计基于风险，以任务为中心，并不局限于作战试验机构的独立性，也不局限于作战试验机构对能力效能和适用性进行独立客观评估的能力。作战试验机构将基于作战试验鉴定局局长备忘录《信息和业务系统作战试验鉴定指南》进行风险分析，在此基础上确定试验水平，对软件产品进行作战试验鉴定。

3.2. 研制试验鉴定方法

联合全球作战支援系统研制试验鉴定目标是降低设计风险，确保系统符合用户要求。研制试验鉴定风险分析和风险降低工作是整个项目风险管理工作不可或缺的一部分。针对试验的特定风险记录在《联合全球作战支援系统项目风险报告》中。项目管理办公室密切监控风险状况和降低风险的进度。研制试验鉴定将采用基于风险的方法来确定试验目标、活动和人员。研制试验鉴定还将评估作战需求的满足情况，以最大程度地降低风险，并支持对专门作战试验准备的认证。研制试验鉴定将侧重于功能性风险评估，研制试验期间收集的数据将决定试验每个增量所需的适当范围和平衡。

试验策略将通过一体化的研制试验鉴定 / 作战试验鉴定，最大程度地利用研制试验活动和研制试验文档，阐述特定功能、问题和标准，以减少必须的作战试验鉴定活动。目的是通过仅关注那些在纯作战环境中需要解决的问题和标准来缩小所需作战试验鉴定活动的范围。研制试验策略将包括为针对必要性能（如互操作性、安全性等）进行独立认证的数据收集，还要评估是否满足《能力开发文件》和《能力生产文件》规定的功能要求和技术要求，以及本文件规定的关键技术参数。

3.3 作战试验鉴定方法

联合互操作司令部是联合全球作战支援系统的作战试验机构，提供了试验主任和试验人员来支持作战试验活动。作战试验鉴定的主要目的是在生产或部署之前，确定系统在真实环境中是否对于典型用户的预期用途而言具备作战效能、适用性和生存性。联合互操作司令部将根据《业务和信息系统作战试验鉴定指南》进行风险分析，确定试验水平，对每个计划发行的软件版本（保密因特网协议路由器网络和非密因特网协议路由器网络）进行作战试验鉴定。所有作战试验都是系统级的，考核版本要求和功能，包括对现有系统的回归试验。

二、软件算法测试

信息技术（IT）系统用于自动获取、存储、操作、管理、移动、控制、显示、交换、互换、传输或接收国防部各种密级或敏感性的数据，因而国防部信息技术系统试验问题的判定标准为三个指标（无论是指定为关键性能参数还是关键系统属性），即准确性、及时性和数据恢复。

（一）软件算法测试概述

网络就绪度关键性能参数（NR–KPP）的 3 个属性是：

1）信息技术必须能够支持军事行动；

2）必须能够在网络上输入和管理信息技术；

3）信息技术必须有效交换信息。

第一条属性要求支持作战任务线程的信息系统，必须在支持任务的时间段内能够确保任务线程的执行。

每个软件系统可能都是唯一的，但是在不同系统中，许多计算机软件算法的考虑因素都是相似的。结合行业最佳实践，处理大量数据的软件算法必须高效。这对于快速搜索、排序和合并数据文件尤为重要。

政府试验（尤其是在研制试验期间）可能不会查看软件模块中的实际数据结构和算法编码。相反，该软件被视为黑盒，其试验集中在输入参数、状态变量、从黑盒返回的结果和收到输出的及时性上。在研制试验过程中，查看软件算法的主要目的是确保已采用行业最佳实践，确保涉及大型数据集的作战任务线程能够高效运行。即使试验人员没有直接检查数据结构或软件代码，也可以从可控环境中的研制试验中洞察到重要的结果。

每当处理大量数据时，都应该在研制试验中考虑算法性能试验。数据处理时间可能很长，以至于对任务造成潜在影响。

（二）需要进行性能测试的算法类型

有几种类型的算法需要进行性能测试，确定开发人员是否使用了行业最佳实践。可以根据数据集规模增加时需要花费的处理时间，对这些需要执行的工作进行大致分类。

1）搜索一个或多个大型数据集，找到符合某些条件的数据元素，创建和执行复杂的特殊数据查询；

2）将大型数据集按照特定顺序排序；

3）合并两个或多个数据集，其中至少一个是大数据集，结果列表可能按某种顺序排序；

4）优化算法，用于确定投放平台到达多个位置的最佳路线。例如，优化轰炸机路线，使其越过或靠近多个目标。

（三）行业最佳实践

组合算法主要解决离散数据结构执行快速计算相关问题。可以通过简单的互联网搜索找到许多类型的算法，维基百科提供了算法的名称、最佳实例、平均情况、最坏情况、内存使用情况以及该算法是否稳定。维基百科给出了各种排序算法的信息。除非知道有关数据集的大量信息，否则行业最佳实践通常使用平均性能良好的算法。

大 O 表示法用增长率来表征诸如处理时间之类的功能，一般确定功能增长率的上限。详见维基网站具体内容。

性能通常用数据集的大小表示。例如，如果 n 表示大型数据集中元素的数量，则对数据集元素进行操作的算法的平均性能将表示为 $O(n\ln n)$ 或 $O(n^2)$。

（四）软件算法测试示例

结合行业最佳实践，用于处理大量数据的软件算法必须高效，对于快速检索、排序和合并数据文件尤为重要。在研制试验过程中，查看软件算法性能的主要目标是确保已采用行业最佳实践，确保涉及操作大规模数据集合的任务线程高效运行。算法测试还可对比成熟商用解决方案的性能，帮助选择一种能够实现功能和处理效率最佳组合的解决方案。在严格可控的研制试验环境中进行的重点测试可以获得对算法的重要、深入的了解，即使试验人员可能无法直接访问数据结构或软件代码。这些了解足以判断开发人员是否基于行业最佳实践编写数据结构和算法。由于这种类型的测试并不侧重于发现和检测软件错误，因此在此实例中将更详细地加以说明。但是，《试验鉴定主计划》内容非常简单。

1.《试验鉴定主计划》正文示例

1）通用示例：在研制试验期间，将对任务线程执行部分内容进行算法性能测试，这部分内容涉及操作主要战区想定的大型数据集，其中响应时间可能超过潜在任务影响。

2）空战中心–武器系统（AOC–WS）示例 1：将在研制试验期间针对目标列表合并过程进行算法性能测试，该过程创建联合集成优先目标列表（JIPTL）。

3）空战中心–武器系统示例 2：将在研制试验期间针对自动规划流程执行算法性能进行测试，该流程确定将武器投送到多个目标的飞行路线。

2. 算法性能测试–排序示例

在黑盒环境中检查软件数据结构和算法时，目标仅仅是确定软件可能使用的数据结构和算法是否属于 $O(n\ln n)$ 或 $O(n^2)$ 平均类型行为之类。

假设测试的软件功能是一种将大型数据文件按特定顺序完成排序的算法。排序算法的良好平均性能为 $O(n\ln n)$，而较差的平均性能则为 $O(n^2)$。表现出"良好"性能的几种行业标准排序算法是快速排序、堆排序和合并排序。表现不佳的平均排序算法包括冒泡排序、插入排序和选择排序，所有这些算法均表现出 $O(n^2)$ 的平均性能。图 19–1 说明了随着数据文件大小的增加，基于 $O(n\ln n)$ 或 $O(n^2)$ 类型性能的增长率。

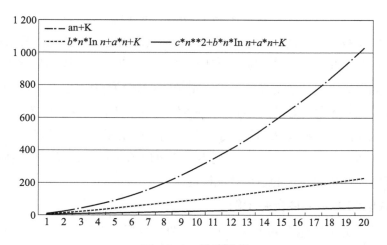

图 19-1　性能增长

在图 19-1 中，3 条曲线中的底部曲线表示为"a×n+K"，表示时间线性增长或 O(n) 增长。表示为"b×$n$ln$n$+a×n+K"的中间曲线表示 O($n$ln$n$) 在时间上的增长。上方的曲线表示为"c×n2+b×$n$ln$n$+a×n+K"，表示 O(n^2) 的增长。这张图以图形方式说明与 O($n$ln$n$) 曲线相比，O(n^2) 曲线的上升速度更快。因此，具备 O(n^2) 的算法会随着文件规模增加而变得过慢。

假设在早期研制试验期间，对列表进行排序的过程似乎需要相对较长的时间，以至于对能否及时完成任务的能力产生质疑。在早期测试期间，目的不是确定开发人员是使用 Quick 排序还是 Heap 排序，而是简单地确定性能是 O($n$ln$n$) 还是 O(n^2)，以及是否需要更全面的测试或结构化代码演练。对于对大型数据集进行排序的问题，可以通过 4 到 5 个测试完成对不同规模的数据集进行排序，在 Y 轴上绘制响应时间，用 X 轴表示数据集大小。如果标绘的数据看起来是 O($n$ln$n$)，则不再需要进行更多这类测试。如果数据表明响应时间随 O(n^2) 的增加而增加，那么就需要进行更彻底的性能测试，并由受过算法分析训练的人员审查编码方法。

为了执行更全面的性能测试，建议在精细控制的研制试验环境中进行，以消除"噪声"影响，例如来自其他来源的资源争用。可以通过建立一个伪随机排序的、大小为 n 的数据集，然后可以对该列表进行排序，并记录响应时间。将同一列表放入不同的伪随机排序顺序中，然后再次进行排序并记录时间。

重复几次此过程，可以计算对大小为 n 的列表进行排序的平均响应时间。为了获得检查所用算法的平均性能特征，即使响应时间的分布不太可能是正态分布，可以使用平均（而不是中值）响应时间。然后，对大小为 $2n$、$3n$ 和 $4n$ 的列表进行排序，基于类似过程来求得平均响应时间。对大小为 n、$2n$、$3n$、$4n$ 的列表排序时间将用于求解 4 个未知数方程：

$$响应曲线 = cX^2 + bX\ln X + aX + K$$

对于一个大型数据集的简单排序，预期的最坏情况将是，因此仅需要系数 c、b、a、K。如果 c 的估计值非常接近零，则该算法很可能是"良好"，因为它将表现出 $O(n\ln n)$ 性能。相反，如果 c 的估计值明显大于零，则排序算法可能表现出 $O(n^2)$ 的平均行为，并且根据行业最佳实践不是"好的"。在开发初期，应将"不良"算法替换为"良好"算法，以便在作战试验期间将这些算法用于大型数据集时，性能不会显著下降。

注意，对于大小为 $2n$、$3n$ 和 $4n$ 的列表，还可以给出最坏情况下的响应时间，从而可以进一步了解所用排序算法的最坏情况性能。

3. 算法性能测试 – 文件合并示例

假设任务是合并分别包含 m 和 n 个记录的两个数据文件，并且必须删除重复项。还假设每个列表按某种优先级顺序排序，但不在每个记录的唯一键字段上排序。合并列表需要以相同的优先级排序。

对于此类问题，一般而言，"不良"算法的执行效率为 $O(mn)$ 或为 $O((m)(m+n))$。算法不会更改任何一个列表的排序顺序，而是会考虑第二个列表中的每个元素，并遍历第一个列表中的所有元素以确保没有重复，然后将其插入第一个列表中。该过程将继续进行，直到第二个列表中的所有 n 条记录均已正确处理到第一个列表中，从而消除了重复项。

"好"算法将以 $O((m+n)\ln(m+n))$ 执行，随着 m 和 n 变大而明显更好。假设使用良好的排序算法，则可以按唯一键对每个列表进行排序。通常情况下，以 $O(m\ln n)$ 来排序第一个列表，以 $O(n\ln n)$ 来排序第二个列表。然后，很容易在每个列表中进行一次线性遍历，插入和删除重复项，这需要时间 $O(m+n)$。最后，合并的列表可以按照要求的优先级重新排序，平均需要 $O((m+n)\ln(m+n))$，再次假设使用了良好的排序算法。

类似于对大型数据集进行排序的方法，完成 4 到 5 个合并大小明显不同的数据集的测试，在 Y 轴上绘制响应时间，X 轴表示数据集大小 $(m+n)$。如果出现绘制的数据为 $O((m+n)\ln(m+n))$，可能不需进行额外测试。如果数据表明响应时间增加了 $O(mn)$ 或更糟，则需要进行更彻底的性能测试，类似于针对排序算法讨论。

如果问题是合并大小为 m、n 和 p 的 3 个大型数据集，则测试将认为类型的平均行为良好，平均性能不如这个则被视为不良。

4. 需求或产品选择中的算法性能

对于需要代码最小化的商用货架解决方案，算法性能可以作为选择产品的进一步考虑。性能方面的考虑因素可包括算法特征，例如最佳情况、平均情况、最坏情况、内存使用情况和稳定性。

三、软件鉴定

本部分内容主要通过示例来论述软件的及时性、准确性和数据恢复鉴定。

（一）数据及时性、准确性鉴定概述

网络就绪度关键性能参数能从一定程度上假定数据及时性和准确性。

1）及时性。及时性应作为早期原型开发和探索性试验的一部分内容，可以改进里程碑 B 和里程碑 C 之间的评估指标。原型开发和探索性试验应在里程碑 B 的《试验鉴定主计划》中进行阐述。

2）准确性。参联会主席指示（CJCSI）6212.01F 规定了职责，并制定了相关政策和规程，针对所有信息技术系统和国家安全系统（NSS）开发网络就绪度关键性能参数及认证要求；其中包含联合接口或联合信息交换。通常，当联合互操作试验司令部在试验网络就绪度关键性能参数的第 3 个属性——"信息技术必须有效交换信息"时，认为数据传输必须准确才能有效地交换信息，因此出现准确性问题就导致信息交换无效的结论。参联会主席指示 6212.01F 的附录 C 给出了假设的网络就绪度关键性能参数实例，因此本部分将不再涉及。

（二）数据恢复时的任务保证类别要求

数据备份程序以及灾难和恢复计划的任务保证类别（MAC）直接影响数据恢复，可以在国防部指示 8500.1 和国防部指示 8500.2 中找到。

1. 任务保证类别 I

（1）操作连续性数据备份 –3 的数据备份程序

通过维护一个无需并置的冗余辅助系统实现数据备份，辅助系统可以被激活而不会丢失数据或中断操作。

（2）操作连续性数据备份 –3 的灾难与恢复计划

灾难计划可在意外情况持续时间内将所有任务或业务基本功能平稳地转移到备用站点，而操作连续性损失很少或没有损失。（灾难恢复程序包括业务恢复计划、系统应急计划、设施灾难恢复计划和计划验收。）

2. 任务保证类别 II

（1）操作连续性数据备份 –2 的数据备份程序

每天执行一次数据备份，根据任务保证类别和机密性级别，恢复介质可以异地存放在能够保护数据的位置。

（2）操作连续性数据备份 –2 的灾难与恢复计划

灾难计划规定在激活后 24 小时内恢复任务或业务基本功能。（灾难恢复程序包括业

务恢复计划、系统应急计划、设施灾难恢复计划和计划验收。）

（三）软件准确性鉴定示例

对于软件系统，要鉴定数据传输的准确性，或正确地将数据存储到数据库并维护，或从中检索数据的准确性。准确性也是联合互操作试验司令部实施互操作性试验考察的一个方面。

1. 数据传输准确性鉴定

在研制试验中，应使用关键技术参数来代表工程目标，以识别、隔离和修复可能无法正常工作的数据传输通道。在作战试验期间，用准确度关键性能参数衡量关键性能，确保可以完成作战任务。

2. 数据存储、维护或检索准确性鉴定

针对数据库正确存储、维护和检索数据的问题，关键技术参数可以表示各个方面。如果系统具有内置的冗余或准确度校正方法来辅助解决准确性问题，则关键技术参数可以分别关注每种方法。作战试验期间的关键性能参数应考虑到冗余或纠正方法，前提是用户正确使用它们，并且总体上将重点放在性能的关键方面，确保作战任务顺利完成。

由于用户倾向于避免已知的故障，并且依赖看起来正常工作的方法，因此在作战试验期间，准确性指标尤其容易受到数据倾斜的影响。数据准确性被定期且不正确地按照以下方法测试：

<错误数量>/<传输数量>

正确的测量准确性方法是：

<有错误的元素数>/<元素数>

元素通常被认为是由许多数据字段组成的数据记录。关于数据准确性的要求，通常是模棱两可的，作战试验机构应请用户代表澄清，保证《试验鉴定主计划》能够支持建立故障定义评分标准。

3. 假设的例子

假设系统传输 100 条数据记录，并且每个数据记录有 50 个数据字段。假设观察到以下情况：仅接收到 99 条数据记录，其中 98 条是完全正确的（即 98 条记录中的每条 50 个数据字段都正确）。收到的 1 条记录（但不完全正确）具有 5 个不正确的数据字段。数据准确性的点估计是多少？计数多少个数据样本？作战试验鉴定局局长将此解释为具有 98 条正确记录，其中 2 条记录不正确（1 条未收到，1 条包含错误）。点估计值为 0.98，有 100 个样本。计算成功和失败的方法在《试验鉴定主计划》中不应含糊不清。由于用户往往不会重复已知的错误，因此在作战试验期间，准确度测量特别容易使样本倾斜。以下假设的实例对此进行了说明。

4. 准确性试验时数据偏斜的假设例子

假设需求是：用户单击全球指挥控制系统通用作战图像上显示的航迹时，有 95% 的时间向用户返回准确的航迹信息。假设通用作战图像显示的是一半空中航迹，一半舰艇航迹。假设用户单击舰艇航迹，则用户会收到准确的数据记录，但是只要用户单击空中航迹，都将收到包含错误数据的记录。如果用户单击一个航迹，记下该错误，然后再单击一个航迹以验证该错误，则会发生严重的倾斜。然后，用户可以继续单击 85 条舰艇航迹。虽然 87 项试验中有 85 项正确，可能会得到 95% 的成功率和 80% 的置信度，问题在于数据样本本身不是独立的，因为在其上单击的航迹不是随机选择的，也不代表航迹总数。

这些关键性能参数的主要工程目标是识别、隔离和修复无法正常工作的通道或软件。因此，试验人员还应在数据字段级别报告任何不准确之处。编制一份详细报告介绍每个元素中发现的错误，为项目主任提供解决问题所需信息，还可以使用正确的标准轻松对其进行汇总。

5. 准确性和网络就绪度关键性能参数

网络就绪度关键性能参数的第一个属性和第三个属性都可能需要准确性指标。下面给出几个准确性关键性能参数，并简要说明其可能与网络就绪度关键性能参数的关系。单独的注释说明应澄清在如何测量数据准确性方面的歧义。

（1）示例 1

示例来自空战中心－武器系统：99% 的原始内容被（假定正确）传送到其他部门和处理站。

这个关键性能参数可以对应网络就绪度关键性能参数的第三个属性，要求信息技术系统有效地交换信息。尚不清楚是否在数据字段或数据记录级别测量"内容"。这种歧义应该得到解决。

（2）示例 2

示例来自空战中心－武器系统：将空中、太空和信息保障资源匹配到作战，精度 > 95%（阈值）。

这个关键性能参数可以对应网络就绪度关键性能参数的第一个属性，要求信息技术系统能够保障军事行动。

（3）示例 3

示例来自联合全球作战支援系统：提供来自权威来源的 95% 准确数据。

这个关键性能参数可以对应网络就绪度关键性能参数的第三个属性，要求信息技术系统有效地交换信息。尚不清楚是否在数据字段或数据记录级别测量"内容"。这种歧义应该得到解决。如果未明确要求，作战试验鉴定局局长将指定数据记录级别。

（4）示例 4

示例来自美陆军全球作战支援系统：必须保持准确的可用资金余额，允许验证资金可用性，并为超出资金授权的交易提供警报。阈值：陆军全球作战支援系统根据抽样可以在 95% 的时间内实现资金准确性。

这个关键性能参数可以对应网络就绪度关键性能参数的第一个属性，要求信息技术系统能够保障军事行动。

（5）示例 5

示例来自联合指挥控制系统（JC2）：跟踪资产级别的可见性，发出查询后，7 秒内以 99.999% 的准确性提交报告或查询结果。

这个关键性能参数可以对应网络就绪度关键性能参数的第三个属性，要求信息技术系统有效地交换信息。尚不清楚是否在数据字段或数据记录级别测量"内容"。这种歧义应得到解决。如果未明确要求，作战试验鉴定局局长将指定数据记录级别。在没有失败的前提下，也需要 160943 个成功样本才能以 80% 的置信度满足准确性要求。作战试验鉴定局局长建议将要求调整到可以接受的水平。

（四）软件数据恢复鉴定示例

任务保证类别要求

数据备份程序以及灾难和恢复计划的任务保证类别（MAC）要求直接影响到数据恢复要求，这些要求可以在国防部指示 8500.1 和国防部指示 8500.2 中找到。

·任务保证类别 I：

操作连续性 – 数据备份（CODB）–3 程序。

通过维护一个无需并置的冗余辅助系统来实现数据备份，该辅助系统可以被激活而不会丢失数据或中断操作。

操作连续性 – 数据备份 –3 灾难与恢复计划。

一种灾难保障计划，可在意外持续时间内将所有任务或业务必不可少的功能平稳地转移到备用站点，而不会损失操作连续性。（灾难恢复程序包括业务恢复计划、系统应急计划、设施灾难恢复计划和计划验收。）

·任务保证类别 II：

操作连续性 – 数据备份 –2 数据备份程序。

每天执行一次数据备份，恢复介质根据其任务保证类别和密级可以异地存储在提供数据保护的位置。

操作连续性 – 数据备份 –2 灾难与恢复计划。

灾难保障计划规定了在激活后 24 小时内恢复任务或业务基本功能。（灾难恢复程序包括业务恢复计划、系统应急计划、设施灾难恢复计划和计划验收。）

任务保证类别 I 系统的《试验鉴定主计划》实例：

联合全球指挥控制系统是一种任务保证类别 I 的指挥控制系统。其内部的联合作战计划与实施系统（JOPES）具有 4 个主要的、完全冗余的战略服务器飞地（SSE），数据可以在所有 4 个飞地之间完全复制。以下指标用于考核联合作战计划与实施系统重要部分。

3.2 鉴定框架（针对**联合作战计划与实施系统**）

· 系统可用性：超过 99.7%。

· 灾难恢复。任何独立系统的恢复功能平均时间（MTTRF）应在 24 小时内。联合作战计划与实施系统战略服务器飞地数据库恢复备份必须在 12 小时之内。

· 损失一个或多个站点后继续支持联合作战计划与实施系统任务关键活动的系统能力（实际影响最小）。

损失 50% 的站点后能够为用户提供超过 96 小时支持。

联合作战计划与实施系统失去网络支持后，能够为用户提供 4 小时支持。

· 战略服务器将具有镜像功能，保持数据准确性和一致地处理数据的能力。

联合全球指挥控制系统授权用户可在 3 分钟内从服务器上获得最新更新。

联合作战计划与实施系统战略服务器飞地在平均 8 小时内，将 150000 时间阶段部队部署决定（TPFDD）上传到所有可用服务器并联网到所有可用服务器。

任务保证类别 II 系统的《试验鉴定主计划》实例：

陆军全球作战支援系统（GCSS–A）是战术后勤数据系统，被评定为 II 级任务保证。该系统有一个主服务器中心和一个备用操作连续性（COOP）中心。数据从主站点镜像到备用站点规定不超过 4 小时间隔。陆军全球作战支援系统数据恢复关键性能参数既解决了灾难恢复时间（24 小时阈值），又解决了镜像频率（不超过 4 小时）。

3.2 鉴定框架（陆军全球作战支援系统）

关键性能参数或关键系统属性	阈值	目标
操作连续性和系统恢复	应在灾难宣布后 24 小时（任务保证类别 II 要求）内，用 4 小时将陆军全球作战支援系统的关键能力恢复到灾难发生前（数据镜像频率）的状态。	应在灾难宣布后 24 小时内，用 2 小时将陆军全球作战支援系统的关键能力恢复到灾难发生前（数据镜像频率）的状态。

（五）软件及时性鉴定示例

1. 示例项目概述

本示例研究对象是概念性信息技术项目 X，是基于网络访问多个数据库的全球系统。此案例研究目的是说明全面考虑、制定响应性或及时性关键性能参数的复杂程度。X 项目的研究范围是图 19-2 中心的大矩形。图中①和⑥以及图中②、③、④、⑤表示针对及时性指标的数据收集点。

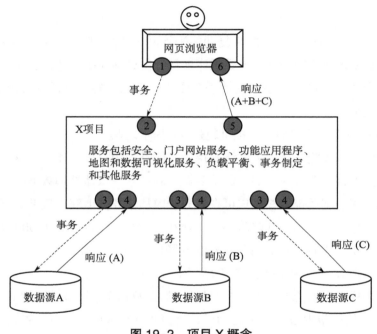

图 19-2 项目 X 概念

全球用户通过网络浏览器访问 X 项目服务，将查询请求发送到 X 项目中心网站。X 项目软件形成查询并访问一个或多个基础数据库（不一定位于 X 项目主站点）。查询信息将返回到 X 项目门户网站，然后由该门户网站形成对用户的响应，最后将信息发送到用户的网络浏览器以显示在网页上。

表 19-1 显示了 X 项目的响应性或及时性关键性能参数。但是，这种关键性能参数对 X 项目的性能鉴定提出了挑战。

表 19-1 响应性关键性能参数

关键性能参数	阈值	目标
响应性 资产可见性	一次/多次查询必须在少于 60 秒的时间内（95% 的时间）完成。	一次/多次查询必须在 30 秒内（少于 95% 的时间）完成。

这样的关键性能参数有几个问题：

1）所有查询，无论是简单查询还是复杂查询，都必须在60秒内完成。如表19-1所示，关键性能参数没有说明需要访问的基础数据库的数量。关键性能参数没有说明一天、一周或一个月中可能需要多少个简单查询和多少个复杂查询。这两个不确定因素都将影响整体查询的及时性。

2）关键性能参数并未定义预期返回的数据量。每次查询结果范围从零个或一个记录，到远远超过100000条的记录。

3）关键性能参数没有说明在非高峰时段可以令人满意地处理大型查询的可能性，这些特定查询能够产生大量数据。

4）关键性能参数并未定义或包含超出X项目之外的外部数据库的不同响应。可能影响X项目响应的其他因素包括外部数据服务器的位置、用户的位置、网络带宽、加密、网络可靠性、数据包重传、网络负载和信息保证威胁。

5）如果外部数据源暂时无法运行或没有响应，关键性能参数并未规定系统应如何执行。

6）可以通过测量满足60秒阈值的查询的比例来评估关键性能参数。这种方法对极快的查询毫无帮助，影响测量人员了解各种因素对及时性的贡献。

7）测量响应度的简单方法（从#1到#6的时间，如图19-2所示）可能是在用户终端上使用秒表。该方法可能在1秒钟之内是可靠的，并且在测试过程中使用起来并不昂贵，但是不利于帮助项目主任确保系统在部署后仍保持响应。这对于重构网络范围和站点之间事件的关联也没有太大用处，因为它仅测量经过的时间，而不是绝对的系统启动和停止时间。

2. 需求细化

在关键性能参数开发的早期阶段，需求部门、项目工程师、试验部门应将更多背景信息纳入关键性能参数考虑中。这些背景信息将有助于实验设计，并成为试验和早期原型设计的设计因子。早期的原型开发有助于表征可达到的性能水平和优化关键性能参数。

里程碑B的《试验鉴定主计划》应该阐述早期原型开发和试验设计方法，来演示因子如何影响及时性关键性能参数。这些因子和结果能够用于调整里程碑C《试验鉴定主计划》中的关键性能参数。

3. X项目示例研究后续

假设早期试验表明3个因子［需要查询的基础数据库数量、用户位置（包括美军处于海外或美国本土）、查询返回的记录数量］对查询响应时间有重要影响。还假设工作人员了解了以下信息：

1）因子 1：当查询多个数据库时，每增加 1 个查询数据库，响应时间增加 10 秒。

2）因子 2：来自海外用户的查询的响应时间大约是美国本土用户提交的查询响应时间的两倍。

3）因子 3：每返回 100 条记录，响应时间将增加 1 秒。

基于这些早期试验结果，可以在这 3 个关键因子基础上加上一些常数 K 的公式来完善关键性能参数。

响应时间 <= 用户位置 ×[（10× 数据库数）+（返回的记录数 /100）+K]

在此关键性能参数公式中，可以将海外用户的总乘数设为 2.0，而美国本土用户的总乘数则为 1.0。可以为每个查询复杂度因子的基础数据库增加 10 秒，并为返回的每 100 条记录增加 1 秒钟，代表返回记录的第 3 个因子。然后，里程碑 C《试验鉴定主计划》的关键性能参数要求可以表示为满足此公式的时间的 95%。

外部数据库无响应可以通过更改需求来满足，方法是要求系统在一段时间等待后判定超时，并明确地将这些响应作为"无测试"，以达到及时的关键性能参数的目的。系统是否会真正超时但相应地响应用户，将作为单独的指标进行测试。程序管理员还可以制作一个状态板，显示每个基础数据库的启动 / 关闭状态，帮助解决此问题（已在 X 项目中完成）。在考虑总体任务完成情况时，由于基础数据库故障导致的太多系统超时会对总体任务完成产生负面影响，因此它们不能简单地被忽略。其他解决响应时间长的方法包括进度条、后台处理查询、以批处理模式运行查询功能，这些考虑都要在用户需求代表和项目工程师之间协调。

下一步的改进是为作战试验机构提供各类查询的相对频率，以及返回数据量的历史数据。这将协助作战试验机构构造一个作战试验想定，演示该系统在作战中的实际运用。例如，有关测试关键性能参数的指南可能会指出，针对数据库 A、B、C 执行简单查询的比例为 20%、30%、50%，而复杂查询占总查询的 10%，并且仅涉及这 3 个数据库中的两个（类似于简单查询的总和）。返回的记录数可以基于历史数据使用直方图表示。网络负载和争用可以基于已知的历史数据。

表 19-2 给出了满足各种"通过 / 失败"标准所需的数据样本数量，置信度假设为 80%。

表 19-2 二项式样本

故障	成功率阈值				
	80%	90%	95%	98%	99%
0	8	16	32	80	161
1	14	29	59	149	299
2	21	42	85	213	427

当每个包含响应时间数据的数据样本被缩减到二进制"通过 / 失败"数据点时会丢失很多信息。性能要求具体化方法将连续数据压缩为二进制"通过 / 失败"数据，对于里程碑 B 的《试验鉴定主计划》是可以接受的，但在里程碑 C 的《试验鉴定主计划》中应避免使用。对于在网络环境中运行的软件系统，不应假定响应时间是正态分布的。图 19-3 显示了查询访问返回到 50 秒以内。该图的直方图数据的尾部（未显示）将延伸到包括超过 360 秒的两点（反映了超时值）。这个数据不是正态分布的。早期原型工程、工程研究与原有数据相结合，可以更好地表征预测及时性数据。应该使用连续方法确定并测试响应时间要求，从而减小样本量。图 19-4 显示了用于访问不同数据库查询的直方图，并且数据已被合并到直方图中以 10 秒为一组，可以更好地表明，尽管尾巴看起来越来越小，超过了"超时"点，可能会需要大量数据样本（本例中为 18 个样本）。建议在关键技术参数试验中考虑系统性能这一方面，并在作战试验过程中仔细研究频繁超时是否影响整体任务的完成情况。

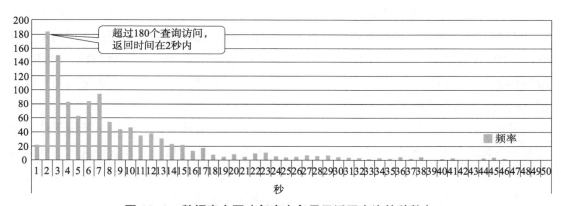

图 19-3 数据直方图（每直方条显示返回查询的秒数）

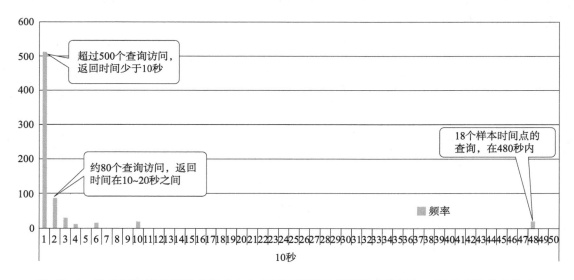

图 19-4 显示超时的数据直方图（每个条形图都显示返回的查询数量，以几十秒为单位）

下一个改进建议涉及在作战试验期间以及在部署之后，如何测量和报告及时性。如果响应能力确实是关键性能参数，则值得每月或每季度进行测量和报告，并且应通过非侵入性的自动化方法来完成。

预计 X 项目的服务器将能够捕获计算机系统时间数据，以及影响图 19-2（图中①和⑥）测量点（而不是图 19-2 测量点）及时性的关键因素。系统及时性要求是从作战任务背景指定的，这是用户所看到的（在图 19-2 点处表示）。作战试验机构可以轻松收集测量点②、③、④和⑤的及时性测量值，但这并不代表用户经历的总等待时间，因此无法完全回答是否满足关键性能参数要求。秒表方法往往仅限于捕获相对时间，并且不能解决整个网络中的时钟同步问题。因此，它们对于检查整个网络的系统性能不是很有帮助，对部署后的持续性能监控帮助不大。

测量网站性能有成熟商用技术可以使用，无需使用秒表。收集响应时间数据的两种方法是"现场度量"和"综合测量"。"现场度量"可以测量来自实际用户流量的响应时间，与秒表数据相比有优势，因为使用系统时钟捕获了开始和停止时间。这种方法依靠页面或工具栏的检测来收集和记录数据。对于关键性能参数非常重要的里程碑 C，应鼓励使用"现场度量"方法，并且这些方法还允许继续监控部署后的及时性数据。使用"国防协作服务"（DCS）的协作工具记录用户屏幕是一种现场度量方法，也可以用于收集试验期间的完整响应时间。

但是，使用"国防协作服务"会给系统带来很大的额外负担，因此不能用于持续监控系统性能。但是，该应用对于系统调试非常有用。"综合测量"方法将页面加载到多种工具中收集指标。确定试验设计因子时，"综合测量"适合于早期的原型开发工作，但重要的是在实际操作环境中收集测量值，而不仅仅是在实验室中。最后，如果系统性能对于网络系统至关重要，则建议还要再测试整个网络的整体系统时钟同步是否在全球定位时间规定的变化范围内。

第 20 章　试验鉴定资源

试验鉴定资源是武器装备试验鉴定活动开展和实施的重要基础，世界主要军事强国均非常重视装备试验鉴定资源建设，将试验鉴定资源建设作为提高试验鉴定能力、满足武器装备试验鉴定需求的重要手段和途径。美军《试验鉴定主计划》中资源概要是其最重要的组成要素之一，通过资源概要确定开展试验鉴定工作所需的资源和设施。

一、试验资金

为了在《试验鉴定主计划》中报告试验鉴定资金需求，制定试验鉴定主计划时需使用"资源 / 成本要素样表"来定义资源和成本要素，且该样表与试验资源计划、详细试验方案、预算 TE-1 报告表中的成本要素一致。样表形式请参见下面试验资金业务系统示例中的"试验资源 / 成本项汇总表"。

（一）试验鉴定资金要素

包括试验鉴定策略涉及的所有资金要素。

1. 试验品

此部分内容包括直接支持试验鉴定的资产：

1）试验中消耗的资产（如实弹试验鉴定）；

2）联合资产（参与作战试验的其他平台）；

3）靶标（真实或模型）；

4）威胁（真实或替代品、干扰、对手部队、防空系统）；

5）武器、弹药、烟火、金属箔条、干扰弹；

6）参与试验鉴定的其他资产（保障飞机、带飞武器、实时伤亡评估工具）。

2. 试验资源类别

该部分需逐项列出试验鉴定中使用的试验设施。试验设施包括：

1）露天靶场、试验靶场、训练设施、海上或进行试验鉴定的任何设施的运行成本；

2）数字建模与仿真（DMS）设备（或数字模型和计算机）；

3）测量设施（MF）；

4）系统集成实验室（SIL）；

5）半实物仿真设施；

6）装机系统试验设施（ISTF）；

7）分布式真实、虚拟和构造（LVC）环境。

3. 其他试验资源

该部分列出之前未提及并逐项列出的其他试验费用：

1）鉴定（鉴定人员、联合互操作试验司令部参与者、国防信息系统局参与对网络安全的评估）；

2）保障承包商（如果尚未在上面列支）；

3）临时任务和差旅；

4）其他；

5）电脑和办公用品；

6）往返于试验场的试验资产、设备和人员的运输；

7）仪器（如果尚未在上面列支）。

不应包含的资金项：

1）支付给开发承包商以开发和生产被试系统的成本；

2）军事和政府人员费用；

3）运行和保障成本（备件、燃料、培训或其他后勤服务，将在被试系统部署后提供）。

（二）试验鉴定资金来源

美军的试验鉴定资金由被试系统的项目办公室、研制试验或作战试验机构、联合机构和军种管理账户提供。军种管理账户中包括飞行时数计划、联合或军种保障资产、武器、靶标、弹药、训练靶场、演习，或任何其他有助于试验鉴定但不属于试验机构或项目办公室提供资金的项目。

（三）试验鉴定的几个示例

表20-1、表20-2、表20-3是实际《试验鉴定主计划》文件中关于子试验鉴定资金来源的具体表格，表20-4是试验鉴定资金来源样表。

1. 作战系统试验资金示例

表20-1 试验资源/成本项汇总表

试验鉴定资源成本项	经费来源	2013财年	2014财年	2015财年	2016财年	2017财年	2018财年	2019财年	2020财年	2021财年	2022财年	2023财年	2024财年
研制试验													
研制试验鉴定	项目主任			5	10	20	34	44	33	35	12	10	5
研制试验中心/靶场	项目主任			5	10	1600	2143	3400	2200	2150	1458	1390	95
承包商设施	项目主任			30	60								
威胁	项目主任								20	20			
弹药	军种												
信息保证	项目主任			5	10		13	3			30		
建模与仿真	项目主任			30	60	135							
系统集成实验室	项目主任			5	10	490	540						
半实物仿真	项目主任			20	40	55	670	50	42	50			
靶标	项目主任								60				
作战试验													
作战试验鉴定	作战试验机构						5	10	30	20	50	30	10
联合资产	特种作战司令部								10		35	10	
作战试验机构和保障承包商	项目主任						5	40	970	380	3452	970	

续表

试验鉴定资源成本项	经费来源	2013财年	2014财年	2015财年	2016财年	2017财年	2018财年	2019财年	2020财年	2021财年	2022财年	2023财年	2024财年
临时任务和差旅	项目主任								50	50	175	50	
测量仪器	作战试验机构							20	75		260	75	
试验靶场/有限用户试验/作战试验场区	项目主任							30	650	50	2275	6550	
作战部队	军种账户								100		350	100	
威胁和靶标	项目主任								20		70	20	
弹药	军种账户								95		333	95	
实弹射击试验													
实弹射击试验鉴定资产	项目主任												
实弹射击试验鉴定靶场	项目主任					10	90	280	380	480			
实弹射击试验鉴定	项目主任					10	10	20	20	20			
研制试验鉴定合计						2300	3400	3500	2400	2300	1500	1400	100
作战试验鉴定合计		20	40		200	20	10	100	2000	500	7000	2000	10
实弹射击试验鉴定合计				1000			100	300	400	500			

2. 飞机试验鉴定资金投入情况示例

表 20-2 试验资源/成本项汇总表

试验鉴定系列投资情况	2013财年	2014财年	2015财年	2016财年	2017财年	2018财年	注意事项和警告
研制试验鉴定	■	■	■				
作战试验鉴定		■	■	■	■		第一个作战试验鉴定期间，同时开展作战评估与研制试验鉴定，没有专用试验资产

试验资源估算概要	(千美元)	2013财年	2014财年	2015财年	2016财年	2017财年	2018财年	注意事项和警告
试验品								
1x-飞机	$2,010			$402	$1,608			
弹药-消耗性武器	2,516		2,516					弹药是长期试验品；在初始作战试验鉴定开始时，消耗品全部到位
箔条和曳光弹-消耗品	$25		$25					
移动靶标	$630		$630					
静态靶标	$7		$7					
威胁表征	$265		$265					
试验保障 KC-10/135	待定			$0				

试验资源类别	(千美元)	2013财年	2014财年	2015财年	2016财年	2017财年	2018财年	注意事项和警告
建模与仿真-电子战/红外对抗模式	$20	$4	$8	$8				包括用于综合生存性分析的建模与仿真

续表

项目	2013财年	2014财年	2015财年	2016财年	2017财年	2018财年	注意事项和警告
建模与仿真－武器性能模型	$20	$4	$8	$8			
建模与仿真－实弹试验鉴定	$250	$50	$100	$100			
麦金利实验室	$228			$228			
梅尔罗斯靶场	待定		待定	待定			
白沙号弹靶场	$1,200		$300	$900			
中国湖靶场	$60		$15	$45			
飞机仪表	$54		$54				
通信安全	$12		$12				
卫星通信时间	$3		$1	$2			
其他试验资源							
测试支援飞机（TRANSCOM）C-17							
部署场地	$500		$250	$250			
测试设施	$231		$58	$173			
支持承包商	$100		$25	$75			
临时任务和差旅	待定		待定	待定			
其他	$172		$86	$86			

试验鉴定资金概况	2013财年（千美元）	2014财年	2015财年	2016财年	2017财年	2018财年	注意事项和警告
			不包含				不包括其他待定总计
研制试验鉴定	$58	$2 686	$2 192	$3 367			
作战试验鉴定	$8 303						

3. 太空侦察卫星试验鉴定示例

表20-3　靶场/资源/资金状况

	试验品	空军作战试验鉴定中心	项目	其他	2012 财年	2013 财年	2014 财年	2015 财年	2016 财年	2017 财年	2018 财年	2019 财年	2020 财年	假设、警告、注意事项：
		试验资源			试验鉴定资金状况									
被试系统	组件、机柜、计算机字符串/雷达原型		×				▬	▬						约10万美元用于建立和启动立方体卫星；
	阿松森岛雷达站及航天测控站（SOC）		×				▬	▬	▬					以下传感器满足特定的试验需求：美国战略司令部专用SSA传感器：埃格林空军基地的
	澳大利亚雷达站，阿松森岛雷达站及航天测控站		×											FPS-85 UHF相控阵。
联合支援资产	联合太空作战中心			×					▬	▬				1米口径的地面光电深空监视（GEODSS）系统望远镜。
	国防部信息网络			×						▬				战略司令部兼用（非专用于SSA）传感器：
	国家航空航天情报中心			×						▬				
	6部雷达，3套光电传感器，激光测距机 / 2部雷达，激光测距机		×							▬				
	机载和在轨带内电磁接收器													北达科他州骑士太空部队站 AN/FPQ-16"环形搜索雷达攻击性鉴别系统"（PARCS）相控阵雷达
在轨靶标	在轨目标GPS接收器，立方卫星，球体，非对称目标 / 立方卫星和校准卫星		×	×									▬	
威胁	网络，电磁干扰，其他待定	×	×											

续表

试验资源类别		空军作战试验鉴定中心	项目	其他	2012财年	2013财年	2014财年	2015财年	2016财年	2017财年	2018财年	2019财年	2020财年	备注
数字建模与模拟	SSA性能评估工具		×				■	■	■	■			■	其他机构传感器：干草堆，X波段碟形雷达；干草堆，辅助Ku波段碟形雷达；激光测距机在戈壁，美国宇航局太空飞行德国宇航局在戈壁中心采购 *请注意，资金水平并未反映出没有提供的"其他"试验资源计划费用
测量设施	开发承包商测试设施		×					■						
系统集成实验室	美国本土原型设施		×				■							
其他试验资源	前往阿松森岛，埃格林航天测控站，联合太空作战中心，国家航空航天情报中心，亨茨维尔和澳大利亚的临时任务及差旅													
	用飞机或轮船将设备送到阿松森岛和澳大利亚大利亚								■	■	■			
人力资源	项目办公室的试验鉴定支持		×	×	4	8	12	7	9	7	5	4	待定	
	46试验中队			×	3.5	4.5	9	9	5	5			待定	
	空军作战试验鉴定中心	×		×	3	3	3	3	3	5	1		待定	
	联合互操作性试验司令部		×		2	2	2	2	3	3		待定	待定	
	第92信息战中队（协同网络评估）	×								3			待定	
	第177信息战中队（对抗性网络评估）	×								3			待定	

续表

	($K)	2012财年	2013财年	2014财年	2015财年	2016财年	2017财年	2018财年	2019财年	2020财年	注意事项和警告
空军太空司令部/A9分析人员（评估，数据精简）					×		2			待定	
麻省理工学院林肯实验室和MITER公司分析师（评估，数据精简）					×		3		待定		
预计试验鉴定资金水平											
研制试验鉴定	20 059	2182	2764	2712	3000	3469	3412	2520	待定	待定	
作战试验鉴定	434	29	32	32	32	64	225	20	待定	待定	

表 20-4　试验鉴定资金来源样表

试验鉴定资金状况

试验鉴定系列状况	2013财年	2014财年	2015财年	2016财年	2017财年	2018财年	注意事项和警告
研制试验鉴定							
实弹射击试验鉴定							
作战试验鉴定							
敏试系统							

作战试验鉴定资源估算概况

试验品	($K)	2013财年	2014财年	2015财年	2016财年	2017财年	2018财年	注意事项和警告
联合资产（其他参与作战试验的平台）								
靶标（真实和替代）								
威胁（实际和替代，电子战系统，对手部队，防空）								
弹药、烟火、箔条、曳光弹								
其他资产								

续表

试验资源类别	2013 财年	2014 财年	2015 财年	2016 财年	2017 财年	2018 财年	注意事项和警告
露天靶场							
训练设施							
系统集成实验室							
半实物仿真							包括一体化生存性分析使用的建模与仿真
装机系统试验设施							
测量设备							
数字建模与仿真							
实弹试验鉴定							
其他试验资源	2013 财年	2014 财年	2015 财年	2016 财年	2017 财年	2018 财年	注意事项和警告
鉴定							
试验机构							
仪器仪表							
其他							
试验鉴定资金状况 ($ K)	2013 财年	2014 财年	2015 财年	2016 财年	2017 财年	2018 财年	注意事项和警告
合计	0	0	0	0	0	0	0

二、试验仪器

（一）基本情况

进行作战试验时，测量仪器对于清晰地识别试验活动发生的情况至关重要。但是，仅凭仪器数据通常不足以解释试验活动为何如此发展，因此需要其他信息资源，包括对作战人员和指挥官的访谈。通常，仪器数据有助于表征环境和评估性能指标，但仅是评估效能指标所需数据的一部分。

在编制《试验鉴定主计划》时，要详细说明将使用哪些仪器来收集被试系统数据，并明确指出将使用哪些仪器数据进行鉴定。对鉴定至关重要的因子及其水平应在"试验设计"中确定。在可能的情况下，研制试验和作战试验活动均应使用通用仪器，以便对仪器输出进行解释。在活动期间应仔细收集仪器数据，同时确保数据采集不会破坏作战背景。

除了明确系统性能指标外，《试验鉴定主计划》还应描述将在作战试验活动中使用的实时毁伤评估（RTCA）测量仪器，包括对要使用的实时毁伤评估系统及其在红军和蓝军中的数量。

（二）最佳实践

支持作战试验的测量仪器的一个例子是在 21 世纪旅及旅以下部队作战指挥（FBCB2）和早期步兵旅战斗队（E-IBCT）评估中使用的自动化现场数据采集器（IFDC）。这套测量仪器系统物理连接到被试车辆上，测量并记录通过 21 世纪旅及旅以下部队作战指挥系统的所有电子消息流量，这对于了解战斗单位之间的消息流量，以及下属部队态势感知程度至关重要。但是，自动化现场数据采集器不足以在作战试验期间记录 21 世纪旅及旅以下部队作战指挥系统所有必要信息。还需要其他信息来源，例如与部门负责人和系统操作员的访谈，来评估增强态势感知对作战过程的影响。

时间 / 位置 / 速度 / 加速度传感器通常用于研制试验和作战试验中。

（三）试验仪器示例

1. 示例 1

3.4.2.4 测量仪器

自动化数据采集器将用于 21 世纪旅及旅以下部队作战指挥系统（FBCB2）和早期步兵旅战斗队（E-IBCT）的评估。这套测量仪器系统物理连接到被试车辆上，测量并记录通过 21 世纪旅及旅以下部队作战指挥系统的所有电子消息流量，这对于了解战斗单位之间的消息流量，以及下属部队态势感知程度至关重要。但是，自动化现场数据采集器不足以在作战试验期间记录 21 世纪旅及旅以下部队作战指挥系统所有必要信息。还需要其他信息来源，例如与部门负责人和系统操作员的访谈，来评估增强态势意识对作战过程的影响。

2. 示例 2

3.4.2.4 测量仪器

"达科塔"攻击直升机后续作战试验鉴定的机载仪器将记录飞机状态数据（滚动、俯仰、偏航、警告、位置、速度等）和视频，并将视频传输到地面试验控制中心。根据设计，"达科塔"直升机定期记录和存储任务视频、故障检测、飞机状态数据和维护数据。作战试验机构将与"达科塔"直升机项目主任协调开发提取和解释记录数据的供应商软件。来自主光电 / 红外传感器的视频将通过空 – 空 – 地（AAG）系统传输给试验团队，协助协调、控制和指导每个试验活动。

"达科塔"直升机使用战术交战模拟系统（TESS）进行部队对抗试验和训练。该硬件和软件使用激光评分系统来表征逼真的部队对抗。战术交战模拟系统将与所有红军和蓝军地面实时毁伤评估系统集成，判断"达科塔"直升机和地面部队之间的交战结果。

三、试验计划文件

美军对于所有作战试验、实弹试验以及支持国防部作战试验鉴定局局长鉴定的所有其他试验，《试验鉴定主计划》应该包含一张表格，明确哪些试验计划文件将提交作战试验鉴定局局长批准，哪些文件仅用于信息和审查。牵头作战试验机构应当尽早向作战试验鉴定局局长提交作战试验计划，介绍试验鉴定方案，通常不得晚于开始试验前的 180 天。牵头作战试验机构必须在开始前至少 60 天将作战试验计划提交作战试验鉴定局局长批准。如果将研制试验数据用于作战鉴定或评估，牵头作战试验机构应在试验开始之前和作战试验鉴定局局长进行协调，在可行的情况下，应获得批准。作战试验鉴定局局长规定有防护系统的实弹射击试验鉴定策略、实弹射击试验鉴定计划、生存性试验计划必须经过审批。试验计划审批表如表 20-5 所示。

表 20-5　试验计划审批表——样表

试验	文件	提交日期	研制试验鉴定机构	作战试验鉴定局局长
实弹射击试验鉴定				
	装甲详细试验计划	试验前 30 天		审查
	作战试验机构的弹道车身和炮塔试验计划	试验前 60 天		审查并批准
	弹道车身和炮塔详细试验计划	试验前 30 天		审查
	可控毁伤实验详细计划	试验前 30 天		审查并批准
	全系统试验前预测报告	试验前 15 天		审查
	作战试验机构的全系统试验计划	试验前 60 天		审查并批准
	全系统详细试验计划	试验前 30 天		审查并批准
	建模与仿真确认报告，含校核与验证报告	全系统试验开始前		审查
	建模与仿真对比报告	最终全系统试验前 90 天		审查
研制试验				
	部件合格性试验计划	试验前 60 天	审查	审查
	武器性能试验计划	试验前 60 天	审查	审查
	传感器性能试验计划	试验前 60 天	审查	审查
作战试验				
	作战评估试验计划	试验前 60 天	审查	审查并批准
	初始作战试验鉴定计划	试验前 60 天	审查	审查并批准
	后续作战试验鉴定计划	试验前 60 天	审查	审查并批准

四、试验资源

美军采办项目主任必须与所有试验鉴定相关部门协调，确定支持研制试验鉴定、作战试验鉴定和实弹射击试验鉴定所需的所有试验鉴定资源，并制定计划。第一步是在研制鉴定框架和作战鉴定框架中提出数据要求。根据这些数据要求，规划出项目每个阶段生成所需数据需要的资源。《试验鉴定主计划》的第 4 部分应直接通过分析，识别进行《试验鉴定主计划》第 3 部分描述的试验活动需要的试验资源。在每次《试验鉴定主计划》更新时，应根据在先前试验阶段和其他项目变更获得的信息来更新资源需求。（请参考国防部指示 5000.02）

（一）最佳实践

美国防部作战试验鉴定局特别关注试验部队和威胁部队规模、试验品数量、试验保障部队（人员和设备）（包括鉴定策略规定的基准系统）、试验位置和持续时间、作战试验相关的建模与仿真、弹药、靶标、相关的仪器（尤其是需要单独开发的仪器）。

科学试验分析与技术应针对相关的响应变量（聚焦使命任务的指标）生成统计学价值度量（影响力和置信度）。这些统计指标对于了解多少试验量是非常重要的。作战试验鉴定局局长不支持不充分的试验，也不支持过量的试验。科学试验与分析技术应构成合理试验范围的基础。

项目应遵循《试验鉴定主计划》格式逐项列出感兴趣的试验资源。第 4.2.1 节涉及试验品；第 4.2.2 节介绍试验场等。项目可以用独立表格阐述第 4 部分的各章节，也可以将所有试验资源合并为一个表，具体见下文示例。

（二）试验资源示例

《试验鉴定主计划》的第 4 部分中应有一个或多个与此类似的表格，并提供所需试验资源的简明摘要。表中的资源应与第一部分的叙述、第二部分的时间表以及第三部分的试验鉴定策略保持统一。如《试验鉴定主计划》的其他部分所述，这些表格包含研制试验、一体化试验、作战试验和实弹射击试验鉴定，具体示例见表 20-6。

表 20-6 试验资源示例

作战试验活动

试验活动	日期（季度/财年）	试验品	试验场	经费	威胁表征/试验靶标/弹药	作战部队（人员和平台）
单车方向稳定性研制试验和作战试验	2009财年1季度	1辆MCVP（工程制造开发阶段车辆）	彭德尔顿兵营	第Ⅳ部分提供	无	17名海军陆战队员携带行军负荷
多车方向稳定性研制试验和作战试验	2009财年2季度	2辆MCVP（工程制造开发阶段车辆）	彭德尔顿兵营	第Ⅳ部分提供	无	2个加强步兵班
地面射击研制试验和作战试验	2009财年3季度—4季度	2辆MCVP（工程制造开发阶段车辆）	29棕榈村	第Ⅳ部分提供	600发MK268尾翼稳定脱壳穿甲电光弹；600发MK264多用途低阻力曳光弹（MPLD-T）/MK266高爆燃烧物曳光弹（HEI-T LINK）；600发MK239曳光弹4000发7.62毫米口径靶标；20套2.5维及3维靶标（BMP，BMD，BTR，BRDM）	无
炎热天气研制试验和作战试验	2009财年4季度	2辆MCVP（工程制造开发阶段车辆）	29棕榈村	第Ⅳ部分提供	2500发MK239曳光弹，7200发7.62mm口径枪弹，20台2.5维和3维威胁靶标（俄罗斯BMP步兵战车，BMD空降战车，T72坦克，BTR装甲车，BRDM侦察车）；5辆2.5维友军装甲靶车（轻型装甲车辆），"布雷德利"战车	2个加强步兵班
里程碑C作战评估	2011财年2季度	3辆MCVP和1辆MCVC（工程制造开发阶段车辆）	彭德尔顿兵营，29棕榈村	第Ⅳ部分提供	600发MK268尾翼稳定脱壳穿甲电光弹；600发MK264多用途低阻力曳光弹（MPLD-T）/MK266高爆燃烧物曳光弹（HEI-T LINK）；4200发MK239曳光训练弹，15000发7.62毫米口径枪弹；20台2.5维和3维威胁靶标（俄罗斯BMP步兵战车，BMD空降战车，T72坦克，BTR装甲车，BRDM侦察车）；5台2.5维友军靶标（轻型装甲车辆），"布雷德利"战车	1个加强步枪排，1个营参谋部，1辆两栖突击车及乘员，1辆M1A1坦克及乘员，2辆轻型装甲车带乘员（其中1辆为假想敌OPFOR），空地特遣队浮动节点，1艘两栖船舰（两栖船坞运输舰），1艘气垫登陆艇，1门81毫米迫击炮，1门60毫米迫击炮，工程支援部队（带指定装备），1个步兵连前沿支援部队（FoF）假想敌（OPFOR）（2-4辆轻型装甲车和1-2个徒步步兵排）

续表

作战试验活动

试验活动	日期（季度/财年）	试验品	试验场	经费	威胁表征/试验靶标/弹药	作战部队（人员和平台）
可编程空爆弹药研制试验和作战试验	2012财年1季度	2辆MCVP（工程制造开发阶段车辆）	29棕榈村	第IV部分提供	700发MK239曳光训练弹；2100发可编程空爆弹药(PABM)；4000发7.62mm枪弹；20辆2.5维及3维威胁靶标（俄罗斯BMP步兵战车、BMD空降战车、T72坦克）；2辆俄罗斯BTR装甲车；1辆BRDM侦察车；60个3维弹道假人	无
团作战中心研制试验和作战试验	2012财年3季度—4季度	1MCVP和1辆MCVC（工程制造开发阶段车辆）	29棕榈村	第IV部分提供	无	1个团参谋部
高温气候作战评估	2012财年3季度—4季度	3辆MCVP和1辆MCVC（工程制造开发阶段车辆）	29棕榈村	第IV部分提供	2500发MK239曳光训练弹；7200发7.62毫米口径枪弹；20台2.5维和3维威胁靶标（俄罗斯BMP步兵战车、BMD空降战车、BTR装甲运兵车、BRDM侦察战车、T72坦克；5辆2.5维友军靶车辆（轻型装甲车辆、"布雷德利"战车）	1个强化步枪排，1个带作战中心的团参谋部，1个参谋员，1辆M1A1坦克及其乘员，1营参谋员及乘员车(AAV)及乘员，2辆轻型装甲装甲乘员及其乘员组（1辆作为假想敌），20台威胁靶标（俄罗斯BMP步兵战车、BMD空降战车、BTR装甲运兵车、BRDM侦察车）
低温天气作战评估	2013财年2季度	3辆MCVP和1辆MCVC（工程制造开发阶段车辆）	寒区试验中心，阿拉斯加	第IV部分提供	1000发MK239曳光训练弹	1个步兵加强排，1个数据采集排，1个数据采集单元，20台控制单元，8个实弹射击和机动靶场，1艘两栖舰

续表

试验活动				作战试验活动		
	日期(季度/财年)	试验品	试验场	经费	威胁表征/试验靶标/弹药	作战部队(人员和平台)
初始作战试验鉴定	2014财年4季度—2015财年2季度	12辆 MCVP 和 2辆 MCVC(低速率初始生产车辆)	勒梁营,彭德尔顿兵营,29棕榈村	第 IV 部分提供	7800发30毫米穿甲弹和高爆弹；7000发7.62毫米枪弹；5000发40毫米炮弹；2500发12.7毫米枪弹；威胁表征电子战和靶标；8000发30毫米口径炮弹；4000发7.62毫米枪弹；5000发30毫米口径炮弹；2500发7.62毫米枪弹；5000发40毫米炮弹；2500发12.7毫米口径枪弹。100个2.5维及3维威胁靶标(俄罗斯 BMP 步兵战车、BMD 空降战车、BTR 装甲运兵车、BRDM 侦察车、T72坦克)；2辆 BTR 装甲运兵车；1辆 BRDM 侦察车；60个3维威胁人体靶道人体靶标	14辆两栖攻击装甲车，1个加强步枪连，1辆两栖指挥部，营/团指挥部人员，4辆 M1A1 坦克，10辆轻型装甲车(6辆轮式步兵战车，2辆发坦克导弹发射车，1辆后勤保障车，1辆指挥控制车)，8套"标枪"导弹系统，8辆指挥/迫击炮火力排指挥中心，8辆武器车(4架 Mk19 榴弹发射器，4挺12.7口径 M2 重机枪)，地面监视雷达，2架 AH-1W 直升机，1架 UH-1N 直升机/指挥控制或机载中继，2架 AV-8 垂直起降战斗机(20小时飞行)，2架 F-18 战斗机，实弹射击靶场 美海军：10个航行日的两栖登陆舰或两栖船坞运输舰(由将官级军官确认)，2艘气垫登陆艇，2艘登陆舰艇，由位于29棕榈村的海军陆战队空地作战中心和彭德尔顿兵营的后勤支援大队维修中队人员抽调组成的营级登陆制组；1场联合兵种演习的营级登陆分队级别的演习；1场团级登陆队规模的演习

第 21 章　试验方法

一、《试验鉴定主计划》中的科学试验与分析技术

《试验鉴定主计划》的制定者应将科学的试验和分析技术作为分析试验鉴定计划规模和范围合理性的基础。这方面的最新指南将重点放在确定试验活动规模的实验设计（试验设计）上，还有其他工具可在科学试验计划工具箱中找到。本部分内容概述了可用于计划、实施、分析试验的科学试验分析与技术或实验，并归纳了《试验鉴定主计划》中应提出的关键内容。

（一）组织管理

任何项目都应在试验计划流程的早期就应用科学试验原理。项目应组建一个由主题专家组成的试验鉴定工作层一体化产品小组（WIPT），专家可以确定感兴趣的聚焦使命任务的定量指标（试验设计术语：响应变量），表征系统在面向使命任务的鉴定背景下的性能。试验鉴定工作层一体化产品小组应确定会影响系统性能的环境和因子，以及这些因子的水平（即这些因子所处的各种条件或取值）。

考虑到这些指标和因子，试验鉴定工作层一体化产品小组应制定研制鉴定框架和作战鉴定框架，并确定哪种分析技术能最充分覆盖所有重要因子，同时通过计划的试验对以任务为重点的定量指标进行鉴定。在整个一体化试验鉴定中，试验策略在本质上应该是迭代的，以确保完成足够的初始作战试验鉴定。试验策略应在初始作战试验鉴定之前和期间积累证据，证明系统在整个作战包线内均能正常运行。

（二）《试验鉴定主计划》的科学试验设计要素

《试验鉴定主计划》的第 3 节应概述试验设计原理。内容可能会有所不同，具体取决于《试验鉴定主计划》支持的里程碑。表 21-1 概述了适合每个里程碑的信息内容。具备一定原有数据的系统应包含更多细节，并实现更鲁棒的试验设计。此外，如果以前的

试验数据将用于加强作战试验，则应讨论使用该数据的方法。有关如何使用先前的试验数据来确定未来试验范围的实例，请参考贝叶斯实例。《试验鉴定主计划》关于科学试验与分析技术的附录中应提供每个试验设计的详细信息。所有试验设计（无论何种统计方法）均应包括以下内容：

1）试验（实验）目标。

2）考核效能、适用性和生存性的聚焦使命任务的定量指标（也称为面向任务的定量响应变量）。请参阅聚焦使命任务的量化指标指南。

3）影响效能、适用性和生存性的因子。详见一体化生存性评估指南。

4）针对感兴趣的响应，在研制试验、作战试验、实弹试验中策略性地改变因子的方法。请参阅一体化试验指南。

5）统计价值评价（影响力和置信度）以及对相关聚焦使命任务指标（响应变量）的影响大小。这些统计量对于理解"足够的试验量"很重要，并且可以由决策者在定量的基础上进行评估，以便他们可以权衡试验资源获得对结果期望的置信度。

试验的实施，包括科目计划和顺序，应在试验计划中进行讨论。通常，被试系统是复杂的系统，具有多个任务和功能。试验设计应反映系统的复杂性。通常，多次试验为了充分表征被试系统的任务性能。可能还需要多个试验设计来采集任务执行的所有阶段或各个方面。

表 21-1　《试验鉴定主计划》的试验设计信息

支撑的里程碑	信息内容
A	明确试验鉴定工作层一体化产品小组承担的试验设计职责 试验各阶段要实现的目标 针对每个目标或问题的聚焦使命任务的定量指标 每个聚焦使命任务量化指标对应的因子初始列表 整体试验策略，包括： ·对实验进行筛选，确保作战试验中考虑重要因子 ·顺序实验 支持有限用户试验、作战鉴定、初始作战试验鉴定资源配置的试验设计 ·虽然里程碑 A 的试验设计是非常初步的，但必须使用科学的试验设计作为基础来估算里程碑 A 的方案征求书资源。因此，应特别注意确保分配足够的资源给长周期项目（例如，靶标、武器、专业靶场能力等）。
B	明确试验鉴定工作层一体化产品小组承担的试验设计职责 试验各阶段要实现的目标 针对每个目标或问题的聚焦使命任务的定量指标 优化每个聚焦使命任务量化指标对应的因子及其水平 支持有限用户试验、作战鉴定、初始作战试验鉴定资源配置的试验设计 ·用里程碑 A 的所有新信息更新试验设计 整体试验策略，包括： ·对实验进行筛选，确保作战试验中考虑重要因子 ·顺序实验

续表

支撑的里程碑	信息内容
C	明确试验鉴定工作层一体化产品小组承担的试验设计职责 试验各阶段要实现的目标 针对每个目标或问题的聚焦使命任务的定量指标 根据之前试验和作战使命，优化每个聚焦使命任务量化指标对应的因子及其水平 在各试验阶段如何改变和控制因子及其水平的详细信息 支持初始作战试验鉴定资源配置的完整试验设计，用于整体试验策略，包括： ·如何使用先前的知识来支撑初始作战试验鉴定试验计划 ·支持影响力计算的分析计划

（三）科学试验和分析工具

试验鉴定可以使用很多种类科学和统计学设计与分析工具。试验鉴定最常用的工具和方法包括：

·实验设计（请参阅试验设计指南）

a.《试验鉴定主计划》试验设计因子示例

b. 试验设计的火炮示例

c. 试验设计的精确制导武器示例

d. 试验设计的软件密集系统示例

·观察性分析（请参见观察分析示例）

·调查设计与分析

·可靠性试验计划

·假设检验

·验证建模与仿真的统计学方法

·贝叶斯分析方法（请参阅贝叶斯指南和贝叶斯示例）

如果为了判断《试验鉴定主计划》中要求的试验，科学试验分析与技术附录是讨论以下工具的合适参考。

试验设计要求试验人员在执行试验时至少能够控制重要因素。有许多类型的试验设计考虑不同的试验约束条件。此处列出了常见试验设计及其在作战试验中的适用性。除了表 21-1 的内容外，如果使用试验设计来制定作战试验计划，则应讨论特定的试验设计策略。但是，试验人员并非总能控制所有试验条件。在这些情况下，仍然可以使用观察性分析来讨论试验的充分性。表 21-1 中《试验鉴定主计划》概述的关键信息以及可接受的最小试验规模很重要。如果有可用的历史数据，可以用来估算大致的试验范围。

对作战人员和维护人员的调查是作战试验的重要组成部分。通过调查设计和管理指南了解《试验鉴定主计划》中包含的调查内容。试验计划应包含详细的调查、管理计划和其他相关信息。

简单的假设检验基本不能确定作战试验范围。但是，它们确实可以评估可靠性试验是否充分。有关其他信息请参阅可靠性试验指南。

最后，将大量试验数据（逼真作战条件下的研制试验、作战鉴定等）纳入作战鉴定的情况下，贝叶斯方法可能是合适的。在这些情况下，《试验鉴定主计划》还应该讨论要推进哪些信息、进行分析的方法以及必须在作战试验中进行哪些测试。

（四）通用试验设计

通用试验设计的类型及应用，见表 21-2。

表 21-2　通用试验设计

设计类型	说明及其在作战试验中的应用
全因子设计（2级）	具有两个或多个因子的设计，每个因子具有两个级别，其中所有可能的因子组合至少要测试一次 通常在因子和因子组合总数不太大（例如 3~5 个因子）时使用 全因子设计能够估算模型中的所有主要效应和相互作用项 全因子设计往往往会为大量因子提供过多信息（过高影响力）
部分析因设计	部分析因设计包括从全因子设计中精心选择的运行子集 在以下情况下有用： 大量因子，单独测试每种可能的因子组合都不经济 用筛选实验找出主要因子 通常，部分析因设计可以通过双向交互来表征系统性能 利用稀疏效应：大多数系统受某些主要效应和低阶交互作用的支配
考虑中点值的全因子设计	中心点增加了检查连续因子曲率的能力 略微增加统计影响力
全因子（2级）复制	复制可提高统计影响力，并提高预算某条件下变化量 一般不可用在成本受限的作战试验中 在资源有限的环境中，覆盖更多的操作空间要比复制更好（为了复制而没有消除因素） 普遍接受的中间立场是仅复制设计的子集（例如，中心点）
通用析因设计	与2级析因设计相似，通用析因设计具有2个或多个因子，每个因子具有2个或多个水平，其中所有可能的因子组合至少要试验一次 仅当因子数量不太大（例如 3~5 个因子）时才有可能 可以估算模型中的所有主要作用和相互作用项 为每个因子增加更多水平时，影响力将减弱 对于连续因子，两级具有最高的影响力
响应面设计	响应面方法是一组实验设计的集合 最初用于化工行业进行顺序实验以优化工艺 演变为表征系统性能的一大类设计 鲁棒的试验设计方法适合二阶模型，包括灵活表征性能的二次效应 响应面设计的类型：中央组合设计、面心立方体设计、小型中央组合设计、Box-Behnken 设计、最佳设计

续表

设计类型	说明及其在作战试验中的应用
最优设计	针对已知分析模型和样本量优化测试点 最佳设计很有用： 大量因子 高度受限的设计区域（不允许组合的因素） 大量的分类因子 最佳设计谬误 在一个条件下最优的设计可能与在另一个条件下优化的设计相去甚远 最优设计对于类似分析模型的因子设计和响应面设计 始终在最佳设计中增加额外的点，允许错误的模型假设和统计影响力
组合设计	一种高效试验设计，常用于软件测试 不像上述所有设计类型一样支持因果分析，而是非常高效地覆盖查找问题的空间 如果发现问题，必须进行根本原因分析

（五）贝叶斯方法

贝叶斯方法可综合各种来源的信息估算可靠性，这种方法的应用越来越普遍并且具有很多优势，主要有：可以合并多个先验信息源（例如，作战条件下的研制试验或作战评估）；可以分析复杂的系统（及其结构），而无需严重增加计算量；很容易计算和解释不确定区间。这些技术需要对系统和统计数据进行思考和理解。除了制定经典试验计划所采取的措施外，贝叶斯方法还需要确定先验分布（要利用的信息）并建立分析框架（如何合并先验信息）。

1.《试验鉴定主计划》中贝叶斯方法相关内容

（1）数据质量

作战试验分析的相关先验信息包括之前完成的研制试验或作战试验数据、工程分析数据、建模与仿真数据。《试验鉴定主计划》中应注明先验信息的来源和质量。

任何类型的先前试验数据在先前构造中都是合理的。但是，先验信息与当前数据（即用于作战试验分析的研制试验数据）的相关性会影响先验信息的加权程度。重要之处在于，如果之前试验数据不支持当前试验数据的结果，不要在当前分析中引入偏差。

（2）合并先验信息

尽量使用先验数据来协助选择试验范围内的哪些区域要包括在试验中：了解设置的组合对系统来说是困难的还是容易的，等等。使用先验信息的另一种方法是缩短试验时间（或接受影响力较低的试验），前提是先验信息将作为分析基础。试验保证是计划一个试验的正式流程，试验集成了来自各种来源的信息，以减少满足要求所需的试验工作量。对于某些系统，作战试验计划应更专注于更多其他作战效果（如增加一个操作员），因为通过先验信息可以很好地了解系统基本性能。尽量避免提供非常有用的先验知识，因为有了这些先验知识，几乎不用从作战试验数据中获得信息。

（3）分析计划

考虑使用贝叶斯方法时，《试验鉴定主计划》必须提出针对作战试验数据的分析计划。分析计划应确定如何将先验信息包括在作战鉴定中。例如，在使用贝叶斯方法进行的可靠性分析中，作战试验鉴定要规定用于分析数据的分布类型（例如指数分布或威布尔分布）、先验分布以及如何从现有数据中推导。

2. 采用贝叶斯方法的时机

当具有以下情况时，表明可以采用贝叶斯方法：

（1）具有相关且可信的先前信息。贝叶斯实例给出这样一种情况，即在子系统级别上有大量研制试验信息可用，并且作战试验的重点是这些子系统与作战人员的集成。即使包括先验信息，也必须具有足够的可变性，使估计值可以偏离这些数据之前的结果。

（2）评估系统或杀伤链的可靠性。此类分析通常涉及在可能复杂的系统结构下合并很多领域或子系统的信息。在贝叶斯分析中，很容易估算任何系统模型的间隔，而在传统分析中则不然。如果在杀伤链或系统分析中，任何子系统或组件的故障为零，仍可计算点估计和间隔估计。

（3）对于短期试验、高可靠性系统、预期零故障系统试验，测量平均故障间隔时间要避免不切实际的点估计和间隔估计。

3. 采用贝叶斯方法的一般原则

计划贝叶斯分析时应考虑的一些基本的总体原则：

1）从关注的参数属性开始：如果参数需要为正，请选择非负的分布。

2）确定要使用的先验信息，及其与作战试验鉴定的相关性。

3）能够根据作战试验中观察到的数据修正分析。

4）检查先前假设的影响：探索先前预测的偏差，通过敏感性研究重新分析。一个好的模型应该能适应先前的规范。

4. 贝叶斯方法示例

（1）系统描述

新的移动实验室系统分析环境样品中是否存在核生化物质，并报告分析结果，直接支持指挥官的部队防护和部队健康监视决策。每个子系统（化学、生物和放射）均由各种灵敏度、速度和运行成本的组件组成。集成系统均集成商用现货和政府专用分析技术和组件的特定功能，针对特定的作战用户及其任务需求进行定制。每个子系统的关键性能参数性能要求是检测85%进入实验室的样品。

（2）先验信息

子系统组件已完成多个阶段的试验，确定了检测性能曲线。每个阶段都增加了试验的实战性：第1阶段，在每个成分的原始基质中检测了不同浓度的原始基质中的各种目标；第2阶段，在典型作战环境基质（如土壤、食物或拭子）中测量不同浓度的各种目标。在子系统上进行了大约5500次试验，用目标矩阵的各种组合的表征组件来检测性能。分析采用的先验数据仅来自之前试验数据，考虑到与真实作战（即实验室技术人员对士兵操作人员）的偏差，这些数据将被加权降低。

用逻辑回归分析第2阶段的数据，包括目标因子、基质和浓度。将分散的先验值放在每个回归系数上，获得每个组件以及目标矩阵组合的性能曲线：

这里的鉴定明确要求依赖于浓度（生成曲线），同时利用所有设备运行结果了解每个目标/矩阵组合[①]。图21-1是回归分析的实例性能曲线。

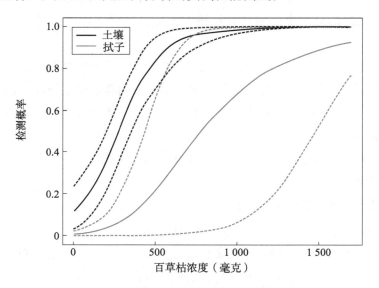

图21-1　土壤和棉签中百草枯浓度的检测概率

（3）确定试验范围

作战试验中，操作员将根据样品处理和分类程序，对每个子系统使用各种基质中的各种目标进行测试。大多数样本将在子系统中的多个组件上进行测试，操作员将进行最后一次检测。

考虑化学战子系统，第2阶段分析的后验加上从研制试验到作战试验的额外降解因子，是保证测试算法的基础（Hamada等人，2008年）。作战试验计划需要具有20种目标/基质组合的6种不同浓度水平。从用户感兴趣的典型威胁战剂列表中随机选择组合（见表21-3）。

① MCMC技术用于生成回归系数的后验分布。这些后验分布可为所有4个设备的任何目标/矩阵组合计算整个浓度性能曲线的后验分布。

表 21-3　作战试验目标和矩阵

目标	矩阵
不纯 COI2	砂
GF	土壤
硫酸	精油
维埃克斯毒气	砂
甲醇	拭子
GB-WGA	空气
纯 COI3	植物
路易氏剂	砂
氰化钠	水
GD	土壤
2-氯乙烯基草酸	拭子
甲醛	水
百草枯	植物
八甲基焦磷酰胺	植物
烯丙醇	拭子
氨水	水
硫二甘醇	拭子
频哪醇甲基膦酸	砂
氯乙烯基胂酸	土壤
溴甲烷	空气

（4）确定浓度水平

如果掌握威胁战剂或毒性浓度水平方面的信息，作战试验浓度将设置为这些水平。但是，某些目标/矩阵组合的这方面信息可能未知。通过第 1 阶段和第 2 阶段分析，可以深入了解每个组件、每个子系统能够或不能检测的范围。

给定目标/矩阵组合的最低浓度将设置为最敏感设备检测概率为 0.5。这意味着在提供给子系统的所有样品中，最低的浓度都已设置为最敏感组件有 50% 的机会被检测到。如图 21-2 所示，生物子系统的组件 2 可以检测到浓度低于组件 1 的葡萄球菌肠毒素（SEB）。在组件 2 的性能曲线超过 0.50 的位置设置每种基质中的最小浓度。这将是子系统难以检测的样本，但可以控制将所有浓度设置为超出任何组件检测范围的风险。

可以设置一系列浓度水平来缩小性能曲线宽度。例如图 21-1 中的分析表明，药签上百草枯的 2 种浓度可以增加在 500 到 1000 mg 之间，化学子系统的组件 1 上至少要添加 1000 毫克以上的浓度，从而在间隔最宽的地方添加更多信息。将威胁或毒性水平情报信息、第 1 阶段和第 2 阶段分析结果综合起来，可以设置每种试剂 / 基质组合的 6 种浓度水平。

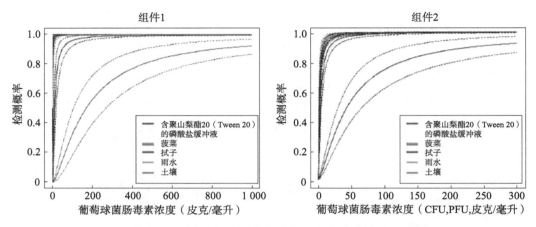

图 21-2　两种组件的葡萄球菌肠毒素浓度的检测概率

（5）分析计划

为了分析作战试验数据，将再次以目标、基质和浓度为因子，对每个子系统的每个组件进行对数回归。第 2 阶段的后验分布作为作战试验回归系数的先验，并具有一些其他可变性。

子系统检测失败的概率取决于子系统组件的结构。系统结构有多种类型。一些简单且常用的方法是串联（必须检测所有组件）、并联（必须检测至少一个组件）和 n 中 k（n 个组件中必须至少检测 k 个）。这里将根据作战构想使用 n 中 k 系统结构。也就是说，如果子系统中至少有两个组件检测到该样品中的目标，则对样品进行实验室总体识别。这个方法考虑组件级别信息以及操作员的操作。

（六）科学试验与分析技术的观察性示例

D.1 试验设计概述

本附录旨在为作战试验机构对航空母舰飞行甲板操作的观察分析提供一个框架。试验将支持对"尼米兹"级航空母舰驾驶舱的更改进行评估，这些更改旨在将持续作战中的每天飞机起降架次从 120 架增加到 135 架。试验设计没有采用基于控制特定因子及其水平的传统方法，而是侧重于观察性分析。在该分析中，试验团队会收集和分析来自飞行甲板的操作数据，并对其采取有限控制。在这种情况下，舰员将根据系统要求规定的设计参考任务（DRM）执行贴近实战的飞行计划。飞行计划包括 6 天的持续作战（每天 12 小时）。作战试验机构将在飞行试验期间收集数据评估性能。下面讨论关于收集足够的数据分析各个相关因子之间的表现并确定每天的出动架次是否增加。

主要度量标准是出动架次率（SGR），它衡量一天中起飞的飞机数量。尽管有影响出动架次率的因子，但作战试验机构无法对其进行控制。例如，飞机的类型（如直升机与 F/A-18）和分配给飞机的任务（如加油机与战斗空中巡逻）可能会影响出动架次率。但是，分配给飞机的任务及其出动顺序受到严格限制（如救援直升机将首先出动）。作战试验机构无法在试验期间对其进行控制。此外，在起飞操作期间，飞行甲板机组人员会做出许多影响出动架次率的实时决策。例如，"尼米兹"级航空母舰有 4 个弹射器用于飞机起飞。在典型的起飞周期中，会弹射多架飞机，并且有备用飞机可用。如果在起飞周期中发生问题，例如弹射器或飞机失灵，驾驶舱乘员将考虑许多因素。维修需要多长时间？飞机对任务有多重要？起飞周期中飞机在哪里？根据此信息和其他信息，飞行甲板工作人员可能会等到维修完成、将飞机移至其他弹射器、使用备用飞机、取消弹射或选择其他选项。人为限制飞行甲板工作人员的选择是不现实的。因此，试验设计不去控制这些因素，而是基于机组人员将在试验期间实际执行的飞行计划。舰员将按照海军标准规程，酌情实时更改，确保该想定下的任务取得成功。作战试验机构将收集有关飞行甲板操作各个方面的数据（表 21-4）。将分析表中列出的时间分布以及在试验计划中定义的其他指标，确定飞行甲板变更是否会改善飞行甲板操作，该过程中是否存在瓶颈。

表 21-4 观察分析的主要指标

指标	定义
出动架次率	在一个飞行日内起飞的飞机架次。根据设计参考任务，在持续作战期间一天 12 小时进行测量
降落到引擎关机时间	从飞机降落到引擎关闭之间的时间
周转时间	从发动机关闭到发动机启动之间的时间，包括加油、重新装弹和维护时间
发动机启动到滑行时间	从发动机启动到飞机开始滑行之间的时间
滑行到弹射时间	从飞机滑行开始到飞机弹射之间的时间

从历史上看，"尼米兹"级航母在持续作战中每天能够进行 120 架次飞行。在计划的持续运行 6 天中，至少应完成 720 架次。

总体而言，飞行甲板设计变更有望将出动架次率从 120 提升至 135，试验具有很高的影响力，可以观察到出动架次率改善程度。图 21-3 是试验影响力与重新设计的飞行甲板的真实出动架次率性能的关系。随着真实出动架次率的增加，发现改进影响力随之增加。

以 95% 的置信度，当航空母舰的真实出动架次率在持续作战中每天超过 135 架次时，影响力是检测性能差异的 80%。

该分析应该能够检测到几分钟量级的相对较小的时间差异（如周转时间相差 7 分钟）。为了掌握数据可变性，作战试验机构检查了海军飞行甲板操作模型的结果。该模型用于开发对"尼米兹"级航空母舰飞行甲板的更改。例如，图 21-4 显示了在下一个起飞周期内着陆、加油和重新装弹以及重新启动的飞机的周转时间的模型结果。周转时间是从发动机关闭到发动机启动之间进行测量的，平均时间为 35.7 分钟，标准偏差为 7.0分钟。图 21-5 显示了作为样本函数的独立均值检验的功效大小，能够对比试验结果与模型预测。随着试验过程中测量的周转时间数量的增加，试验的功效也随之增加。在 35 次活动中测量周转时间，可以在 95% 的置信度下实现 90% 的功效，支持根据预期鉴定效果（效果大小 = 标准偏差）。

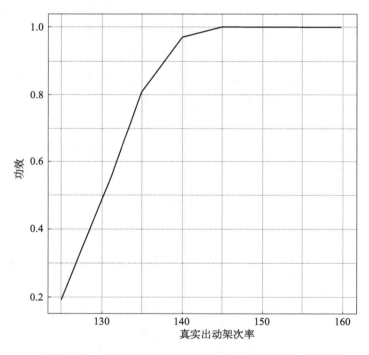

图 21-3　以 95% 置信度连续运行 6 天的影响力估值

如上所述，根据历史上"尼米兹"级航空母舰的性能，计划的试验将完成 720 架次起飞。根据计划的机型组成，这些架次分布在 6 种类型的飞机（如 E-2C、EA-18G 和 F/A-18）和 6 个任务（如战斗空中巡逻、打击支持和拦截）。根据设计参考任务制定的飞行计划是，每种飞机类型最少 35 架次，每种任务类型最少 35 架次。因此，试验应提供足够的数据，可以按飞机类型和任务分析结果。

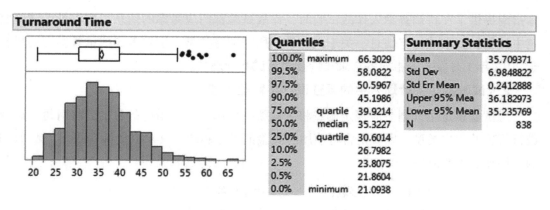

图 21-4 飞机降落、加油、重新装弹，并立即重新弹射的周转时间分布（软件界面）

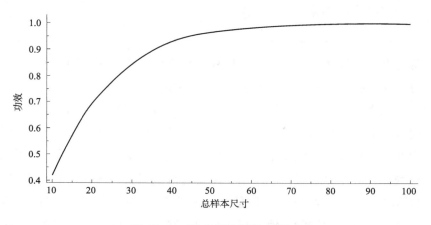

图 21-5 独立平均试验的影响力

总之，试验将提供足够影响力来确定飞行甲板更换是否将出动架次率提高到每天135 架次，并确定与预期周转时间和其他指标之间是否存在重大差异。

（七）调查设计与管理

1. 基本情况

调查是对人们的思想、感情和观点的系统衡量，是作战试验鉴定中的重要工具，因为它们有助于确定军事系统是否适合军事人员使用。应使用调查来补充目标人员和系统性能数据，或者在客观测量不可行的情况下使用。开展调查重点解决系统效能和适用性方面特定问题，例如操作人员工作量对探测时间的影响，而不是作为问题发现工具。访谈和焦点小组是识别意外问题的更有效方法。需要仔细计划以深入了解系统效能和适用性为目的的调查。作战试验部门不仅要设计有效且可靠的调查工具，还必须成功地将调查整合到试验设计中，在整个试验条件下系统地进行管理，提供一组有代表性的用户。

本指南提供了在将调查纳入作战试验时，作战试验部门应考虑的信息类型以及《试验鉴定主计划》要求的特定信息。关于试验计划所需信息类型，请参考作战试验鉴定局局长于 2017 年 1 月发布的指导备忘录《调查预测试和管理》。

2.《试验鉴定主计划》中的调查设计和管理计划

《试验鉴定主计划》应规定调查将采取哪些措施，这些措施的目的，将对每个调查进行管理的用户类型，以及是否将使用经验验证或定制的工具来收集调查数据。表 21-5 的实例显示了如何呈现此信息。

表 21-5　《试验鉴定主计划》中呈现的调查设计和管理信息

衡量	用户类型	评估计划
目标探测任务期间的工作量（经验证明的工具）	雷达操作员	在高密度和低密度战场条件下，对比探测第一个目标工作量对时间比率

这些信息有助于作战试验机构在进行作战试验之前了解用户类型，了解作为试验计划的一部分而开发的唯一量表[①]，以及进行预试验时是否需要这些量表。

预试验是对调查工具的审查，目的是确保受访者提供的答案与作战试验机构打算在作战试验期间收集的数据相似。经验获得的测量工具是经过严格测试的现有量表，它们是对诸如可用性和工作量之类的特定概念的可靠有效的度量，因此，在进行作战试验之前不需要进行预试验。相比之下，专用仪器需要进行预试验，确保它们能够实际测量设计用于测量的概念。除了表 21-5 中的信息外，《试验鉴定主计划》还应确定何时开发定制仪器，如何对它们进行预试验，何时完成对预试验的修订以及如何报告，包括所需的人员配备时间表。《试验鉴定主计划》中还应记录所有必要的资源，例如外部专家或代表性用户。

目前已经开发了几种用于预试验调查工具的方法。例如，陆军研究所的《调查问卷构建手册》第 11 章描述了一套用于对测试仪器进行预测试的准则。这些指南可识别：1）受访者难以理解和解释的问题；2）格式问题；3）可能使受访者难以浏览，或模糊他们对特定问题的解释的说明；4）受访者完成调查所需的时间。作战试验机构应参考《调查问卷构建手册》或其他信誉良好的资料，选择对定制工具进行预试验的适当方法。作战试验鉴定局局长于 2017 年 1 月发布的指导备忘录《调查预测试和管理》附录 A 中提供了预试验实例。

[①]　量表用于特定的心理属性，例如心理需求、身体需求、学习能力或用途。调查可以由一个或多个量表组成。

二、试验设计示例

试验设计（DOE）是一种用于计划、实施和分析试验的统计方法。应用试验设计原则的任何项目都应在试验计划过程的早期开始应用该方法。试验计划人员应召集一组技术专家共同识别关注聚焦使命任务的主要定量指标（以试验设计的话来说就是响应变量），这些指标将在面向使命任务的鉴定中表征系统性能。试验计划人员应识别预期会影响系统性能的环境和作战因子，以及这些因子的水平（即因子可能取值的各种条件或设置）。试验主策略应包括所需的资源、初步试验的方案（包括部件试验）以及使用初步试验结果来计划进一步试验。试验策略的一个目标应是通过试验计划，在鉴定聚焦使命任务的定量指标时，充分覆盖所有关键因子。试验策略本质上应是迭代的，确保进行充分的初始作战试验鉴定。试验策略应在初始作战试验鉴定之前和期间积累证据，验证系统在整个作战包线内均能正常运行。试验计划人员应在每次试验迭代中进行试验设计。

（一）《试验鉴定主计划》的试验设计因子

《试验鉴定主计划》的第 3 节应概述试验设计理念。论述内容可以有所不同，具体取决于《试验鉴定主计划》支持的里程碑。表 21-6 给出了适合各里程碑的信息内容概述。包含原有数据的系统的试验设计应提供更多细节并且更加可靠。《试验鉴定主计划》的附录中应提供每个试验设计的详细信息。试验设计的因子应包括以下内容：

·试验（实验）目标。请参阅《聚焦使命任务的鉴定指南》。

·以提高装备效能、适用性和生存性为目标，聚焦使命任务的量化指标。请参阅《聚焦使命任务的量化指标指南》。

·影响装备效能、适用性和生存性的因子。参阅《一体化生存性鉴定指南》。

·研制试验、作战试验、实弹试验中，策略性地改变所关注因子的方法。

·统计学价值指标（影响力和置信度）及其对聚焦使命任务的定量指标（即有意义的指标）的影响大小。这些统计学指标对于理解"足够的试验量"很重要，并且可以由决策者进行定量评估，为实现具有期望置信度的试验结果而权衡试验资源。

这些因子包括设计试验的所有计划步骤，除了执行顺序。标准统计设计假设试验点执行顺序可以随机化。应注意包括阻塞或分割图技术的设计。试验的执行，包括执行计划/顺序，应在试验计划中进行讨论。

被试系统通常是具有多个任务和功能的复杂系统。试验设计应体现系统的复杂性。一般情况下，必须有多种试验设计才能充分表征被试系统的任务性能，可能还需要多个试验设计来捕获任务执行的所有阶段或各个方面。

表 21-6 《试验鉴定主计划》的试验设计内容

	信息内容
A	试验鉴定一体化产品小组对试验设计的责任 各试验阶段要实现的目标 针对每个目标或问题的聚焦使命任务的定量指标 针对各聚焦使命任务的定量指标列出初步因子清单 整体试验策略，包括： ·筛选实验，确保重要因素在作战试验时充分考虑 ·顺序实验 ·试验设计支持有限用户试验、作战评估和初始作战试验鉴定的资源配置 ·尽管里程碑 A 时的试验设计可能只是非常初步的，但试验设计（或某些其他科学试验设计技术）可用于估算需申请的资源 ·里程碑 A 附近制定充分计划。因此，应特别注意确保为长周期项目分配足够的资源（例如靶标、武器、专业靶场能力等）。
B	明确试验鉴定一体化产品小组对试验设计的责任 各试验阶段要实现的目标 针对每个目标或问题的聚焦使命任务的定量指标 细化各聚焦使命任务的定量指标的初步因子清单 试验设计支持有限用户试验、作战评估和初始作战试验鉴定的资源配置 更新试验设计，加入里程碑 A 后的全部新信息 整体试验策略，包括： ·筛选实验，确保重要因素在作战试验时充分考虑 ·顺序实验
C	明确试验鉴定一体化产品小组对试验设计的责任 各试验阶段要实现的目标 针对每个目标或问题的聚焦使命任务的定量指标 细化各聚焦使命任务的定量指标的初步因子清单 关于试验各阶段如何控制因子变化和水平的详细信息 支持初始作战试验鉴定整体试验策略的资源配置的完整试验设计，包括： ·如何用以前的知识支持初始作战试验鉴定计划编制 ·支持影响力计算的分析计划

（二）某系统试验设计示例

3.4.2.# 试验设计

试验设计和分析将为系统 XYZ 的研制试验、一体化试验和尚作战试验制定试验计划。试验鉴定工作层一体化产品小组将明确试验设计的以下组成部分：1）目标；2）指标；3）因子及其影响试验结果的水平；4）在所有试验中改变这些因子和水平的策略性方法；5）合理的重要响应的统计学影响力和置信度。

注意：表 21-7 "顶层鉴定框架矩阵" 应记录《试验鉴定主计划》的 "试验设计" 部分中讨论的主要试验目标和准则 / 指标。

试验鉴定工作层一体化产品小组将在试验计划中采用顺序方法，这意味着将在研制试验和一体化试验活动选择因子，只有被认为重要或具有特殊作战意义的因子才会在作战试验中进行考核。本《试验鉴定主计划》中概述的总体试验策略足以支持作战试验机构的鉴定计划。表 21-7 给出了每个试验目标的整体试验设计策略。初始试验活动完成后，试验总体策略可能会更新，增加有关因子对关键响应影响的信息。请参阅试验设计附录，了解试验设计的统计学质量相关信息（因子选择、流程图、精确设计、影响力 / 置信度）。

表 21-7　试验目标 1 的试验设计概况

		试验阶段			
		研制试验	建模与仿真	一体化试验	初始作战试验
关键响应（仅包含与试验目标相关的效能指标、性能指标、关键性能参数、适用性指标）		选择效能指标、性能指标、适用性指标	选择效能指标、性能指标、关键性能参数、适用性指标	选择效能指标、性能指标、关键性能参数、适用性指标	选择效能指标、性能指标、关键性能参数、适用性指标
因子	因子水平				
因子 1	分类的 2 个级	系统改变	系统改变	系统改变	记录
因子 2	连续	常数	常数	系统改变	系统改变
因子 3	连续	系统改变	系统改变	系统改变	系统改变
因子 4	分类的 6 个级别	系统改变	系统改变	系统改变	系统改变，演示 2 个级别

* 在表 21-7 中，使用了 3 种常见的因子管理策略：1）通过在试验设计中包含因子来系统地改变（SV）因子；2）在试验过程中将常数（HC）保持在固定水平，使其对试验结果的影响最小；3）记录因子的水平。此外，由于试验所有因子水平带来成本，因此只有在作战试验中才能演示第 4 个因子的 2 个级别。

表 21-7 的最佳实践：

注意表 21-7 可以根据需要重复多次，确保实现所有主要试验目标。这些表可能不会详尽无遗；它们应重点关注主要的试验目标、主要指标（或响应变量），以及将在试验计划中考虑的因子。

如果希望对试验目标的结果产生重大影响，应将试验所有阶段的可记录因子包含在试验设计策略表中。其他可记录的因子可以包含在脚注中，并在试验计划中更详细地记录。

也可能有一个或多个因子的水平在试验期间会系统地变化，但不能以统计上可信的方式变化。有时需要这些条件来证明（演示）试验的安全性和成本，或者仅仅是在系统的正常运行中很少发生的情况。

（三）自行榴弹炮示例

以某型号榴弹炮里程碑 B《试验鉴定主计划》的试验设计为例：

本附录的目的是为作战试验机构的试验设计方法论提供理论框架，支持榴弹炮的采办工作。作战试验机构将使用试验设计原则计划并实施有限用户试验、作战评估和初始作战试验。这种方式将用一种系统性方法评估预先设定的因子对榴弹炮关键性能的影响。试验设计目标是改变关键因子以影响可测量的系统特性，如快速响应和精度。表 21-8 给出各试验活动中如何控制因子及其水平。

表 21-8 试验设计活动策略

因子	因子水平	试验活动	
		有限用户试验 / 作战评估	初始作战试验
致命弹药	弹药（P1），弹药（P2）	系统变化	系统变化
非致命弹药	烟雾弹，照明弹	非致命有限数量任务	非致命有限数量任务
时间	昼，夜	系统变化	系统变化
射程范围	C1+C2，C3，C4，C5	系统变化	系统变化
水平角度	0～15，15～45，扇区外	系统变化（0～15，15～45），扇区外（有限任务数量）	系统变化（0～15，15～45），扇区外（有限任务数量）
射击仰角	低，高	系统变化	系统变化
引信	可变时间引信（TD），点爆引信（PD），火炮多功能引信（MOF）	系统变化	系统变化
面向使命的防御姿态	0，IV	数量有限的面向使命任务的防御姿态 0 和 IV 时保持恒定	数量有限的面向使命任务的防御姿态 0 和 IV 时保持恒定
试验要素	试验要素数量	1 个要素时恒定	3 个要素时系统变化
信息保证	无，红队	无	保持恒定，试验结束时红队迭代

注释：
C1——MACS 1 或相同射程
C2——MACS 2 或相同射程
C3——MACS 3 或相同射程
C4——MACS 4 或相同射程
高射击角——高于最大射程仰角（>~800mils）
低射击角——低于最大射程仰角（<~800mils）

有限用户试验 / 作战评估：

有限用户试验 / 作战评估的目标是评估榴弹炮支持作战行动的互操作性、射击任务精度、响应能力、行驶性能、机动性、可靠性。表 21-9 显示了关键响应。

表 21-9　关键响应

关键响应	精度（误差距离，圆概率误差）
	快速响应（完成任务的时间）
	可靠性（平均故障间隔时间）

此阶段的作战试验将遵循 D 最优分割图设计的试验方法，其中一些难以控制的因素得到了系统地控制，以平衡任务包线的试验设计和作战逼真性。表 21-10 列出了两个响应的因子和水平：精度和快速响应。

表 21-10　因子及其水平

因子	水平	控制
弹药	P1，P2	困难，系统性
时间	昼，夜	困难，系统性
射程	C1+C2，C3，C4，C5	困难，系统性
方位角	0～15，15～45	困难
射击仰角	低，高	容易
引信类型	时间延迟引信，点爆引信，火炮多功能引信	困难

系统性控制的因子是根据 D 最优设计，以实际可行的方式组织的。弹药、时间和射程被组织在一起，遵循以下想定：从最近的射程（C1+C2）开始，然后在前两个 24 小时内转至 C5 射程，然后在接下来的两个 24 小时内返回到初始射程。如果一个因子很难控制，则将这些因子在整个图上随机分配（可以随机分配时间、弹药、射程、水平角度和引信）。射击角度易于控制，因此可以将其随机分配给各个任务或在各个块内。试验设计包括 96 个任务，如果要满足可靠性要求，必须执行 160 个任务。这些额外的任务分布在特殊情况下的需求（如非致命、紧急射击、面向使命的防御姿态 IV、跨区和其他远程任务），满足作战模式概要 / 任务包线。这些额外任务将由试验官员酌情决定加入试验设计运行矩阵中，以确保作战真实性。例如，在战术机动之后，可立即执行扇区外任务和紧急任务。表 21-11 给出了按使命任务划分的因子分解。

表 21-11　按照任务分解因子

		射程	装药	P1 弹药任务	P2 弹药任务	照明弹任务	烟雾弹任务	总任务
试验设计		4～9 千米	1/2L	16	0	—	—	16
		9～12 千米	3H	16	0	—	—	16
		12～15 千米	4H	16	20	—	—	36
		16.4～20 千米	5H	—	28	—	—	28
非致命		待定	待定	—	—	3	3	6
紧急射击		16.4～20 千米	5H		12			12
面向使命的防御姿态 IV		16.4～20 千米	5H		8			8
针对可靠性、可用性、维修性的远程射击		16.4～20 千米	5H		26			26
扇区外		待定	待定	—	12	—	—	12
合计		—	—	48	106	3	3	160

　　D 最优分割图设计可以估算所有主要影响、所有与时间的双向作用，以及以下附加关系：射程和水平角度、水平方位角和仰角、仰角和引信、水平方位角和引信、弹丸和仰角。表 21-12 是运行表格，试验必须遵循这个运行顺序。

表 21-12　有限用户试验 / 作战评估 D 最优分割图运行表格

日期	时间	弹药	射程	水平角度	仰角	引信
1	昼	P1	C1+C2	0-15	高	时间延迟引信
1	昼	P1	C1+C2	0-15	低	时间延迟引信
1	昼	P1	C1+C2	0-15	低	时间延迟引信
1	昼	P1	C1+C2	0-15	高	时间延迟引信
1	昼	P1	C1+C2	0-15	高	点爆引信
1	昼	P1	C1+C2	0-15	低	点爆引信
1	昼	P1	C1+C2	0-15	低	点爆引信
1	昼	P1	C1+C2	0-15	高	点爆引信
1	昼	P1	C3	30-45	低	点爆引信
1	昼	P1	C3	30-45	高	点爆引信
1	昼	P1	C3	30-45	低	点爆引信
1	昼	P1	C3	30-45	高	点爆引信
1	夜	P1	C3	0-15	高	时间延迟引信
1	夜	P1	C3	0-15	高	时间延迟引信

续表

日期	时间	弹药	射程	水平角度	仰角	引信
1	夜	P1	C3	0—15	低	时间延迟引信
1	夜	P1	C3	0—15	低	时间延迟引信
1	夜	P1	C4	30—45	高	时间延迟引信
1	夜	P1	C4	30—45	高	时间延迟引信
1	夜	P1	C4	30—45	低	时间延迟引信
1	夜	P1	C4	30—45	低	时间延迟引信
1	昼	P1	C4	0—15	低	火炮多功能引信
1	昼	P1	C4	0—15	低	火炮多功能引信
1	昼	P1	C4	0—15	高	火炮多功能引信
1	昼	P1	C4	0—15	高	火炮多功能引信
2	昼	P2	C4	30—45	高	火炮多功能引信
2	昼	P2	C4	30—45	低	火炮多功能引信
2	昼	P2	C4	30—45	低	火炮多功能引信
2	昼	P2	C4	30—45	高	火炮多功能引信
2	昼	P2	C4	30—45	低	时间延迟引信
2	昼	P2	C4	30—45	高	时间延迟引信
2	昼	P2	C4	30—45	低	时间延迟引信
2	昼	P2	C4	30—45	高	时间延迟引信
2	夜	P2	C5	30—45	低	火炮多功能引信
2	夜	P2	C5	30—45	低	火炮多功能引信
2	夜	P2	C5	30—45	低	火炮多功能引信
2	夜	P2	C5	30—45	低	火炮多功能引信
2	夜	P2	C5	30—45	低	点爆引信
2	夜	P2	C5	30—45	低	点爆引信
2	夜	P2	C5	30—45	低	点爆引信
2	夜	P2	C5	30—45	低	点爆引信
2	夜	P2	C5	0—15	低	时间延迟引信
2	夜	P2	C5	0—15	低	时间延迟引信
2	夜	P2	C5	0—15	低	时间延迟引信
2	夜	P2	C5	0—15	低	时间延迟引信
2	夜	P2	C5	30—45	低	时间延迟引信
2	夜	P2	C5	30—45	低	时间延迟引信
2	夜	P2	C5	30—45	低	时间延迟引信
2	夜	P2	C5	30—45	低	时间延迟引信

续表

日期	时间	弹药	射程	水平角度	仰角	引信
3	昼	P2	C5	0–15	低	火炮多功能引信
3	昼	P2	C5	0–15	低	火炮多功能引信
3	昼	P2	C5	0–15	低	火炮多功能引信
3	昼	P2	C5	0–15	低	火炮多功能引信
3	昼	P2	C5	30–45	低	点爆引信
3	昼	P2	C5	30–45	低	点爆引信
3	昼	P2	C5	30–45	低	点爆引信
3	昼	P2	C5	30–45	低	点爆引信
3	昼	P2	C5	0–15	低	时间延迟引信
3	昼	P2	C5	0–15	低	时间延迟引信
3	昼	P2	C5	0–15	低	时间延迟引信
3	昼	P2	C5	0–15	低	时间延迟引信
3	昼	P2	C4	0–15	高	点爆引信
3	昼	P2	C4	0–15	高	点爆引信
3	昼	P2	C4	0–15	低	点爆引信
3	昼	P2	C4	0–15	低	点爆引信
3	夜	P2	C4	0–15	低	火炮多功能引信
3	夜	P2	C4	0–15	高	火炮多功能引信
3	夜	P2	C4	0–15	低	火炮多功能引信
3	夜	P2	C4	0–15	高	火炮多功能引信
3	夜	P2	C4	0–15	低	点爆引信
3	夜	P2	C4	0–15	高	点爆引信
3	夜	P2	C4	0–15	低	点爆引信
3	夜	P2	C4	0–15	高	点爆引信
3	夜	P1	C4	0–15	高	点爆引信
3	夜	P1	C4	0–15	低	点爆引信
3	夜	P1	C4	0–15	高	点爆引信
3	夜	P1	C4	0–15	低	点爆引信
4	昼	P1	C4	30–45	低	火炮多功能引信
4	昼	P1	C4	30–45	高	火炮多功能引信
4	昼	P1	C4	30–45	高	火炮多功能引信
4	昼	P1	C4	30–45	低	火炮多功能引信
4	昼	P1	C3	30–45	低	时间延迟引信

续表

日期	时间	弹药	射程	水平角度	仰角	引信
4	昼	P1	C3	30–45	低	时间延迟引信
4	昼	P1	C3	30–45	高	时间延迟引信
4	昼	P1	C3	30–45	高	时间延迟引信
4	夜	P1	C3	30–45	高	火炮多功能引信
4	夜	P1	C3	30–45	高	火炮多功能引信
4	夜	P1	C3	30–45	低	火炮多功能引信
4	夜	P1	C3	30–45	低	火炮多功能引信
4	夜	P1	C1+C2	30–45	高	点爆引信
4	夜	P1	C1+C2	30–45	低	点爆引信
4	夜	P1	C1+C2	30–45	低	点爆引信
4	夜	P1	C1+C2	30–45	高	点爆引信
4	夜	P1	C1+C2	0–15	低	火炮多功能引信
4	夜	P1	C1+C2	0–15	高	火炮多功能引信
4	夜	P1	C1+C2	0–15	高	火炮多功能引信
4	夜	P1	C1+C2	0–15	低	火炮多功能引信

表 21-13 列出试验影响力，显示了因子如何影响结果。

表 21-13　因子和响应的影响力

效果	方差	影响力（90% 置信度，$S/N=2$）	影响力（80% 置信度，$S/N=1$）
拦截	0.228	0.994	0.789
时间	0.303	0.974	0.701
射程 1	0.333	0.963	0.671
射程 2	0.245	0.991	0.767
射程 3	0.180	0.999	0.855
水平方位角	0.305	0.974	0.699
仰角	0.018	1.000	1.000
引信 1	0.208	0.997	0.816
引信 2	0.194	0.998	0.836
弹药	0.390	0.937	0.624
时间 × 射程 1	0.559	0.842	0.524
时间 × 射程 2	0.273	0.984	0.733
时间 × 射程 3	0.147	1.000	0.906
时间 × 水平方位角	0.208	0.997	0.816

续表

效果	方差	影响力（90% 置信度，$S/N=2$）	影响力（80% 置信度，$S/N=1$）
时间 × 仰角	0.016	1.000	1.000
时间 × 引信 1	0.095	1.000	0.974
时间 × 引信 2	0.269	0.985	0.738
时间 × 弹药	0.464	0.897	0.574
射程 × 水平方位角 1	0.299	0.976	0.705
射程 × 水平方位角 2	0.257	0.988	0.752
射程 × 水平方位角 3	0.222	0.995	0.797
仰角 × 水平方位角	0.016	1.000	1.000
仰角 × 引信 1	0.016	1.000	1.000
仰角 × 引信 2	0.014	1.000	1.000
水平方位角 × 引信 1	0.145	1.000	0.908
水平方位角 × 引信 2	0.182	0.999	0.852
弹药 × 仰角	0.018	1.000	1.000

初始作战试验：

初始作战试验目标是鉴定自行榴弹炮的互操作性、射速、射击任务精度、响应能力、行驶性能、支持作战行动的机动性和可靠性。试验结果支持全速率生产决策。

初始作战试验将遵循相同的试验设计理念，具有与有限用户试验和作战评估相同的因子级别，但会更大。试验设计将基于相同的一组因子水平创建分割图设计。在 3 个 96 小时想定中，任务将以相同的方式进行控制，其中任务开始时逐渐接近 C5 射程，然后返回初始射程。与有限用户试验和作战评估相比，由于任务数量、射击数量、试验持续时间增加，可以估算出更多的相互关系，包括主要效果和二阶关系。初始作战试验设计将确保统计学能力和作战覆盖范围之间的相对平衡。与有限用户试验和作战评估相似，初始作战试验将包括试验所需任务总数中较小的子集。试验设计与任务总数的总体比率将相同或非常接近。因此，所有非致命射击、紧急射击、扇区外任务、满足作战模式概要 / 任务包线所需的其他 C5 任务（跟随战术机动）、其他 C5 任务都将输入矩阵，以确保作战真实性。

初始作战试验官决定红队（对手部队）的使用。红队活动将在体系级作战环境中支持信息保障鉴定。有关红队试验的更多信息，请参见《试验鉴定主计划》的第 4.3.2.5 节 "初始作战试验活动、试验范围和想定"。

（四）精确制导武器示例

以精确制导武器《试验鉴定主计划》的试验设计内容为例：

D.1 试验设计定义

本附录使用试验设计专业术语，阅读时应使用以下定义。

·初始因子：可能影响精密制导武器系统性能的因子。初始因子来自作战试验机构开发的试验设计框架或相关专家的意见。初始因子可以单独考虑，也可以与其他初始因素组合考虑，设置可记录状态，为演示项目，或从试验设计的考虑因素中剔除。

·公认因子：独立公认的初始因子，或通过多个初始因子组合而公认的因子。公认因子输入到 JMP1 软件中生成试验设计。公认因子有一个确定水平。

·水平：输入 JMP 软件生成试验设计的区域或级别。每个可接受的因子至少有两个水平。

·可记录（非试验设计）因子：试验期间记录数据的因子，但不包括在试验设计中。无法控制但可能影响武器系统性能的因子归为此类。将记录这些因子值，并与武器系统的性能进行比较，确定它们可能对系统产生的影响。

·演示项：被试验但不纳入 JMP 软件生成的试验设计中的因子或特定功能。如果认为演示项影响响应变量，则利用独立活动对其进行试验；如果认为不影响响应变量，则将其纳入试验设计活动中。

对地攻击作战（STW）——打击固定地面目标（SLT）的精确制导武器系统。

水面作战（SUW）——攻击海上移动目标（MMT）的精确制导武器系统。

D.2.0 整体试验设计策略

被试精确制导武器系统效能取决于执行两项主要任务的能力：

·针对水面移动目标的水面战（SUW）。

·针对地面固定目标的对地攻击作战（STW）。

试验设计用于开发研制试验鉴定、一体化试验活动以及初始作战试验鉴定计划。之前进行的精确制导武器系统试验积累了大量数据，有助于改进试验设计。带飞试验将是大多数试验的主要形式。带飞试验使用精确制导武器系统进行数字仿真，包括高真实度制导及电子单元（GEU）、导引头模型、目标场景生成器。场景生成器创建红外目标场景的透视投影，呈现给导引头光学系统；这些场景是根据经验数据开发的，集成了环境影响，如一天中的时间、海况、湿度和大气条件。先前的带飞试验获取的导引头图像和制导电子单元性能数据已成功验证精确制导武器系统全数字仿真。试验鉴定工作层一体化产品小组由项目办公室、试验总工程师、系统工程师、作战试验机构试验人员、试验设计专家组成。

确定用于评估系统效能的相关响应变量为：

·目标点增量：导引头最终目标点细化时，导引头目标点与预先计划的目标点之间的距离。此响应变量适用于强制带飞（CC）和自由飞行（FF）实弹试验。

·误差距离：自由飞行实弹射击的预定目标点与实际命中点之间的距离。

此外，试验鉴定工作层一体化小产品组确定并定义了为水面战和地面作战任务选择的初始因子集。然后根据这些因子对响应变量的预期影响和设计中的预期用途对其进行排序。表 21-14、表 21-15 是每个试验目标的总体试验设计策略（评估水面战任务和地面作战任务的武器系统效能）。

表 21-14　针对海上移动目标的水面作战试验设计策略

	研制试验	一体化试验	初始作战试验	
关键响应	目标点增量	目标点增量	目标点增量误差距离	
因子	因子水平			
太阳高程	4 级	系统变化	系统变化	系统变化
目标类型	4 级	系统变化	系统变化	系统变化
目标距离	连续	记录	记录	系统变化
目标方位	4 级	系统变化	系统变化	系统变化
位置防御	机动，射频对抗，GPS 干扰	系统变化（仅目标机动）	系统变化（仅目标机动）	系统变化
导引头防御	红外对抗，伪装，航运	演示	演示	系统变化

表 21-15　针对地面固定目标攻击作战的试验设计策略

	研制试验	试验阶段		
		一体化试验	初始作战试验	
	关键响应	目标点增量	目标点增量	目标点增量
因子	因子水平			
地形	4 级			系统变化
目标方向	4 级	作战试验仅用于判断系统对低挑战性地面目标的性能		系统变化
对比度	连续			系统变化
太阳高程	4 级			系统变化
防御措施	伪装，红外对抗，GPS 干扰			演示

D.3.0 研制试验和一体化试验

研制试验和一体化试验重点关注高优先级针对移动海上目标的海面作战想定。表 21-16 中详细讨论了研制试验鉴定和一体化试验考察的因子。

D.3.1 研制试验 / 一体化试验影响力、置信度和试验设计运行表格（MMT）

根据公认因子并假设正态分布，采用 D 最优设计获得主要效果和双向交互估算，用 JMP 软件创建水面作战试验设计。创建的矩阵包括 60 次运行，设置 80% 的置信度，具备足够的影响力来试验主要效果。对于目标类型的响应，检测到 2σ 偏移差异的影响力是 80%，目标方位是 63%，目标机动是 98%，太阳高程是 51.5%。太阳高程影响力较低的原因是该因子有 5 个级别并且可以接受，并非所有 5 个级别都会导致明显不同的性能。在 60 次强制带飞试验活动中收集这些数据。除了这 60 次（30 次研制试验鉴定，30 次一体化试验鉴定）飞行试验，还将进行 8 次（4 次研制试验鉴定，4 次一体化试验鉴定）带飞演习和 4 次（2 研制试验鉴定，2 次一体化试验鉴定）自由飞行实弹演练，海上移动目标研制试验和一体化试验期间将记录数据。

表 21-16　海上移动目标研制试验和一体化试验设计

初始因子	公认因子	水平
红外对比度 昼 / 夜 闪光	太阳高程	≤ 1/2 峰值上升 –2 > 1/2 峰值上升 –2 > 1/2 峰值设置 –3 ≤ 1/2 峰值设置 –4 夜 –5
目标速度 目标尺寸	目标类型	小型（＜英尺）和慢速（＜节） 小型（＜英尺）和快速（＞节） 大型（＞英尺）和慢速（＜节） 大型（＞英尺）和快速（＞节）
目标方位	目标方位	头（0） 梁（90/270） 四分之一（45/135/225/315） 尾（180）
目标机动 射频对抗 GPS 干扰	目标机动	S 机动摆脱 无机动（恒定速度和路径）
可记录（非试验设计）		
海况、热交叉、湿度		
演示项		
多个武器、数据链源、武器数据链、搜索高度、红外对抗、WPN/ 数据链 RNG		

总体平均误差距离将与系统的阈值进行比较，支持对精确制导武器系统圆概率误差需求的评估。基于结果进行方差分析和回归分析，协助对整体系统能力和边界的鉴定。

D.4.0 作战试验设计

为了更好地评估精确制导武器系统在地面作战和海面作战环境中的性能，开发了两种不同的基于使命任务的试验设计：一种用于攻击陆地固定目标，另一种用于攻击海面移动目标。由于海面作战和地面作战任务及其对精确制导武器系统使用的要求差异很大，因此，一种试验设计无法充分试验该系统。

地面作战要求投放平台飞行到投放点，在发射前输入坐标的情况下发射精确制导武器系统。当武器接近目标时，导引头将调整飞行包线，确保精确制导武器系统在固定目标上击中所需的撞击点。精确制导武器系统采用了新的导引头设计。

水面作战要求投放平台使用雷达或瞄准传感器探测目标，飞到释放点，然后发射精确制导武器系统。投放平台提供飞行中更新数据（IFTU）支持，使精确制导武器系统尽可能接近水面移动目标。当武器接近移动目标时，导引头接管武器，在最后1 英里（1 英里 =1.609344 千米）内完善飞行包线，确保精确制导武器系统命中移动目标上的所需撞击点。下面将详细介绍这两个不同任务的试验设计。

D.4.1 地面作战试验设计

作战试验团队通过试验设计，利用了以前的精确制导武器系统试验获得的知识来开发简化的地面作战试验设计。以下假设为选择试验设计因子及水平提供了基础：

- 与传统的精确制导武器系统相比，被试精确制导武器攻击地面固定目标的流程保持不变；
- 武器发射区（LAR）、机载平台的释放和分离、战斗部能力保持不变；
- 新型导引头的能力和边界与传统的精确制导武器系统的导引头进行比较；
- 将用相同的靶标尽可能多地比较导引头性能数据。

试验设计因子考虑了传统精确制导武器系统导引头的已知功能和边界。精确制导武器系统试验设计主要是为带飞试验而创建的。重复是为了增强对特定试验的影响大小和数据变异性的认识，同时提高试验的统计影响力和置信度。

由于设计具有的广度，并且地面作战想定中地面固定目标在短时间内可以完成多次带飞试验，因此能够以高效费比的方式实现重复。将目标组合在一个目标区域中时，可以在一次试验活动中针对 3 个或 4 个不同的目标发射，但是在一次飞行过程中就不可能转换到新区域。对目标区域中的每个目标进行 3 次发射视为有效，每次飞行期间可以进行 9 次或以上发射。

除了带飞试验的主要试验设计，还开发了针对全球定位系统（GPS）干扰和红外对抗（IRCM）的鲁棒试验。该试验将验证 GPS 拒止、红外对抗、伪装对精确制导武器系统导引头的特定影响。在相同的环境下，精确制导武器系统的性能将直接与传统系统进行比较。

除了上述带飞地面作战试验设计矩阵和针对 GPS 干扰、红外对抗的带飞试验，将评估两次自由飞行 / 实弹（在一体化试验中执行）的数据，并与带飞试验结果进行比较。自由飞行 / 实弹试验之前，都将先完成带飞演练。这些带飞演练将在实际自由飞行之前的一次飞行中完成，以测试自由飞行想定并确保飞行员熟悉流程。带飞演练和带飞试验期间收集的数据将与带飞试验设计、针对 GPS 干扰进行的带飞试验收集的数据进行对比。

表 21-17 列出了作战试验鉴定期间的地面作战试验因子。表 21-18 和表 21-19 为试验表格。

表 21-17 作战试验鉴定因子及其水平

地面固定目标试验设计因子		
初始因子	公认因子	水平
地形		沙漠 山地 城市 滨海
目标方向	目标方向	水平面 垂直面
杂波 民用建筑 雪	对比度	高 低
热对比度	太阳高程	<1/2 峰值上午或下午 >1/2 峰值上午或下午
可记录（非试验设计）		
热交叉、湿度		
演示项		
红外对抗、伪装、GPS 干扰、昼 / 夜		

D.4.1.1 作战试验影响力、置信度和运行表格

根据上述因子并假设属于正态分布，基于主要影响的全因子设计和双向交互估计，用 JMP 创建地面攻击作战试验设计。生成的表格包括 32 种试验活动，每种活动重复 3 次，总共 96 次活动。重复投弹而不重复飞行，以此有效利用飞机出勤时间。该设计采用 80% 的置信度，产生大于 95% 的影响力，可以检测所有主要效应的性能变化，对于所有两个因子之间的相互作用，其影响力均大于 85%。试验活动列在表 21-18 中。

表 21-18 作战试验鉴定运行表格

全因子地面攻击作战表格						
试验轮次	太阳高程	方向	对比度	湿度	地形	真实目标
1–3	<1/2 天顶	水平	低	高	滨海	科珀斯克里斯蒂市的指挥中心墙
4–6	<1/2 天顶	水平	高	高	滨海	科珀斯克里斯蒂市的机库
7–9	<1/2 天顶	垂直	低	高	滨海	科珀斯克里斯蒂市小型建筑物
10–12	<1/2 天顶	垂直	高	高	滨海	科珀斯克里斯蒂市的塔
13–15	<1/2 天顶	水平	高	高	城市	奥兰奇格洛夫 NE 大楼楼顶
16–18	<1/2 天顶	水平	低	高	城市	奥兰奇格洛夫机场停机楼
19–21	<1/2 天顶	垂直	低	高	城市	奥兰奇格洛夫 ILS 雷达
22–24	<1/2 天顶	垂直	高	高	城市	待定靶标

续表

				全因子地面攻击作战表格		
试验轮次	太阳高程	方向	对比度	湿度	地形	真实目标
25–27	<1/2 天顶	水平	低	高	滨海	科珀斯克里斯蒂市的指挥中心墙
28–30	<1/2 天顶	水平	高	高	滨海	科珀斯克里斯蒂市的机库
31–33	<1/2 天顶	垂直	低	高	滨海	科珀斯克里斯蒂市小型建筑物
34–36	<1/2 天顶	垂直	高	高	滨海	科珀斯克里斯蒂市的塔
37–39	<1/2 天顶	垂直	高	高	城市	奥兰奇格洛夫 NE 大楼楼顶
40–42	<1/2 天顶	水平	低	高	城市	奥兰奇格洛夫机场停机楼
43–45	<1/2 天顶	垂直	低	高	城市	奥兰奇格洛夫 ILS 雷达
46–48	<1/2 天顶	水平	高	高	城市	待定靶标
49–51	<1/2 天顶	水平	高	低	山地	独立城法院多层建筑物
52–54	<1/2 天顶	水平	低	低	山地	独立城监狱大型建筑物
55–57	<1/2 天顶	垂直	低	低	山地	独立城微波塔
58–60	<1/2 天顶	垂直	高	低	山地	待定靶标
61–63	<1/2 天顶	水平	低	低	沙漠	特罗纳大型黄色建筑物
64–66	<1/2 天顶	水平	高	低	沙漠	特罗纳影院
67–69	<1/2 天顶	垂直	高	低	沙漠	特罗纳邮局墙
70–72	<1/2 天顶	垂直	低	低	沙漠	巴拉兰特雷达 R2508
73–75	<1/2 天顶	水平	高	低	山地	独立城法院多层建筑物
76–78	<1/2 天顶	水平	低	低	山地	独立城监狱大型建筑物
79–81	<1/2 天顶	垂直	低	低	山地	独立城微波塔
82–84	<1/2 天顶	垂直	高	低	山地	待定
85–87	<1/2 天顶	水平	低	低	沙漠	特罗纳大型黄色建筑物
88–90	<1/2 天顶	水平	高	低	沙漠	特罗纳影院
91–93	<1/2 天顶	垂直	高	低	沙漠	特罗纳邮局墙
94–96	<1/2 天顶	垂直	低	低	沙漠	巴拉兰特雷达 R2508

总体平均误差距离将与系统的阈值进行比较，以完成对精确制导武器系统《能力生产文件》规定的评估。根据结果，还将进行方差分析和回归分析。这些分析将进一步加深对整体系统功能和边界的理解。

D.4.1.2 演示和对抗试验活动试验设计表格

地面攻击作战演示项（红外对抗、GPS 干扰、GPS 可用性及伪装）在接下来的 30 次试验中进行演示，如表 21-19 所示。在山地进行 12 轮次对抗 GPS 干扰（6 次针对天顶高度干扰），在白沙地区采取了多种对抗手段进行了 12 次试验，而 R-2505 与红外对抗手段进行了 6 次试验。

表 21-19　作战试验鉴定演示运行表格

	先进对抗							
轮次	太阳高程	方向	对比度	湿度	地形	实际目标	干扰包线	对抗
1	<1/2 天顶	垂直	高	低	山地	GPS 干扰鹦鹉峰雷达天线	25K 到 20 度	
2	<1/2 天顶	垂直	高	低	山地	GPS 干扰鹦鹉峰雷达天线	25K 到 20 度	
3	<1/2 天顶	垂直	高	低	山地	GPS 干扰鹦鹉峰雷达天线	25K 到 20 度	
4	<1/2 天顶	垂直	高	低	山地	GPS 干扰鹦鹉峰雷达天线	天顶高	
5	<1/2 天顶	垂直	高	低	山地	GPS 干扰鹦鹉峰雷达天线	天顶高	
6	<1/2 天顶	垂直	高	低	山地	GPS 干扰鹦鹉峰雷达天线	天顶高	
7	<1/2 天顶	水平	高	低	山地	GPS 干扰鹦鹉峰建筑屋顶	25K 到 20 度	
8	<1/2 天顶	水平	高	低	山地	GPS 干扰鹦鹉峰建筑屋顶	25K 到 20 度	
9	<1/2 天顶	水平	高	低	山地	GPS 干扰鹦鹉峰建筑屋顶	25K 到 20 度	
10	<1/2 天顶	水平	高	低	山地	GPS 干扰鹦鹉峰建筑屋顶	天顶高	
11	<1/2 天顶	水平	高	低	山地	GPS 干扰鹦鹉峰建筑屋顶	天顶高	
12	<1/2 天顶	水平	高	低	山地	GPS 干扰鹦鹉峰建筑屋顶	天顶高	
13	<1/2 天顶	垂直	低	低	沙漠	2505 山姆镇 T 楼	点	多个 / 白沙
14	<1/2 天顶	垂直	低	低	沙漠	2505 山姆镇 T 楼	点	多个 / 白沙
15	<1/2 天顶	垂直	低	低	沙漠	2505 山姆镇 T 楼	点	多个 / 白沙
16	<1/2 天顶	垂直	低	低	沙漠	2505 山姆镇 T 楼	点	多个 / 白沙
17	<1/2 天顶	垂直	低	低	沙漠	2505 山姆镇 T 楼	点	多个 / 白沙
18	<1/2 天顶	垂直	低	低	沙漠	2505 山姆镇 T 楼	点	多个 / 白沙
19	<1/2 天顶	水平	低	低	沙漠	2505 山姆镇小建筑物 1 层	点	多个 / 白沙
20	<1/2 天顶	水平	低	低	沙漠	2505 山姆镇小建筑物 1 层	点	多个 / 白沙
21	<1/2 天顶	水平	低	低	沙漠	2505 山姆镇小建筑物 1 层	点	多个 / 白沙
22	<1/2 天顶	水平	低	低	沙漠	2505 山姆镇小建筑物 1 层	点	多个 / 白沙
23	<1/2 天顶	水平	低	低	沙漠	2505 山姆镇小建筑物 1 层	点	多个 / 白沙
24	<1/2 天顶	水平	低	低	沙漠	2505 山姆镇小建筑物 1 层	点	多个 / 白沙
25	<1/2 天顶	垂直	低	低	沙漠	2505 波尔·科尔斯公寓	点	激光对抗和火焰
26	<1/2 天顶	垂直	低	低	沙漠	2505 波尔·科尔斯公寓	点	激光对抗和火焰
27	<1/2 天顶	垂直	低	低	沙漠	2505 波尔·科尔斯公寓	点	激光对抗和火焰
28	<1/2 天顶	垂直	低	低	沙漠	2505 波尔·科尔斯公寓	点	激光对抗和火焰
29	<1/2 天顶	垂直	低	低	沙漠	2505 波尔·科尔斯公寓	点	激光对抗和火焰
30	<1/2 天顶	垂直	低	低	沙漠	2505 波尔·科尔斯公寓	点	激光对抗和火焰

D.4.2 水面作战试验设计

作战试验团队通过试验设计，利用以前的精确制导武器系统试验获得的知识来开发简化的水面作战试验设计。以下假设为选择水面作战试验设计因子及水平提供了基础：

· 武器发射区（LAR）、机载平台的释放和分离、战斗部能力保持不变。
· 新型导引头的能力和边界与传统的精确制导武器系统的导引头进行比较。

试验设计因子考虑了传统精确制导武器系统导引头的已知功能和边界。精确制导武器系统试验设计主要是为带飞试验而创建的。由于试验因子数量众多且执行每次试验都比较困难，因此未利用复制。

除了带飞试验设计表格外，还将鉴定一体化试验中执行的两个自由飞行试验/实弹射击的数据、作战试验中执行的两个自由飞行试验/实弹射击的数据，并将其与带飞试验结果进行比较。每次自由飞行试验/实弹试验中，武器发射之前都要执行带飞演练。实际自由飞行活动之前要进行最后带飞演练。在进行自由飞行/实弹射击的过程中，要多次带飞作战包线，以确保一切正常。发射前最后演练和带飞试验收集的数据也将与带飞试验设计表格期间收集的数据进行比较。表 21-20 列出了水面作战试验鉴定的因子。

表 21-20　水面作战试验鉴定因子及水平

初始因子	公认因子	水平
红外对比度 昼/夜 闪光	太阳高程	≤ 1/2 峰值上升 –2 > 1/2 峰值上升 –2 > 1/2 峰值设置 –3 ≤ 1/2 峰值设置 –4 夜 –5
目标速度 目标尺寸	目标类型	小型（<100 英尺）和慢速（<15 节） 小型（<100 英尺）和快速（>15 节） 大型（>100 英尺）和慢速（<15 节） 大型（>100 英尺）和快速（>15 节）
威胁 WPN 距离 目标倾斜距离	目标距离	<40 海里 >40 海里
目标方位	目标方位	头（0） 梁（90/270） 四分之一（45/135/225/315） 尾（180）
TGT 机动 射频对抗 GPS 干扰	位置防御	有
红外对抗 伪装 航线	导引头防御	有

续表

可记录（非试验设计）
海况
海上、热交叉、闪光、湿度
演示项
多个武器、数据链源、武器数据链

D.4.2.1　水面作战试验设计影响力、置信度和运行表格

根据上述因子并假设属于正态分布，基于主要影响的全因子设计和双向交互估计 D 最优设计方法，用 JMP 创建水面攻击作战试验设计。生成的表格采用 80% 的置信度进行的 80 个轮次试验，得到 99% 的影响力，检测目标距离、位置防御和导引头防御的 2 西格玛变化。目标类型和目标方面的影响力为 68%，太阳高程的影响力为 56%。海上攻击作战试验因子的较高影响力是可以接受的，因为研制试验鉴定和一体化试验鉴定将向作战试验鉴定提供放大信息。如果在作战试验鉴定之前的试验中认为因子不重要，可以修改试验设计来优化作战试验鉴定中其余因子的影响力。

D.4.2.2 其他水面作战试验活动

除了上述的 80 轮次水面作战试验活动外，还将针对水面移动目标进行至少 6 次带飞试验作为最终演练，然后进行两次自由飞行 / 实弹试验。试验数据将与带飞试验数据进行比较。试验计划要详细说明这些活动的细节，请参阅表 21-21。

表 21-21　水面作战自由飞行试验

轮次	太阳高程	目标方位	目标类型	数据链距离	湿度	位置防御	导引头防御	备注
65	2	尾	大型 / 慢速	长	低	有	有	最终演练
66	2	尾	大型 / 慢速	长	低	有	有	最终演练
67	2	尾	大型 / 慢速	长	低	有	有	最终演练
68	2	尾	大型 / 慢速	长	低	有	有	自由飞行
69	3	梁	小型 / 快速	短	低	有	有	最终演练
70	3	梁	小型 / 快速	短	低	有	有	最终演练
71	3	梁	小型 / 快速	短	低	有	有	最终演练
72	3	梁	小型 / 快速	短	低	有	有	自由飞行

D.4.3 作战试验数据分析（地面攻击作战和水面攻击作战）

为支持关键作战问题分析，将响应变量的整体结果与精确制导武器系统的阈值进行

比较。对作战试验结果进行方差分析和回归分析。分析结果用于了解系统性能、各因子的影响，并为使用精确制导武器系统的舰队操作员提供战术建议。

三、软件密集型系统试验设计示例

此处以美军某指挥控制系统里程碑 C 时的《试验鉴定主计划》的正文和附录材料作为示例。

3.3 研制试验方法

在一体化试验中，作战试验机构将完成以下任务试验：

· 判断是否满足经批准的功能文件和关键作战问题阈值。
· 判断实际作战条件下系统的作战效能、生存性和适用性。
· 评估系统对作战行动的贡献。
· 提供有关系统作战能力和边界方面的其他信息。

作战试验机构根据鉴定计划建立一个框架和一套方法，用于评估从后期研制试验、作战评估和初始作战试验鉴定获得的整个项目数据。鉴定计划可以提供一种透明、可重复、可靠的鉴定方法。试验团队通过试验设计制定试验策略，确保采用严格的方法来支持试验结果的开发和分析。试验设计用于设计出一个试验过程，以鉴定数据融合关键性能参数和鉴定框架给出的 3 个关键作战问题。经过设计的试验能够确定一个或多个因子（也称为自变量）对一个或多个可测量响应（也称为因变量）的影响。所有关键作战问题的试验设计都包含面向使命任务的响应变量。每个设计的附录都将包含对试验影响力评估。设计中出现的差距被列为边界，作为相关详细试验计划的风险评估。此外，试验团队将与所有相关各部门合作，确定降低或管理风险的最适当方法。

作战试验机构计划通过多次培训（有关资源列表请参阅《试验鉴定主计划》文件第 4 部分 资源概要）和专项试验活动期间对指挥控制系统进行练习。真正操作人员将使用该系统进行所有试验，所有数据用于评估关键作战问题和数据融合关键性能参数。

一体化试验小组识别表 21-22 和表 21-23 等列出的每个试验活动期间将要执行的响应变量、因子和水平。试验设计附录中阐述准确的试验规模、试验设计（包括预期的试验重复）、置信度和影响力水平。由于随机化的限制，确定的置信度和影响力是完全随机化活动中预期的最大值。主要风险没有进行完全随机化设计，是因为某些因子可能与不可控的变量混淆。作战试验机构将努力避免任何明显的变量混淆。专项试验活动补充在训练演习中收集的数据，尽量降低出于演习目的而丢失数据的风险。

表 21-22 评估数据融合关键性能指标的试验设计策略

研制试验		试验阶段		
		作战评估	初始作战试验	
关键响应		跟踪精度、及时性和完整性	跟踪精度、及时性和完整性	跟踪精度、及时性和完整性
因子	因子水平			
连接	5 级分类因子：JREAP A/B/C、链路 16、CTN	系统变化	系统变化	记录
跟踪数量	低，阈值，目标	系统变化	系统变化	系统变化（除实际跟踪外，有模拟跟踪）
跟踪类型	实时，近实时，非实时	系统变化	系统变化	记录

注意：标记为"系统变化"的因子将在试验设计中进行数据融合。数据融合试验设计将主要在研制试验和作战评估中执行，初始作战试验数据将用于确认研制试验和作战评估的结果。如果在作战评估和初始作战试验之间对系统结构进行了重大更新，可能需要更新作战试验的因子管理策略。

表 21-23 与表 21-22 类似，只是因为不同机构的任务不同，而内容有所差异。

最后，评估该系统可靠性、可用性、维修性和作战可用性至少需要运行 3000 个小时，并且平均分配给使用该系统的所有 3 个机构。这些操作时间分摊在研制试验、作战评估和初始作战试验鉴定中。为了将小时数计入作战适用性评估中，系统必须接近最终配置状态，并由代表作战部队的用户进行操作。

表 21-23 评估"关键作战问题 1：系统支持机构 1 使命任务的能力"的试验设计策略

研制试验		试验阶段		
		作战评估	初始作战试验	
关键响应		1. 关键信息下载/上传响应时间 2. 成功控制的任务数量	1. 关键信息下载/上传响应时间 2. 控制飞机的能力等级 3. 成功控制的任务数量	1. 关键信息下载/上传响应时间 2. 控制飞机的能力等级 3. 成功控制的任务数量
因子	因子水平			
任务载荷	标准，高	系统变化	系统变化	系统变化
跟踪密度	标准，高	系统变化	系统变化	系统变化（除实际跟踪外有模拟跟踪）
任务周期	短（4小时），24 小时操作	系统变化	系统变化	系统变化
结构	小、中、大	恒定（小）	恒定（中）	恒定（大）
环境	沙漠、湿热、寒冷	恒定（沙漠）	恒定（湿热）	恒定（沙漠）

试验设计附录实例——关键作战问题和数据融合关键性能参数的试验设计

数据融合关键性能参数

响应变量

将使用以下具有阈值要求的关键指标来评估数据融合关键性能参数：

· 跟踪精度

· 跟踪完整性

· 跟踪及时性

因子

数据融合关键性能参数考虑了以下因子：

· 连接方法〔JREAP（Joint Range Extension Applications Protocol，联合范围扩展应用协议）A/B/C、Link-16、CTN〕。

连接方法将独立或同时用于评估可能导致的互操作性问题

· 跟踪数量（低，阈值，目标）。

· 跟踪类型（实时，近实时，非实时）。

表 21-24 给出了试验设计以及重复，能够在 95％置信水平下实现高功效以检测因子水平的显著差异。基于连接方法的结果差异检测能力为 91％，基于跟踪数量和类型的结果差异检测能力为 99％。该设计将在研制试验和作战评估之间执行。4 轮试验中，每个轮次一半在研制试验中进行，另一半将在作战评估中进行。如果由于某种原因该试验未在研制试验和作战评估中完成，将在作战试验中完成。

表 21-24 数据融合关键性能指标试验设计

跟踪数量	跟踪类型	连接方法					
		JREAP A	JREAP B	JREAP C	Link-16	CTN	所有连接
低	实时	4	4	4	4	4	4
	近实时	4	4	4	4	4	4
	非实时	4	4	4	4	4	4
阈值	实时	4	4	4	4	4	4
	近实时	4	4	4	4	4	4
	非实时	4	4	4	4	4	4
目标	实时	4	4	4	4	4	4
	近实时	4	4	4	4	4	4
	非实时	4	4	4	4	4	4

图 21-6 显示各条件下功效与重复次数的关系。4 个重复样本可在 95% 的置信度水平上提供足够的功效，可评估所有试验条件下的数据融合关键性能参数。

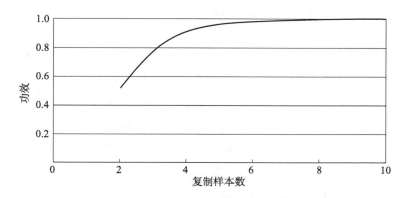

图 21-6　数据融合关键性能参数影响力分析

对于其他关键作战问题，也应进行类似的讨论，包括响应、因子、试验设计方案和测试点数量的合理性。

四、建模与仿真示例

美军《试验鉴定主计划》的建模与仿真部分应论述如何在整体试验策略中采用建模与仿真，如何对建模与仿真进行验证、校核和确认（VV&A）。具体而言，《试验鉴定主计划》应该列出所有预期使用的建模与仿真，预期用途，数据要求，要实现的试验目标，如何通过建模与仿真补充试验方案，计划中的验证、校核和确认工作，谁来进行验证、校核和确认工作（国防部指示 5000.61）。《试验鉴定主计划》应该列出建模与仿真的验证、校核和确认所需的所有特定试验活动。验证、校核和确认试验活动的资源应包含在第四部分中。

作战试验鉴定局局长要求所有作战试验鉴定和实弹试验鉴定试验机构对支持作战试验鉴定和实弹试验鉴定的模型进行认证。认证试验机构要为使用建模与仿真制定可接受的标准，认证必须针对模型或仿真的特定用途采用专用验证和确认方法。这意味着作战试验机构将对作战试验中使用的建模与仿真进行自己的评估。在执行该评估计划之前，作战试验鉴定局局长必须审查并同意作战试验机构的认证方案。

除验证模型部件外，试验人员还应将验证重点放在要评估的全系统或环境上。虽然验证组成整个系统的每个组件是比较理想的，但更重要的是确保所有组件和环境的集成能够真正代表与模型预期用途相关的真实系统。

在使用建模与仿真支持作战试验或实弹试验鉴定之前，必须了解、表征建模与仿真能力的用途和局限性。因此，只有将真实数据与模型预测进行严格比较（如果可能），发现这些预测在预期领域的鉴定中以足够的高精度重现了真实结果，才能认可用于作战试验鉴定的建模与仿真。除了直接定量对比真实数据和建模与仿真结果，还应评估建模与仿真在整个作战域的结果。

建模与仿真的验证包括与设计真实试验相同的严格统计学和分析原理。包括统计学试验设计方法论在内的原理和技术，如试验设计和其他正式的统计试验，都可作为认证过程的一部分，判断此过程中需要哪些数据以及如何对比仿真数据，以及此过程中的模型和仿真如何对真实世界的反映程度。应使用经验模型加深对整个作战空间中建模与仿真结果的理解，并在没有真实数据支撑的领域协助量化不确定性。所有结果，尤其是在没有实际数据可用的作战空间中的结果，都应考虑在局限性的背景下进行讨论。

还应使用统计学方法（例如假设检验和回归技术）将真实数据与仿真输出进行严格对比。这种方法可以通过验证其他要素得到加强，包括面部验证、文档审查、专家鉴定、与其他模型的比较。如果在特殊情况下不能使用统计学方法，必须明确说明不使用这些统计学方法的原因，并且必须充分解释证明其他验证和确认方法的科学性。

根据 2016 年 3 月 14 日和 2017 年 1 月 17 日发布的国防部作战试验鉴定局局长备忘录，要对以下要素进行论述：

· 以聚焦使命任务的量化指标。

· 建模与仿真的验证条件。

· 支持建模与仿真验证必要的真实数据和仿真数据的收集计划，包括直接比较数据以及整个所关注的建模与仿真空间的评估数据。

· 统计风险分析。

· 验证方法。

这些信息可以直接呈现在《试验鉴定主计划》中，或者作为《试验鉴定主计划》可以引用的相关文档，例如验证或认证计划。如果在起草《试验鉴定主计划》时不能提供必要的详细信息，则可以通过独立的建模与仿真方案简介（类似于试验方案），或在作战试验计划中将这些信息提交作战试验鉴定局局长，需要尽早将总体策略提交作战试验鉴定局局长。

除了严格的统计学分析原理外，建模与仿真认证其他重要标准还包括：

· 概述目的、开发背景、假设和应用领域的相关文件，完整而准确描述建模与仿真功能和局限性。

· 完善的建模与仿真能力获取、验证和使用方法。用于试验鉴定的建模与仿真功能应进行规划并配置资源。《试验鉴定主计划》应说明要使用的建模与仿真功能、这些功能所服务的系统试验鉴定的方面，以及模型和仿真可信度的评估方法。

建立试验鉴定中建模与仿真可信度：其他详细信息和定义

根据国防部指示 5000.61，建模与仿真每项功能都必须经过验证、校核和确认流程，建立其针对特定预期用途的可信度。与试验鉴定相关的部分建模与仿真功能具有特殊的验证要求。例如，为了验证模型是否正确代表非美军或威胁武器，国防情报局局长是系统的最终验证机构。通过试验鉴定威胁资源处（TETRA），作战试验鉴定局局长负责审批试验鉴定使用的《威胁表征验证报告》。作战试验机构确认用于作战试验的威胁表征模型。《国防采办指南》第 9.7.3 节"威胁表征的验证"是验证与威胁、靶标相关建模与仿真功能的指南和参考。

先前已经为其他应用确认过的建模与仿真必须完成其他应用的验证、校核与确认流程，而且必须针对每种新的预期用途再进行认证。但是，以前的验证、校核与确认流程可以简化流程，因为先前的工作已记录在案，而且新的验证、校核与确认流程重点一般是修正。

验证流程确定建模与仿真是否准确代表开发人员的意图。比如，建模与仿真将增加两个数字；是增加两个数字吗？校核流程确定模型是否准确表征真实世界或威胁系统特定方面。比如，建模与仿真将增加两个数字；它提供正确的求和吗？确认流程是建模与仿真及其相关数据可用于预期用途的官方证明。

对于认证过程而言，预期用途很重要，因为由于建模与仿真的能力、现有验证数据、先前的验证、校核与确认流程存在的局限性，建模与仿真能力在一种应用中有用，而在另一种应用中可能无用。认证过程将明确说明预期用途，例如"将使用大武器模型估算武器与目标之间的误差距离，支持研制试验 II。"认证过程应明确所有重大限制条件："大武器模型不包括威胁对抗，因此所有想定都是在洁净环境中模拟的。"

认证工作和验证、校核与确认流程的范围取决于建模与仿真功能的使用方式。例如，高级模型或概念性模型通常在项目初期使用（例如估计系统性能的电子表格模型），这类模型需要有限的数据来进行验证和认证。一般情况下，可以使用在之前类似项目使用的建模与仿真功能，以及已有的验证、校核与确认流程分析来简化或组织新应用的验证、校核与确认流程。另一方面，鉴定人员可能会使用高置信度模型来评估装备效能、适用性或生存性指标，必须经过严格的验证、校核与确认流程。通常，建模与仿真结果对于最终鉴定越重要，验证、校核与确认流程必须越严格。应尽可能通过试验设计技术确保验证、校核与确认流程使用的试验数据明确定义了模型或仿真的性能包线，并且采用相应的统计分析技术来分析数据，识别影响建模与仿真效能的因子。

使用建模与仿真进行试验鉴定时应避免的一些常见陷阱：

·基于错误的假设开发或使用建模与仿真，如假设实际上具有某种依赖性或关联的活动之间具有独立性。

·在未经验证的领域使用建模与仿真结果，这些领域从未表征过，包含未知的不确定性。

· 错误地使用数据进行建模与仿真开发或验证，例如仅依靠部分包线性能数据或使用规范数据而不是可用的实际性能数据。

· 平均多种不同条件下验证的结果，而不是讨论建模与仿真在何种条件下有效，何种条件下无效。

五、代表最终产品的试验品示例

美国防部一贯要求重大系统要"在购买前先飞起来"，必须使用产品系统或代表性产品的试验品进行支持全速率生产决策的作战试验。在可行的情况下，应以低速率初始生产数量提供产品系统。通过《试验鉴定主计划》，作战试验鉴定局局长可以批准使用代表性产品的试验品代替产品试验品。在评估系统是否为代表性产品时，作战试验鉴定局局长将考虑是否使用全速生产的零件、工具和制造工艺来组装试验品。系统还应使用即将生产版本的软件。此外，应准备好在部署系统上使用的后勤系统和维护手册。必须向作战试验鉴定局局长提供所有过程差异的详细信息，以便独立评估这些差异能否接受。

（一）"达科塔"直升机示例

3.4.2 配置说明

初始作战试验配置包括"达科塔"直升机公司、5架低速率初始生产"达科塔"直升机以及所有授权的设备、飞行员、维护人员和保障设备。

（二）"双子座"导弹示例

3.4.2 配置说明

初始作战试验配置将是15枚代表最终产品的"双子座"导弹，具有《能力生产文件》要求的全部能力。导弹是产品系统，除了制导模块中的"白线"，这些"白线"用于解决研制试验后期发现的问题。在最终产品中，这些"白线"将由固件电路取代[①]。这些导弹已在生产工厂组装完毕。维护和保障设备代表最终产品。

（三）"达科塔"直升机试验品示例

4.2.1 试验品

表21-25给出"达科塔"直升机试验品和试验顺序。表格中各试验活动详细信息见"第3章"。

---

① 应解释使用产品试验品的例外情况（如有），并应得到作战试验鉴定局局长的批准。

表 21-25　试验品表格

试验品	试验活动	数量	开始日期	资源
样机	研制试验	2	2007 财年	合同
带有飞机生存设备的样机	有限用户试验	2	2010 财年	合同
用于飞行试验的备件		按需	2007 财年	合同
LRIP 飞机①	初始作战试验鉴定	5	2012 财年	合同
实弹射击试验鉴定组件	实弹射击试验鉴定	请参阅实弹射击试验鉴定策略	2011 财年	USG/ 合同

---

① 　《试验鉴定主计划》资源部分要确认低速率初始生产试验品被列入计划。

参考文献

[1]　The Office of the Secretary of Defense (OSD). Defense Acquisition Guidebooks[EB/OL]. 2022–08–08.

[2]　OSD. Defense Acquisition Guidebook[EB/OL]. 2013–03–19.

[3]　OSD. Defense Acquisition Guidebook[EB/OL]. 2010–08–05.

[4]　OSD. Defense Acquisition Guidebook[EB/OL]. 2006–03–08.

[5]　OSD. DOT&E TEMP Guidebook 3.1[EB/OL]. 2017–01–19.

[6]　OSD. DOT&E TEMP Guidebook 3.0[EB/OL]. 2015–11–16.

[7]　OSD. DOT&E TEMP Guidebook 2.0[EB/OL]. 2013–05–28.

[8]　Defense Acquisition University. DOD Test And Evaluation Management Guide(6th Edition) [EB/OL]. 2012–12.

[9]　Defense Acquisition University. DOD Test And Evaluation Management Guide(5th Edition) [EB/OL]. 2005–01.

[10]　OSD. DODD 5000.01 The Defense Acquisition System (Change 1) [EB/OL]. 2022–07–28.

[11]　OSD. International Acquisition and Exportability Practices[EB/OL]. 2022–03.

[12]　OSD. Department of Defense Instruction(DODI) 5000.85 Major Capability Acquisition[EB/OL]. 2021–11–04.

[13]　OSD. DODI 5000.91 Product Support Management for the Adaptive Acquisition Framework[EB/OL]. 2021–11–04.

[14]　OSD. DODI 5000.74 Defense Acquisition of Services (Change 1) [EB/OL]. 2021–06–24.

[15]　OSD. DODI 5000.83 Technology and Program Protection to Maintain Technological Advantage (Change 1) [EB/OL]. 2021–11–04.

[16]　OSD. DODI 5000.90 Cybersecurity for Acquisition Decision Authorities and Program Managers[EB/OL]. 2021–01–04.

[17]　OSD. DODI 5000.02T Operation of the Defense Acquisition System (Change 10) [EB/OL]. 2021–01–04.

[18]　OSD. DODI 5000.02T Operation of the Defense Acquisition System[EB/OL]. 2020–01–23.

[19]　OSD. Mission Engineering Guide[EB/OL]. 2020–12–09.

[20]　OSD. DODI 5000.89 Test and Evaluation[EB/OL]. 2020–11–19.

[21]　OSD. DODI 5000.88 Engineering of Defense Systems. [EB/OL]. 2020–11–09.

[22]　OSD. DODI 5000.87 Operation of the Software Acquisition Pathway[EB/OL]. 2020–10–02.

[23] OSD. DODI 5000.86 Acquisition Intelligence[EB/OL]. 2020–09–11.

[24] OSD. DODD 5000.01 The Defense Acquisition System[EB/OL]. 2020–09–09.

[25] OSD. Cybersecurity T&E Guidebook[EB/OL]. 2020–09–07.

[26] OSD. DODI 5000.85 Major Capability Acquisition (MCA) [EB/OL]. 2020–08–06.

[27] OSD. DODI 5000.82 Acquisition of Information Technology (IT)[EB/OL]. 2020–04–21.

[28] OSD. DODI 5000.73 Cost Analysis Guidance and Procedures[EB/OL]. 2020–03–13.

[29] OSD. DODI 5000.75 Business Systems Requirements and Acquisition[EB/OL]. 2020–01–24.

[30] OSD. DODI 5000.02 Operation of the Adaptive Acquisition Framework. 23 Jan 2020.

[31] OSD. Software Acquisition Pathway Interim Policy Memo[EB/OL]. 2020–01–03.

[32] OSD. DODI 5000.81 Urgent Capability Acquisition[EB/OL]. 2019–12–31.

[33] OSD. DODI 5000.80 Operation of the Middle Tier of Acquisition [EB/OL]. 2019–12–30.

[34] OSD. DODI 5010.44 Intellectual Property (IP) Acquisition and Licensing[EB/OL]. 2019–10–16.

[35] The Office of the Director, Operational Test and Evaluation. Director, Operational Test and Evaluation FY 2018 Annual Report[EB/OL]. 2018–12.

[36] The Office of the Director, Operational Test and Evaluation. Director, Operational Test and Evaluation FY 2019 Annual Report[EB/OL]. 2019–12–20.

[37] The Office of the Director, Operational Test and Evaluation. Director, Operational Test and Evaluation FY 2020 Annual Report[EB/OL]. 2021–01.

[38] The Office of the Director Operational Test and Evaluation. Director Operational Test and Evaluation FY 2021 Annual Report[EB/OL]. 2022–01.

[39] Deputy Assistant Secretary of Defense. Developmental Test and Evaluation FY2016 Annual Report[EB/OL]. 2017–03.

[40] Deputy Assistant Secretary of Defense. Developmental Test and Evaluation FY2015 Annual Report[EB/OL]. 2016–03.

[41] Department of the Army. Army Regulation(AR) 73–1 Test and Evaluation Policy[EB/OL]. 2016–11–16.

[42] OSD. DODI5000.02Operation of the Defense Acquisition System[EB/OL]. 2015–01–07.

[43] Department of Defense Test Resource Management Center. Test Resource Management Center FY 2015 Annual Report [EB/OL]. 2015.

[44] Department of the Air Force. Air Force Policy Directive(AFPD) 99–1Test and Evaluation[EB/OL]. 2014–07.

[45] Department of Defense (DoD) Test Resource Management Center. DoD Test Resource Management Center Strategic Plan for DoD T&E Resources[EB/OL]. 2005.

[46] DoD Test Resource Management Center. DoD Test Resource Management Center Strategic Plan for DoD T&E Resources[EB/OL]. 2007.

[47] DoD Test Resource Management Center. DoD Test Resource Management Center Strategic Plan for DoD T&E Resources[EB/OL]. 2009.

[48] DoD Test Resource Management Center. DoD Test Resource Management Center Strategic Plan for DoD T&E Resources[EB/OL]. 2010.

[49] Office of the USD（AT&L）. Report of theDefense Science Board Task Force on DT&E[EB/OL]. 2008–05.

[50] Department of the Navy Commander Operational Test and Evaluation Force. (COMOPTEVFOR) Instruction 3980.1 Operational Test Director's Manual[EB/OL]. 2008–04.

[51]　OSD. Test and Evaluation Policy Revisions[EB/OL]. 2007–12–22.

[52]　Department of the Air Force. Air Force Instruction (AFI) 99–109 Test Resource planning. [EB/OL]. 2006–05–17.

[53]　U.S. Government Accountability Office. GAO–04–53 DoD's Revised Policy Emphasizes Best Practices，but More Controls Are Needed[EB/OL]. 2003–11.

[54]　Department of the Army. Department of the Army Pamphlet (DA PAM) 73–1 Test and Evaluation in Support of Systems Acquisition[EB/OL]. 2003–05–30.

[55]　DoD Test Resource Management Center. Comprehensive Review of test and Evaluation Infrastructure [EB/OL]. 2012–12.

[56]　OSD. DODI 5134.17 Deputy Assistant Secretary of Defense for Developmental Test and Evaluation (DASD(DT&E)) [EB/OL]. 2011–10–25.

[57]　Title 10，United States Code (U.S.C.)

[58]　OSD. DODD 5141.02 Director of Operational Test and Evaluation (DOT&E) [EB/OL]. 2009–02–02.

[59]　OSD. DODI 5000.02 Operation of the Defense Acquisition System[EB/OL]. 2008–12–08.

[60]　OSD. DODD 5000.01 The Defense Acquisition System[EB/OL]. 2007–12–20.

[61]　Department of the Army. AR 73–1，Test and Evaluation Policy[EB/OL]. 2018–06.

[62]　OSD. DODD 3200.11 Major Range and Test Facility Base (MRTFB)[EB/OL]. 2007–12–27.

[63]　Department of the Air Force. AFI 99–109 Major Range and Test Facility Base Test and Evaluation Resource Planning[EB/OL]. 2014–01.

[64]　DoD Test Resource Management Center. Composition of Major Range and Test Facility Base[EB/OL]. 2011–01.

[65]　李杏军 . 试验鉴定领域发展报告 [M]. 北京：国防工业出版社，2017.

[66]　杨榜林，岳全发，等 . 军事装备试验学 [M]. 北京：国防工业出版社，2002.

[67]　曹金霞 . 美国国防部重点靶场手册 [M]. 北京：国防工业出版社，2011.

[68]　Department of The Navy. COMOPTEVFOR Instruction 3980.2I，Operational Test Director'S Manual[EB/OL]. 2019–05–03.

[69]　OSD. DODD 3200.18p Management and Operation of Major Rang and Test Facility Base[EB/OL]. 2011–12.

[70]　DoD Test Resource Management Center. Composition of the Major Range and Test Facility Base[EB/OL]. 2011–01–02.

[71]　OSD. DoDD 5105.71 Department of Defense Test Resource Management Center (TRMC)[EB/OL]. 2004–03.

[72]　C. DiPetto，R. Stuckey. A new vector for Developmental Test and Evaluation (DT&E)[J]. The ITEAJournal of Test and Evaluation. 2007，28(1):160–166.

[73]　DoD Test Resource Management Center. Test Resource Management Center Testing in a Joint Environment[EB/OL]. 2006–05.

[74]　DoD Test Resource Management Center. Test Resource Management Center FY 2007 Annual Report[EB/OL]. 2008–04.

[75]　DoD Test Resource Management Center. Test Resource Management Center FY 2008 Annual Report[EB/OL]. 2009.

[76]　Mark Brown. Test and Evaluation/Science and Technology(T&E/S&T) Program [EB/OL]. 2006.4.

[77]　C.DiPetto. Paving the Way for Testing in a Joint Environment[J]. Defense AT&L，2008，203(5):9.

[78] James R Myles. Michael E Cast. Army Test and Evaluation Command Makes Rapid Acquisition a Reality.Army，2006.9–12.

[79] John D. Moteff. Defense Research: DoD's Research，Development，Test and Evaluation Program. Issue Brief for Congress[EB/OL]. 2002–06–05.

[80] Department of the Army Office of the Chief of Staff. ATRMP 08–13 Army Test Resources Master Plan[EB/OL]. 2005–12.

[81] J.F.Gehrig，G.Holloway，G.Schroeter. Reflections on Test and Evaluation: T&E Infrastructure，Reengineering Army T&E，and Building a Viable Test Range Complex–T&E–DoD Test and Evaluation[EB/OL]. 2002–07–01.

[82] S.Bob. Capabilities of the Test and Evaluation Workforce of the Department of Defense[EB/OL]. Report to Congress H.R.4546—107th Congress. 2002–12–02.

[83] N.Johnson. Future Testing Requirements of the Department of Defense. Presented to Army T&E Days[EB/OL]. 2003–06–04.

[84] Section 814 Report National Defense Authorization Act Fiscal Year 2006. Defense Acquisition Structures and Capabilities Review Addendum[EB/OL]. 2007–06.

[85] Office of the Under Secretary of Defense for Acquisition，Technology，and Logistics. Report of the Defense Science Board Task Force on Developmental Test & Evaluation[EB/OL]. 2008–05.

[86] Office of the Under Secretary of Defense For Acquisition and Technology. Report of the Defense Science Board Task Force on Test and Evaluation[EB/OL]. 1999–09.

[87] Office of the Under Secretary of Defense For Acquisition and Technology. Report of the Defense Science Board Task Force on Test and Evaluation Capabilities[EB/OL]. 2000–12.

[88] Air Force Materiel Command. Vision for T&E Panel. USAF T&E Days Transforming the T&E Enterprise[EB/OL]. 2005–12–07.

[89] J.Foulkes. Transformational Test and Evaluation: Some Paths Forward[EB/OL]. 2005–11–30.

[90] L.Cortes. Best practices for highly effective test design; Part 1–Beginners' guide to mapping the T&E strategy[EB/OL]. STAT T&E Center of Excellence，STAT COE–Report–11–2014.

[91] L.Cortes. Best practices for highly effective test design; Part 2–Beginners' guide design of experiments in T&E[EB/OL]. STAT T&E Center of Excellence，STAT COE–Report–14–2014.